# おうちで学べる サーバのきほん

木下 肇 著

全く新しいサーバの入門書

# 本書内容に関するお問い合わせについて

このたびは翔泳社の書籍をお買い上げいただき、誠にありがとうございます。弊社では、読者の皆様からのお問い合わせに適切に対応させていただくため、以下のガイドラインへのご協力をお願い致しております。下記項目をお読みいただき、手順に従ってお問い合わせください。

### ●ご質問される前に

弊社Webサイトの「正誤表」をご参照ください。これまでに判明した正誤や追加情報を掲載しています。

正誤表　https://www.shoeisha.co.jp/book/errata/

### ●ご質問方法

弊社Webサイトの「刊行物Q&A」をご利用ください。

刊行物Q&A　https://www.shoeisha.co.jp/book/qa/

インターネットをご利用でない場合は、FAXまたは郵便にて、下記“翔泳社 愛読者サービスセンター”までお問い合わせください。
電話でのご質問は、お受けしておりません。

### ●回答について

回答は、ご質問いただいた手段によってご返事申し上げます。ご質問の内容によっては、回答に数日ないしはそれ以上の期間を要する場合があります。

### ●ご質問に際してのご注意

本書の対象を越えるもの、記述個所を特定されないもの、また読者固有の環境に起因するご質問等にはお答えできませんので、予めご了承ください。

### ●郵便物送付先およびFAX番号


送付先住所　〒160-0006　東京都新宿区舟町 5
FAX番号　03-5362-3818
宛先　（株）翔泳社 愛読者サービスセンター


※本書に記載されたURL等は予告なく変更される場合があります。
※本書の出版にあたっては正確な記述につとめましたが、著者や出版社などのいずれも、本書の内容に対して何らかの保証をするものではなく、内容やサンプルに基づくいかなる運用結果に関してもいっさいの責任を負いません。
※本書に掲載されているサンプルプログラムやスクリプト、および実行結果を記した画面イメージなどは、特定の設定に基づいた環境にて再現される一例です。
※本書に記載されている会社名、製品名はそれぞれ各社の商標および登録商標です。
※本書において示されている見解は、著者自身の見解です。著者が関連する企業の見解を反映したものではありません。
※本書の内容は、2016年12月執筆時点のものです。

# はじめに

サーバは、いまや必要不可欠なインフラです。普段サーバを利用するうえで、特にその仕組みを知っておく必要はありません。しかし、何らかの形でサーバにかかわっている方なら、サーバの基礎知識を習得しておくことは必要不可欠だと思います。

ただ、サーバを理解するうえでは、ネットワークやセキュリティ、環境によっては仮想化の知識も必要になります。サーバは、これらの周辺技術を総合して、ようやく1つの機能を提供するものです。

本書は、「サーバを体感できる実習」を通じ、「サーバとは何か」という課題を、その周辺技術も含めて幅広く解説した書籍です。

解説が広範囲にわたり、またなるべく平易な解説を心がけたため、技術者にとっては「物足りない」と感じる個所もあるかもしれません。しかし、技術者の方は、社内のユーザーや部門決裁者など、「非技術者」ともコミュニケーションをとらなければなりませんし、「技術をわかりやすく伝える」ことが要求されます。本書は、そのような場面において、わかりやすい説明の一例としてお役立ていただけるはずです。

ところで、世の中には、サーバの入門書は多数存在します。筆者も経験値が少ないころは、そういった本を購入して勉強したものです。しかしそういった本のほとんどは、不思議と「コンピュータ」が主人公であり、実際に本を読んでその知識を駆使する「コンピュータの管理者や利用者」は脇役です。そこで本書は、「人がサーバと付き合うために必要になる知識」という視点で構成しました。つまり、極力読者である「コンピュータの管理者や利用者」が主役になるように心がけています。

本書が、この本を手に取ってくれた「主人公であるあなた」にとって、有意義な内容となることを祈っています。

2016年12月 木下 肇

# 本書の概要

本書は、サーバの基礎知識を学びたい人のための書籍です。

「サーバについて学びたいが、何から始めればよいのかわからない」「サーバの入門書を読んだが、難しくて理解できなかった」…そんな人をターゲットにしています。

「サーバ」は、従来は情報システム部の社員やエンジニアなど、主に「専門職の方が学ぶもの」というイメージを持つ人が多かったと思います。

しかし仮想化やクラウドなど、様々な技術の進歩によってサーバが普遍的なものになるにつれ、サーバ関連の技術者だけでなく、新社会人や企業の営業職の人であっても、「基本的なサーバの知識」を求められるようになっているようです。

本書は、そのような従来サーバに関わりの薄かった「一般層」の人にも読んでもらえる内容を目指しています。

## 「実習」のページ（やってみる）

実際に「やってみる」部分です。ここでは、理論を理解する必要はありません。まずは手と頭を動かして、実習の内容を実践してください。なおもしも自宅環境で再現できない実習がある場合は、読み飛ばしても構いません。

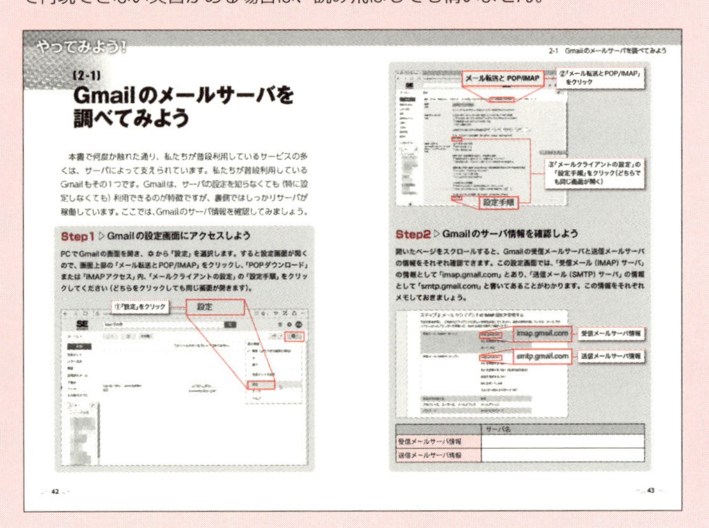

やってみよう!

2-1 Gmailのメールサーバを調べてみよう

[2-1]

### Gmailのメールサーバを調べてみよう

本書で何度か触れた通り、私たちが普段利用しているサービスの多くは、サーバによって支えられています。私たちが普段利用しているGmailもその1つです。Gmailは、サーバの設定を知らなくても（特に設定しなくても）利用できるのが特徴ですが、裏側ではしっかりサーバが稼働しています。ここでは、Gmailのサーバ情報を確認してみましょう。

**Step1 ▷ Gmailの設定画面にアクセスしよう**

PCでGmailの画面を開き、⚙から「設定」を選択します。すると設定画面が開くので、画面上部の「メール転送とPOP/IMAP」をクリックし、「POPダウンロード」または「IMAPアクセス」内、「メールクライアントの設定」の「設定手順」をクリックしてください（どちらをクリックしても同じ画面が開きます）。



**Step2 ▷ Gmailのサーバ情報を確認しよう**

開いたページをスクロールすると、Gmailの受信メールサーバと送信メールサーバの情報をそれぞれ確認できます。この設定画面では、「受信メール（IMAP）サーバ」の情報として「imap.gmail.com」とあり、「送信メール（SMTP）サーバ」の情報として「smtp.gmail.com」と書いてあることがわかります。この情報をそれぞれメモしておきましょう。



| | サーバ名 |
|---|---|
| 受信メールサーバ情報 | |
| 送信メールサーバ情報 | |

42

43

そのために本書では、解説を「やってみる（実習）」と「学ぶ（講義）」という2つの要素に分けました。実際にサーバが担っている様々な機能や役割を確認して（＝やってみる）、その後にその要素についての解説を読む（＝学ぶ）ことで、初学者の方でも無理なく、サーバについての理解を深められると思います。

なお「実習」は、ちょっとしたクイズ、あるいは自宅PCでも実現できる簡易なものを選びましたが、読者の環境によっては実現できないものがあるかもしれません。その場合は、実習を飛ばして講義の部分のみをお読みいただいても結構です。

各章の最後には、「練習問題」が付いています。問題は、基本的にその章の解説を読めば無理なく回答できるものになっています。各章で学んだことが身に付いているかどうかの確認としてご利用ください。

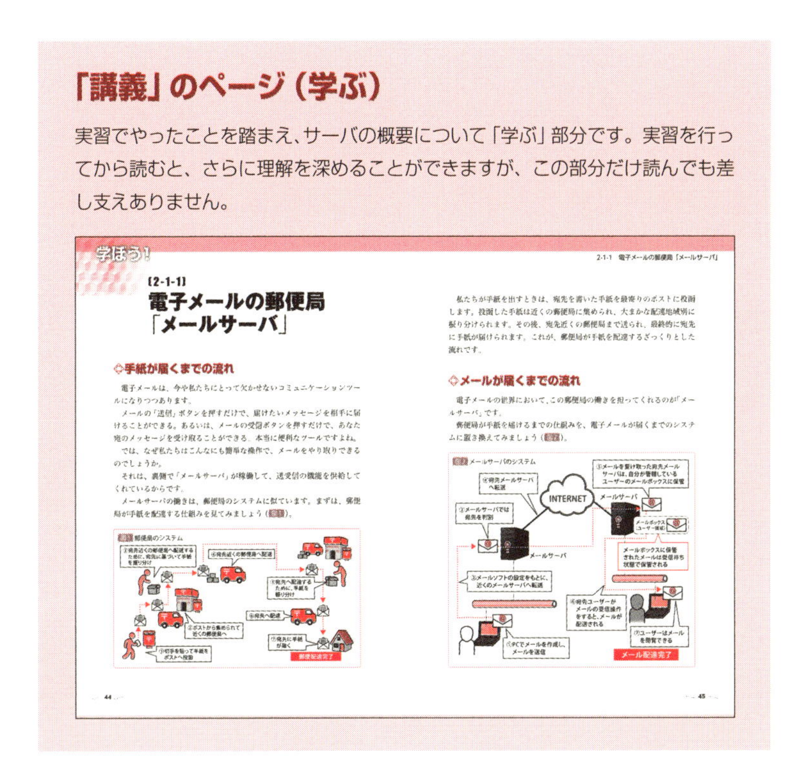

CONTENTS

# もくじ

CONTENTS

CONTENTS



**特典ダウンロードのご案内**

サーバについてさらに詳しく知りたい方のために、本書で紹介しきれなかった解説をWebダウンロード記事として提供いたします。ご興味のある方は、次のURLからダウンロードしてください。

URL：https://www.shoeisha.co.jp/book/download/9784798149387/

Chapter

01

# サーバって何だろう

## ～なぜサーバが必要なのか～

本章では、そもそも「サーバとは何か」ということを解説していきます。「サーバ」と聞くと高機能なコンピュータを想像する人もいるかもしれせんが、実はサーバは私たちの身の周りにもあふれています。まずはサーバの「役割」を理解し、サーバの全体像をつかむことから始めましょう。

# 〔1-1〕 サーバとは何かを考えてみよう

「サーバ」とは一体何なのでしょう。普段何気なく使っている言葉ですが、実際に「サーバって何？」と聞かれると、返答に困る人もいるのではないでしょうか。
ここでは、「そもそもサーバとは何か」ということを考えてみましょう。

## Step1 ▷身の周りで「サーバ」と名が付くものを挙げてみよう

**あなたの周りで「○○サーバ」と呼ばれている製品を箇条書きにして書き出してみましょう。あなたが実際に使っているサーバでも構いませんし、IT業界で「○○サーバ」と呼ばれているものでも構いません。また、コンピュータ以外にも「○○サーバ」と呼ばれる製品は多数ありますので、思い付くものを列挙してみてください。**

- 
- 
- 
- 
- 
- 
- 
- 
- 
- 

**解答（一部）** ビールサーバ、ウォーターサーバ、ドリンクサーバ、FTPサーバ、Webサーバ、HTTPサーバ、POPサーバ、IMAPサーバ、Xサーバ、ファイルサーバ、プリンタサーバ、メールサーバ、UNIXサーバ、PCサーバ、IAサーバ、データベースサーバ、アプリケーションサーバ、ブレードサーバ、バーチャルサーバ、VPNサーバ、DHCPサーバ etc...

## Step2 ▷ サーバの役割を考えてみよう

**例えば「メールサーバ」と「ビールサーバ」は、同じく「サーバ」という言葉が用いられています。この両者に共通する要素（特性や機能、利便性など）を挙げてみましょう。**

・
・
・
・
・
・

**解答（例）** 何か（メール／ビール）を供給する、何か（メール／ビール）を一括で保存する、何か（メール／ビール）を最適な状態に保つ、必要なときに利用できる、必要なものを必要なぶんだけ取り出せる、複数の人間が利用できる、専門的な機能を有する etc...

## Step3 ▷「サーバを使っているのではないか？」と思われるサービスを挙げてみよう

**あなたが日常的に使っているサービスにも、実はサーバによって支えられているものがたくさんあります。普段利用しているサービスの中で、「このサービスはサーバを使っているのではないか？」と思えるものの名称や種類を書き出してみましょう。**

・
・
・
・
・
・
・

**解答（一部）** 銀行ATM、コンビニレジ、公共料金（税金）の納付、新幹線などのチケット予約、電子メール、検索エンジン、インターネット広告、YouTube、マイナンバー、e-Tax（確定申告）、ホームページ更新、ファイル共有、オンラインストレージ、オンデマンド印刷、データベース、Hyper-V、メールマガジン/メーリングリスト、iTunes、App Store、Google Play、Facebook、Twitter、ブログ、ホームページ etc...

〔1-1-1〕
# サーバの用途と役割

## ◇「ビールサーバ」と「メールサーバ」は同じ？

サーバとは一体何なのでしょう。

「サーバ」と名の付く装置は、実はコンピュータ以外にも多数存在します。身近な例でいえば、「ビールサーバ（ビアサーバ）」や「ウォーターサーバ」などが挙げられます。

ビールサーバは居酒屋などに置いてありますが、居酒屋でなぜビールサーバが使われているかといえば、「便利だから」です。

ビールサーバを使えば、コックをひねるだけで、常に一定の温度に保たれた液体（ビール）を必要なぶんだけジョッキに注ぐことができます。

つまり、「温度を一定に保つ」という機能と「簡単な操作で必要な分量だけ取り出す」という機能の利便性を享受するために、ビールサーバという装置が用いられているわけです。

「サーバ」は、元々このように「何かを供給する装置」という意味合いで使われる用語です。

「serve」という英単語は「供給する」という意味の動詞で、これに「〜をする人」という意味の語尾である「er」を付けて、「供給する道具、機械」という意味の名詞になったものが「Server（＝サーバ）」です。

「ビールを供給する装置」だから、「ビールサーバ」、「水を供給する装置」だから「ウォーターサーバ」なのです。

コンピュータにおける「サーバ」も、言葉の意味するところは同じです。「ファイルを供給するコンピュータ」だから「ファイルサーバ」、「電子メールを供給するコンピュータ」だから「メールサーバ」です。

このように、コンピュータであれ生活用品であれ、「○○サーバ」と呼ばれるものの基本機能は同じです。

そう考えると、「サーバ」とは決して難しいものではないことが理解できると思います。

## ◇サーバの基本となる動作

「ビールサーバもメールサーバも、基本的な概念は変わらない」ということについて、もう少し詳しく見てみましょう。

例えば居酒屋でお客がビールを注文すると、店員はジョッキを持ってビールサーバに行き、サーバからビールを注いでテーブルまで持ってきてくれます。これによって、お客は美味しいビールを飲むことができます。

メールサーバも基本的な働きは同じで、例えばユーザーがメールの「受信」ボタンをクリックすると、PCの裏側で通信が発生してメールサーバへとアクセスし、自分宛の未読メールを目の前のPCに届けてくれます。これにより、ユーザーは自分宛のメールを読むことができるわけです。

このように、「サーバ」というキーワードを主眼にした処理の流れを見てみると、ビールもメールも同じような流れで供給されていることがわかります。この「供給する」装置がサーバなのです。これがサーバの基本となる動作です（図1）。

図1 サーバは「供給する装置」

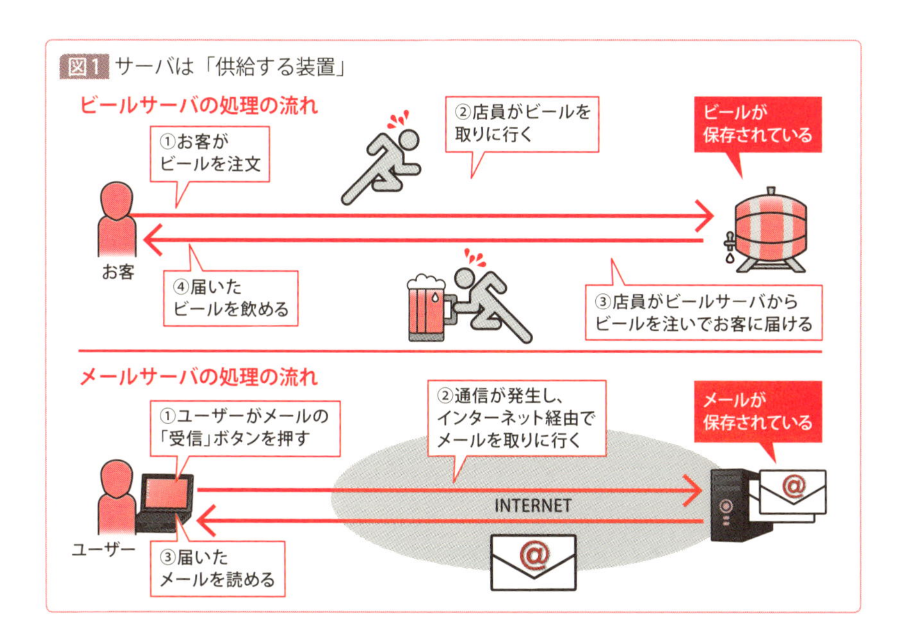

## ◇サーバは特定の機能や性能を提供する

上述のように、サーバの基本的な役割は「供給する装置」ですが、これは「サーバは必要な何かを保存しておく装置」であると言い換えることができます。もっといえば、ビールサーバがビールを冷たい状態で、かついつでも取り出せるように保存してくれているのと同様に、サーバは「必要なときに、必要な何かを供給するために、最適な状態で保管できる装置」ともいえるでしょう。

以上がサーバの原則的な役割です。

さて、ここで原則論から離れ、サーバをITの視点から見てみると、サーバは「目の前のPCにはない機能や性能を代わりに提供してくれるコンピュータ」という捉え方もできます。

例えば、「1台のPCでは不足するハードディスク容量を補うために、代わりにハードディスク容量を提供してくれるコンピュータ」「PCのハードディスクが故障してもデータが損失しないように、代わりに同一のデータを複製して取得しておいてくれるコンピュータ」「電子メールの送受信をインターネット上の郵便局のごとく受け付けて、指定したメールアドレスへ届けてくれるコンピュータ」……これらは全て、サーバとしての働きを示します。

このように、PC1台の性能では賄いきれない様々な機能を、ネットワークを経由して「サーバ」という別のコンピュータに任せることによって、目の前のPCでも便利な機能を使うことができるようになるのです。

## ◇専門業務を外部に任せるのと同じ？

このようなサーバの使われ方は、ビジネスの現場で業務を専門家に任せることに似ています。

「会計のことはあまり知らないけど、会計にまつわる業務は必要である」というとき、私たちは外部の公認会計士にお願いして、代わりに会計業務を行ってもらいます。税務関連の業務を税理士に任せたり、法務関連の業務を弁護士に任せたりするのも同様ですね。

これはどれも、自社内で会計士や税理士、弁護士を抱えるには費用がかかりすぎるため、外部の専門家に必要なぶんだけ任せて費用を払う、という例です。

PCにおけるサーバの働きもこれと同じです。例えばPCのハードディスクには故障リスクが付きまといますが、企業内のPCのハードディスク全ての信頼性を上げ、安全にデータを保存しようとすると、多大な費用がかかります。これは、上述の例でいえば自社内に専属スタッフを雇用するのと同じです。

ここで、「ハードディスクの信頼性を上げた1台のサーバ」に重要なデータを保管するという仕組みにすると、信頼性を上げるハードディスクは1つで済みます。企業内に何台PCがあったとしても、信頼できるハードディスクを搭載した1台にデータを保管するのであれば、費用が膨れ上がってしまうことはありません。こちらは先に述べた、外部の専門家を信頼して契約するのと同じですね。

また、ハードディスクを強化したサーバであれば、PCよりも高信頼・大容量に特化した性能を用意することで、各々のPCに保存されたデータを集約して、ネットワーク内のどのPCからもデータを参照／編集することができるようになります。

まとめると、サーバは「何かを供給する装置」ですが、専門性を高めるとより有効に活用できるため、ITにおけるサーバは「特定の機能を供給する専用の装置」となることが多いのです。

# 〔1-1-2〕家庭の中にも存在するサーバ

## 家庭にストリーミングサーバがある?

サーバは「特定の機能を供給する専用装置」だと説明しましたが、サーバは多くの家庭内でも日常的に活用されています。

例えば、昨今は多くの家庭で、テレビ番組を録画するハードディスクレコーダーが利用されています。ちなみに筆者はソニーのnasne(ナスネ)を愛用していますが、これらのハードディスクレコーダーは、実はサーバなのです。……といってもピンと来ない人もいるかもしれませんが、ハードディスクレコーダーは、「他の機器(テレビやPC、スマートフォンなど)に、録画した映像を供給する装置」であり、「ストリーミングサーバ」だといえるのです。

地デジ化に伴い、液晶テレビが各家庭に普及しました。そして多くの液晶テレビにはLANケーブルの接続口があり、LANケーブルを接続できるようになっています。

同じようなLANケーブルの接続口がハードディスクレコーダーにも備わっていたら、そのハードディスクレコーダーはサーバとして機能し、テレビをクライアントとして映像を再生することが可能です*1*2(この場合、このクライアントの機能は「DLNAクライアント」と表現されることが多いです)。

図2 ハードディスクレコーダーもサーバ

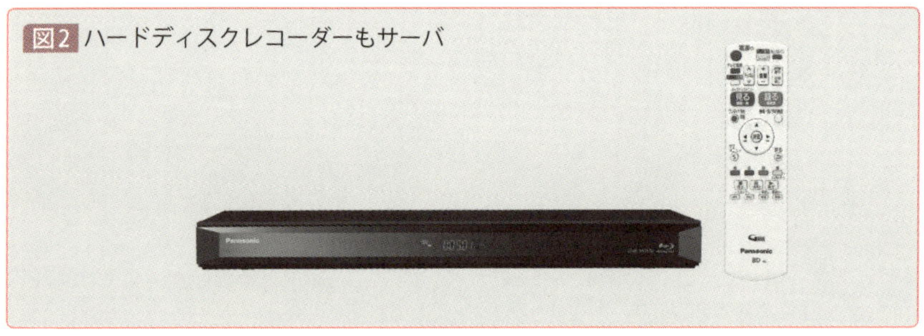


写真はパナソニックのブルーレイディスクレコーダー「DMR-BRS520」

## ◇ハードディスクレコーダーが「サーバ」である理由

ハードディスクレコーダーに保存した映像をクライアントで再生する構成は実に単純で、図3のようになります。

最近のハードディスクレコーダーは、アンテナから地上波デジタルのテレビ番組を受信し、自身にそのテレビ番組を録画できるようになっています。録画されたテレビ番組はハードディスクに記録されますので、昔ながらのビデオデッキのように、録画した番組をテレビで再生することができます。この「番組を録画するまで」の機能は過去のビデオデッキと同様で、これをもって「ハードディスクレコーダーはサーバである」とはいえません。サーバ然とした機能は、再生の際に発揮されます。

昔のビデオデッキはテレビと1対1で接続されていて、録画した映像は接続されたテレビでしか再生できませんでした。しかしLANケーブルで接続されたハードディスクレコーダーであれば、ネットワーク経由でアクセ

図3 ハードディスクレコーダーに保存したデータを複数機器で再生する構成

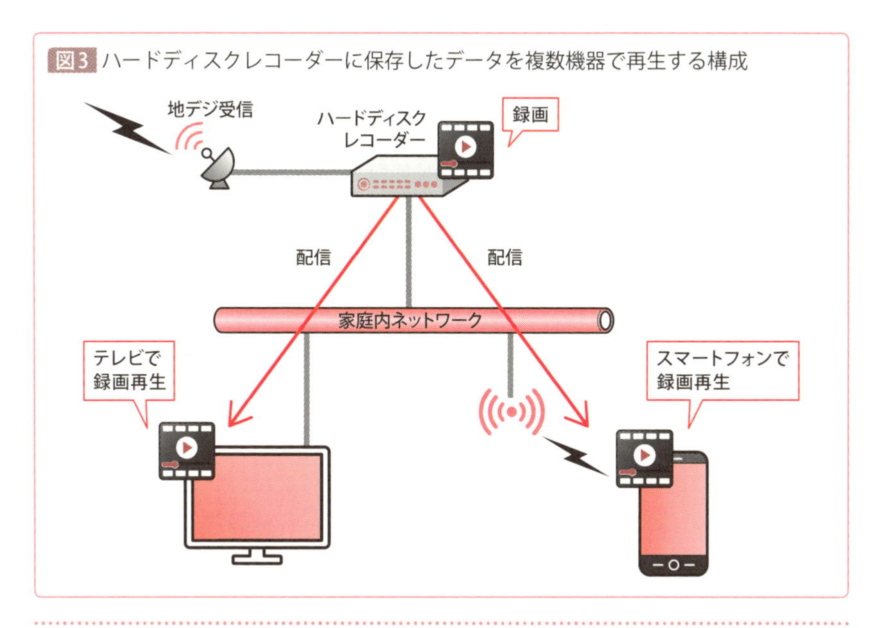


＊1　この機能は、例えばソニー製品では「ルームリンク」と呼ばれています。

＊2　メーカー間、ないし機能の世代によって再生できないこともあります。

スしてくる複数のクライアントに映像データを提供することができます。

これにより、例えば別の部屋に設置された（家庭内ネットワークに接続された）液晶テレビや、無線LAN経由で接続したスマートフォンで、ハードディスクレコーダーに録画したテレビ番組を視聴することが可能になります。テレビやスマートフォンだけでなく、PCでも同様に、録画した映像を視聴することができます。

例えば 図4 は、スマートフォンでアクセスした画面と、PCでアクセスした画面です。スマートフォンでもPCでも、同じ「録画済みの番組一覧」を確認できることがわかりますね。

つまり、ハードディスクレコーダーは「録画したテレビ番組を映像として供給する」という機能を有するサーバだ、ということがいえるわけです。使っている人が気づかないうちに、PC、テレビ、スマートフォンを操作端末として、サーバ化したハードディスクレコーダーを便利に利用しているのです。

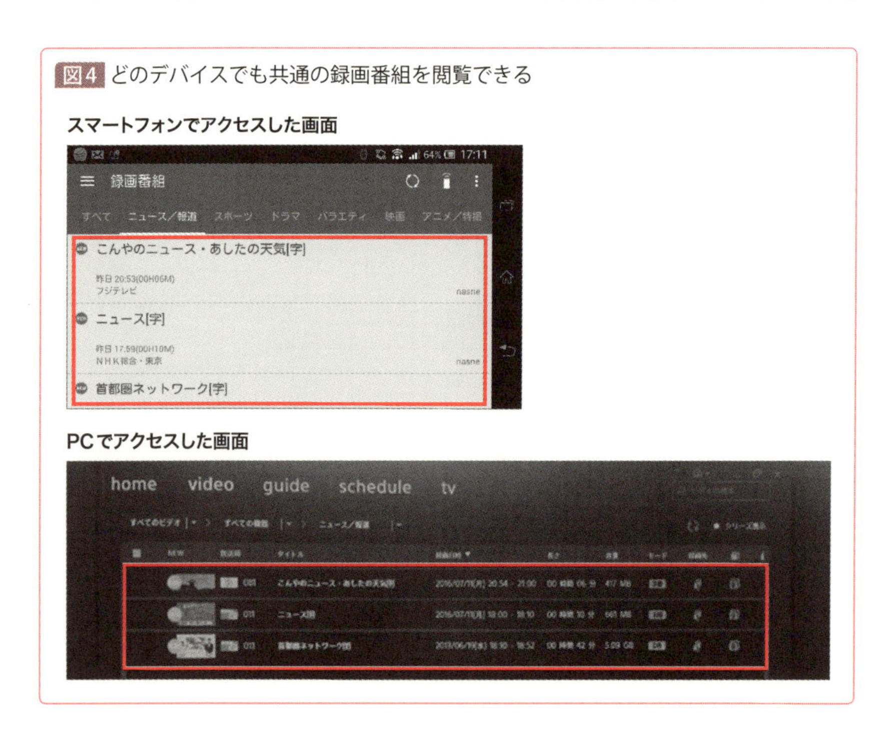


図4 どのデバイスでも共通の録画番組を閲覧できる

# 〔1-1-3〕サーバは「1対多」で使われる

## 「サービス」を「ホストする」のがサーバ

引き続き「サーバとは何か」という点について解説していきます。これからサーバについて様々なことを学んでいくうえで、サーバの基本的な役割を理解することは大変重要だと思うので、もう少しお付き合いください。

これまで、サーバとは「特定の機能を供給する専用の装置」「目の前のPCにはない機能や性能を代わりに提供してくれるコンピュータ」という言い方をしてきました。

これをもう少しIT用語っぽくいうと、「サービスをホストするコンピュータ」という言い方もできます。「サービス（役割の提供）」を「ホスト（間貸し）する」というイメージですね。「単一のコンピュータが、他のコンピュータに代わって役割を提供するリソースを用意すること」といってもよいでしょう。だからこそPCとサーバを1対1の関係で用意するケースは少なく、「1対多」という形で、1つのサーバを複数のPCで利用することが多いのです。

こういった「概念」の話になると途端に難しくなってしまうので、身近な例で説明しましょう。

## 例えばありそうなこんなシチュエーション

例えば、両親と娘2人の4人家族がいたとします。この家では、1人1台ずつPCを所有しています。

ある日、妹は学校の課題で、自分が幼いころの写真を年代別にまとめたフォトアルバムを作らなくてはならないことになりました。

写真データは、両親と姉が撮影したものが、それぞれのPCに保存されています。このとき、妹が両親と姉のPCをそれぞれチェックし、写真データを収集して回るのは大変です（図5）。また、それぞれの個人PCなので、本人がいないとPCにログインすることができません。

このとき、NAS（Network Attached Storage）を導入して写真を全てNAS内に集約し、家庭内のネットワークでアクセス可能にしておけば、妹は自分のPCで全ての写真データを閲覧できるようになります（図6）。

図5 写真データが個別のPCに保存されている場合

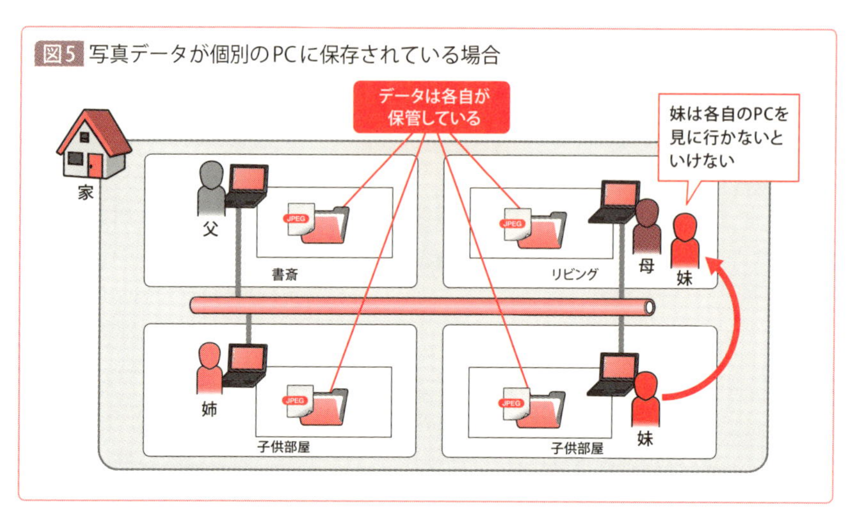


図6 写真データをNASに集約した場合

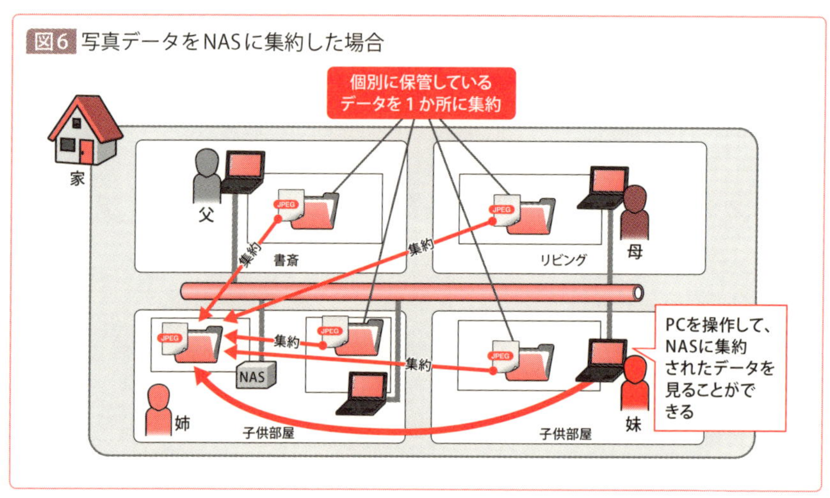

データが1か所に集約されているので、検索にも便利です。

つまり、人間がPCを見に行くのではなく、自分のPCからデータを見に行けるようにしたわけです。

この場合、家庭内ネットワークに常時稼働しているハードディスク(＝NAS)を用意することで、データの保管場所を供給している、という解釈ができます。また写真データには、妹だけでなく、もちろん両親や姉もアクセスすることができます。

つまり、このNASという機械がまさしく「サーバ」の役目を担っていることになるわけです。

## CoffeeBreak　なぜ外付けHDではなくNASなのか

家庭内に複数のPCがある場合に、みんなで共有できる外付けHD（ハードディスク）としてNASを利用する家庭も増えてきたようです。NASにデジカメ写真や音楽データ、ホームビデオの動画データなどを集約し、LANケーブルで家庭内ネットワークに接続すれば、家庭内の好きな場所で写真を閲覧したり、ホームビデオを再生したり、音楽を再生したりできる環境を実現できます。

かつては、大容量データの保管場所としては、USBで接続する外付けハードディスクを用いるケースが多かったですが、USB接続のハードディスクは、基本的に1対1、つまりそのハードディスクと接続したPCでしか使えません。

一方NASであれば、複数のデバイスでNAS内のデータを活用することができます。昨今はNAS自体が安価になりつつあるという側面もありますが、それよりも「サーバ」機能としての利便性から、家庭内のNAS利用が増えているのだと思います。

余談ですが、企業内／家庭内に設置している無線LANアクセスポイントにUSBの差込口があれば、そこにUSB外付けハードディスクを接続することで、外付けハードディスクをあたかもNASのように活用することが可能です。アクセス権限の設定は考慮する必要がありますが、簡易NASを活用できるので便利です。無線LANアクセスポイントを購入する際は、こういった付随機能も考慮して製品を選択するとよいかもしれません。

やってみよう!

# [1-2] スマートフォンとPCでGmailにアクセスしてみよう

昨今のスマートフォンはどんどん便利になっていますが、その利便性が実は「サーバ」によって支えられていることは少なくありません。例えば、「Gmail」がその代表例です。ここでは、自分のGmailにPCとスマートフォンから同時にアクセスして、受信しているメールを確認してみましょう。日常的に行っている操作かもしれませんが、「なぜそうなるのか」ということを、「サーバ」の存在を意識しながら考えてみてください。

## Step1 ▷スマートフォンでGmailにアクセスしてみよう

**スマートフォンでGmailのアプリを起動し、今利用中のGmailアカウントのメールを見てみましょう。未読のメールと既読のメールがあれば、そのメールの送信元や件名も確認してください。**

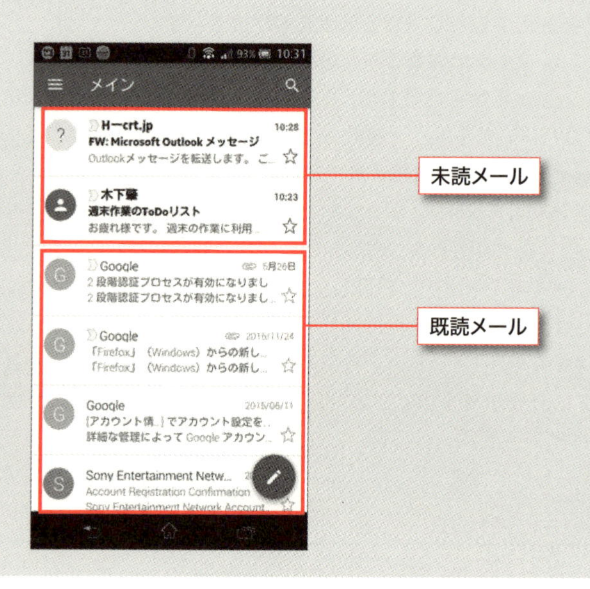

## Step2 ▷ PCでGmailにアクセスしてみよう

次にPCのWebブラウザでGmail（https://mail.google.com/）にアクセスし、同様に画面を確認してみましょう。さらに、次のことを確認してください。

①スマートフォンで受信しているメールと同一のメールが閲覧できる
②スマートフォン画面で未読状態のメールは、PCで見ても未読の状態になっている
③スマートフォン画面で既読状態のメールは、PCで見ても既読の状態になっている

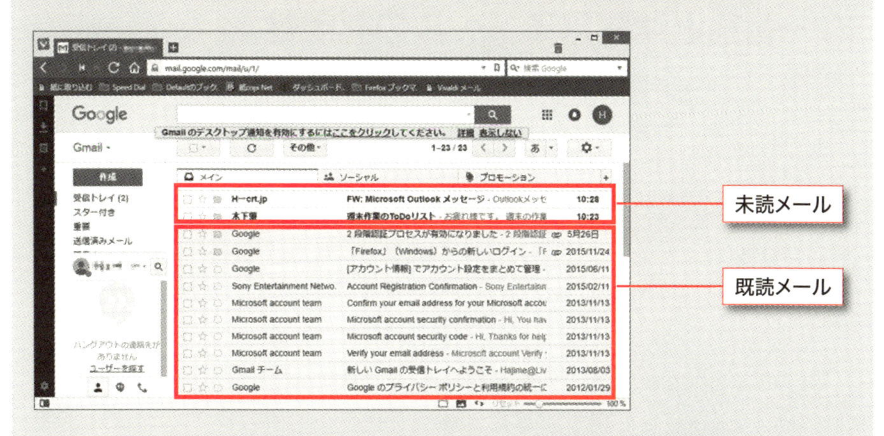


## Step3 ▷ スマートフォンとPCで同時利用しているサービスを挙げてみよう

Gmail以外に、あなたがスマートフォンとPCの両方で日常的に利用しているWebサービスがあるはずです。それらのうち、Gmailと同様に、「スマートフォンで見てもPCで見ても同一の状態が保持されているWebサービス」を挙げてみてください。

- ・
- ・
- ・
- ・
- ・
- ・

解答（一部）　iCloud、Facebook、Twitter、Dropbox、SugarSync、Instagram etc...

# 〔1-2-1〕
# スマートフォンのアプリはサーバへの「入り口」

## ◇一昔前とは異なるメールの利便性

スマートフォンは爆発的に普及しました。昨今は「ガラケー」と呼ばれるフィーチャーフォンはほとんど新機種がリリースされなくなり、現在リリースされる携帯端末のほとんどをスマートフォンが占めています。

「サーバの本なのになぜスマートフォンの話が出てくるの？」と疑問に思われる方もいるかもしれませんが、実はスマートフォンは、その動作の多くをサーバに依存しています。

代表的なものが、実習でも触れたGmailです。

GmailはGoogleが提供するメールシステムですが、Gmailではスマートフォンでも PC でも同じようにメールを送受信でき、またどのデバイスからでも同じ画面にアクセスできます。

しかし一昔前、PCでは契約しているプロバイダのメールを用い、携帯電話では携帯電話会社のキャリアメールを用いていたころは、このようなことは不可能でした。

PCで受信したメールはPCでしか読めず、携帯電話で受信したメールは携帯電話でしか読むことができなかったのです（そのような記憶がある方も多いでしょう）。

## ◇Gmailが優れている理由

プロバイダのメールや携帯電話のキャリアメールは、受信したメールデータをPCや携帯電話に保存するものでした（図7）。

一方、Gmailでは、Gmailのサーバに全てのメールを貯め込んでおり、このサーバに保管されたメールを直接閲覧する仕組みになっています（図8）。

メールデータをPCやスマートフォンに保存するわけではないため、どのデバイスでも同じメールデータを閲覧できるわけです。

図7　プロバイダメールやキャリアメールの仕組み

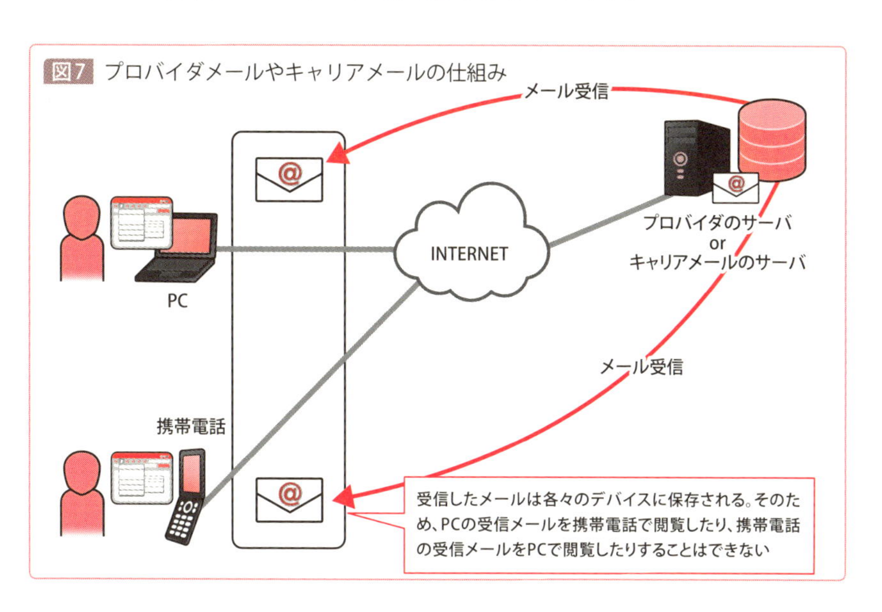


図8　Gmailの仕組み

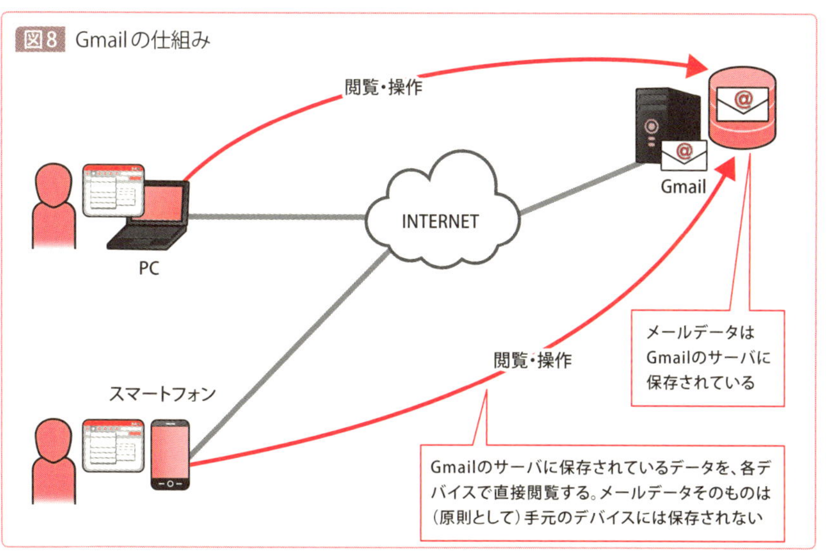

## ◇iCloudやGoogle マップもサーバが実現

スマートフォンといえばiPhoneが有名ですが、iPhoneユーザーであればApple社のクラウドサービス「iCloud」を利用している人も多いでしょう。

2011年にiCloudが登場する以前は、iPhone内に保存されたデータはPCに接続しなければ参照することができませんでした（図9）。

しかしiCloudを利用すれば、iPhoneにあるデータを収集してバックアップしたり、別のPCとデータを同期したり、iPhoneで撮影した写真を見せたい人にだけ公開することができます。

この機能も、Gmailと同様に「サーバ」によって実現されているものです（図10）。iCloudのサーバにiPhoneのデータを集約し、インターネット経由でデータにアクセス可能にすることで、iPhoneで撮影した写真をiPadで閲覧したり、iTunesやApp Storeで購入した音楽データやアプリを、いちいちコピーしなくてもiPhoneやiPadで利用したりすることが可能になっているのです。

スマートフォンを経由したサーバの活用、という意味では、Google マップに代表される地図サービスを挙げることもできます。

土地勘がない場所では、目的地までの道順をスマートフォンのGoogleマップで確認するケースは多いでしょう。

これも、バックヤードではサーバが稼働しています（図11）。具体的には、スマートフォンは地図アプリを介して、サーバに格納された地図データを

図9 iCloud登場以前のiPhoneデータの活用

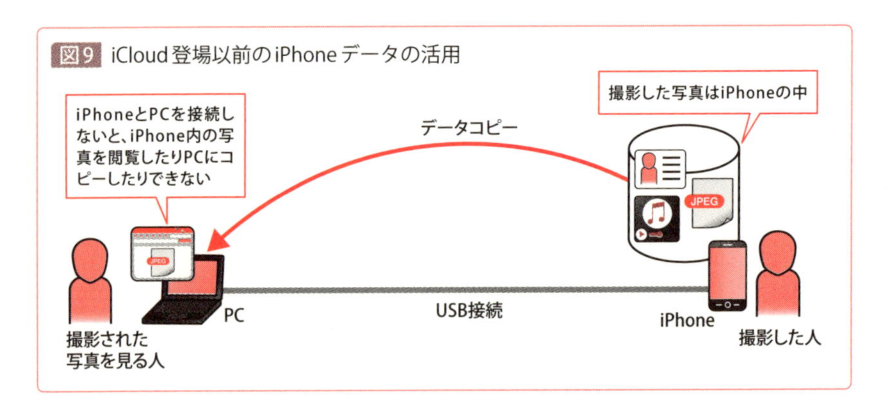

取得します。さらに、その地図上にスマートフォンのGPS機能で計測した現在位置を表示することで、画面の地図上のどこに今自分は立っている

図10 iCloudの仕組み

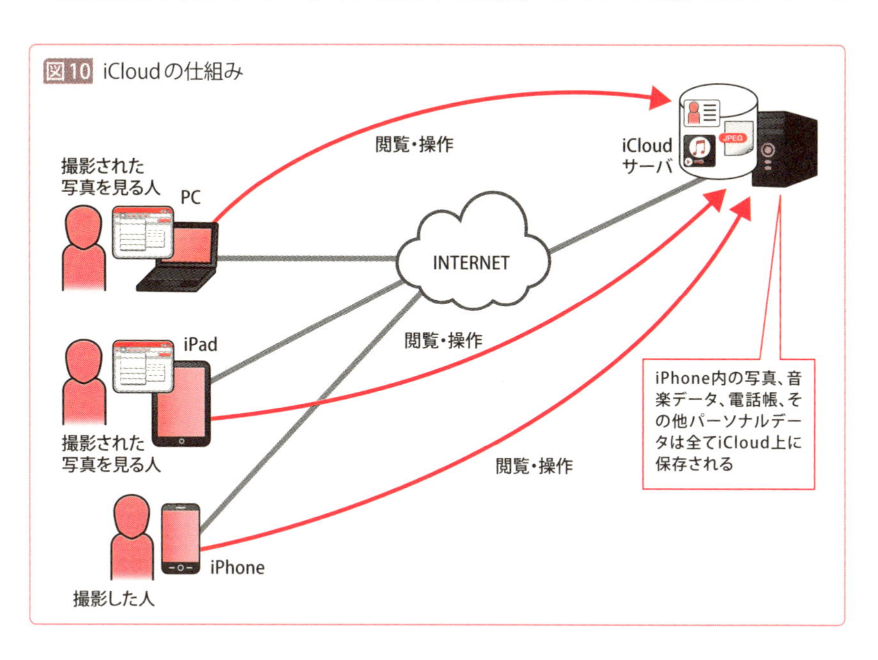


図11 Googleマップ（地図アプリ）の仕組み

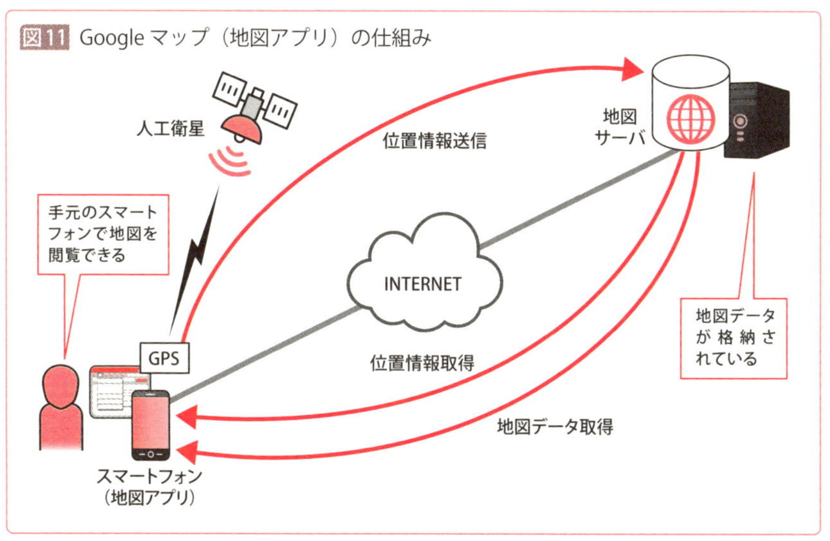

のかをわかるようにしているのです。

いかがでしょうか。ここではGmail、iCloud、Google マップを例に挙げましたが、スマートフォンの多彩かつ便利な機能の実体は、今回見たように「サーバ」によるものが多いのです。

そういう意味では、スマートフォンに搭載されているアプリの多くは、「サーバへの入り口」ともいうことができます。

表面上はスマートフォンそのものが便利な機能を提供しているように見えますが、そうではなく、スマートフォンのアプリを入り口としてサーバにアクセスし、サーバ上に集約されているデータを活用しているのです。

余談ですが、スマートフォンの通信量はアプリが増えるほど増えていきますが、「アプリが増える」ということは、「アプリを入り口としたサーバとの通信が増える」ということですから、通信量が増えるのは必然であるといえるでしょう。

## スマートフォンのOSがテレビにも進出？

「スマートフォンのアプリはサーバへの入り口」と述べましたが、昨今はスマートフォンのOSがスマートフォン以外にも搭載されつつあります。例えばテレビです。

スマートフォンのOSといえばApple社の「iOS」とGoogle社の「Android」が有名ですが、特にオープンソースであるAndroidは昨今の液晶テレビへも搭載されつつあります。

では、なぜスマートフォンのOSがテレビにも搭載されるようになったのでしょうか。その理由は、スマートフォンの利便性をテレビでも享受するためです。例えば、スマートフォンでYouTubeのような動画配信アプリを利用すれば、アプリを介してストリーミングサーバにアクセスし、様々な動画を視聴することができます。

これらの動画を「スマートフォンではなくテレビの大画面で見たい」というニーズは昔からあったのですが、かつてはこのような場合、スマートフォンをテレビに接続して、映像を転送する必要がありました。

しかし、スマートフォンと同じアプリをテレビでも利用できれば、いちいちテレビとスマートフォンを接続することなく、テレビでも好きな動画を閲覧することができます。

動画に限らず、テレビにAndroidが搭載されていれば、Android用に開発された様々なアプリをそのまま活用できます。

だからこそ、Androidがテレビにも搭載されるようになっているのです。昨今はテレビだけでなく、家電にもAndroidが搭載されつつあります。「IoT」（Internet of Things：モノのインターネット）という言葉が注目されていますが、家電にも便利なアプリを搭載することで、各種遠隔操作や家電同士の連携などが実現します。

そしてそれらのアプリは、「サーバ」につながっています。つまり、家電やテレビの利便性がどんどん向上していく流れの中で、サーバが重要な役割を果たしているわけです。

## CoffeeBreak　スマートフォンも「サーバ」になる時代

「サーバ」と聞くと、大量のデータを処理している巨大なコンピュータをイメージする人もいるかもしれませんが、昨今「サーバ」という単語の意味は極めて抽象的になりつつあります。

特に最近はサービスをホストするコンピュータ全般を「サーバ」と呼ぶ傾向があり、サーバの意味するところが広義になっています。例えば、録画した番組を様々なデバイスで再生できるネットワーク対応のハードディスクレコーダーは「メディアサーバ」といえますし、撮影した動画をPCやスマートフォンで再生できるWebカメラは「ストリーミングサーバ」ともいえるでしょう。

また、昨今のアプリの中には、スマートフォン内のデータをネットワーク内の他のPCから閲覧・操作できる機能を提供するものも存在します。こういったアプリは、スマートフォンをサーバのように動作させる、というつくりになっていることが少なくありません。スマートフォンのような小さなコンピュータがサーバになるというのは、技術の進歩の賜物でもあるのですが、それだけサーバが私たちの身近に存在するものになったともいえるでしょう。

〔1-2-2〕
# サーバ今昔物語

## ◈オフコン／ミニコンの時代

ここでは、サーバの歴史を大まかに振り返っておきましょう。どのような経緯で現在のサーバシステムが形作られたかを知ることは、サーバへの理解を深めることにつながるはずです。

1970年〜80年代あたりまでのコンピュータは、「オフィスコンピュータ（オフコン）」「ミニコンピュータ（ミニコン）」などと呼ばれていました（図12）。

昔も今も、国や大規模な研究機関が使うようなハイスペックのコンピュータを「スーパーコンピュータ（スパコン）」と呼びますが、スパコンに比べて処理能力が低く、そのぶん安価な企業向けのコンピュータをオフコン／ミニコンと呼んでいたのです。

このころはサーバとPCの区分けが厳密ではなかったと思います。また、筆者が見たことのあるオフコンは洗濯乾燥機くらいの大きさがあり、数人がかりでなければ動かせないくらいの重量でした。

図12 オフコンの例

写真はリコーのRICOM 8（出典：コンピュータ博物館）

当時のオフコンの利用形態ですが、利用したいユーザーにはディスプレイとキーボードだけが与えられ、ユーザーはキーボードに情報を入力して、オフコンに指令を出します（図13）。ちなみにキーボードに入力する情報は、例えば銀行のオンラインシステムであれば預貯金の預入れ／引出の数字だったり、プログラマーであればプログラムコード

図13 オフコン／ミニコンの活用イメージ

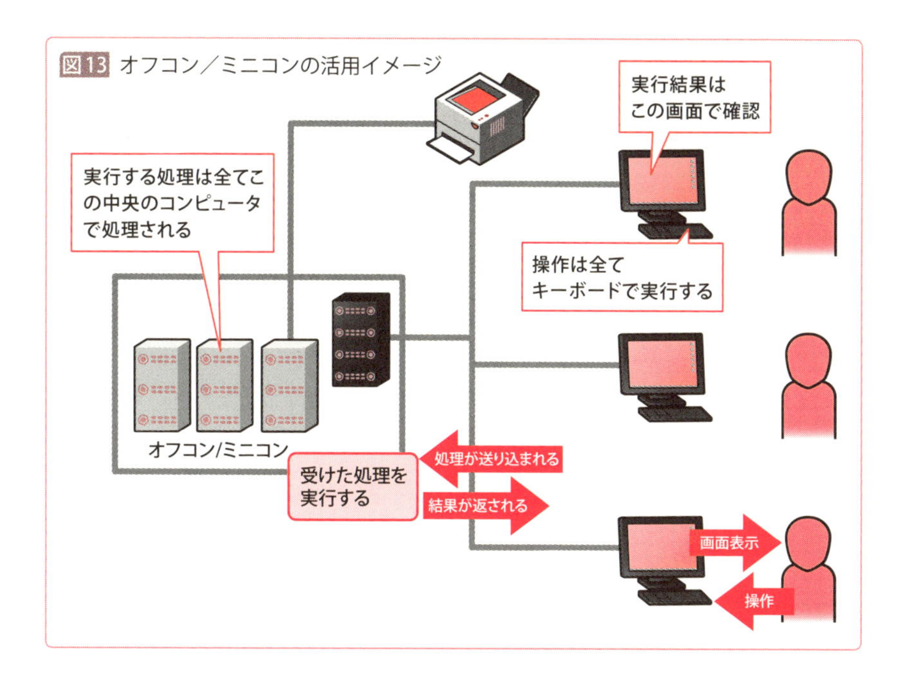


だったりします。

命令を受け取ったオフコンは処理を実行し、処理を依頼してきた端末に実行結果を返します。これで1つの処理が完了します。

## オフコン／ミニコンの欠点

ここまでの説明で、人が触れる装置はキーボードとディスプレイだけ、ということに気づいたでしょうか。

現在であれば、手元のPCにCPUやメモリ、ハードディスクが搭載されており、PC本体である程度の処理を行うことが可能です。

しかし当時はCPUやメモリ、ハードディスクはオフコンにしか備え付けられていません。あくまで人が利用するのはディスプレイとキーボードだけ、というシンプルな構成で、オフコンの機能を「みんなでシェアする」というスタイルでした。

ですから、誰か1人が操作を誤ってオフコンを停止させてしまった場合、全てのユーザーがオフコンを使った業務ができなくなってしまいます。その組織がオフコンを1台しか持っていなかった場合は、1人のミスがみんなの業務を止めてしまうことになるので、利用の際は非常にプレッシャーがかかったものです。

## CoffeeBreak　キーボードすらなかった時代

オフコン／ミニコンの活用法を紹介しましたが、実は操作のための「キーボード」すらなかった時代もあります。つまり「ディスプレイだけ」です。では、どのようにデータや処理をコンピュータに送り込んでいたかというと「マークシート」と「マークシートリーダー」です。

情報処理技術者試験などで、マークシートを使ったことがある人は多いでしょう。紙面上の決められた個所を塗りつぶす、というものですね。

マークシートには数字の数字の0～9、アルファベットのA～Z、その他記号（+や-など）を塗る個所があり、キーボードで1文字ずつ入力する代わりに、マークシートを1文字ずつ塗っていく、という仕組みでした。

あとは、塗り終わったたくさんのマークシートを一気にマークシートリーダーで読み込ませ、必要なデータを入力するという仕組みです。

ですから、例えばこのころのコーディングは、紙面にコードを書き込んでひたすらマークシートを塗る、という作業でした。もしマークシートの塗り間違いがあれば、そのシートを「人間の目」で探し出して塗り間違った個所を消しゴムで消し、塗り直します。また間違いを修正したあとは、全てのマークシートをもう一度1枚目から最後まで読み込みを行う必要がありました。もちろん、マークシートを破損すれば、1から作り直しです。こうしてエラーが出なくなるまでひたすらマークシートを読み込ませては、鉛筆と消しゴムで修正という、気が遠くなるような作業を行っていました。

現在では、キーボードでコードを入力してコーディングできますし、もしコーディングミスがあっても、エラー個所は検索で即座に探し出せます。コーディングツールによっては自動的にエラー個所を画面に表示してくれるものもありますし、また修正後のリビルドやリコンパイルも大変容易です。

筆者はマークシート時代を知る1人ですが、たった数十年の間に便利になったものだと痛感します。

## ◇クライアントサーバシステムの登場

オフコン／ミニコンは、しっかりと運用すれば確実な処理ができるため、高価ではあったものの、一定の評価を得て普及していました。

ただ、高価なオフコン／ミニコンを必要とするほどの大量の処理が、どの企業でも必要だったわけではありません。

当時は「コンピュータ」といえばオフコン／ミニコンしかなかったのですが、少しずつ技術が向上し、1980年〜90年代にかけてオフコンの十分の一、百分の一程度の価格で購入できるコンピュータ（パーソナルコンピュータ＝PC）が出てくるにつれて、「オフコン／ミニコンの代わりに、この安価なPCで処理できないか」と考えられるようになってきました。

こうした流れを受けて、安価なPCをオンライン化して役割を分担する「クライアントサーバシステム」という構成が徐々に流行していきます。

IT業界で仕事をしていれば「クライアントサーバシステム」という言葉を一度は聞いたことがあると思います。このクライアントが「PC」に相当し、サーバに用意された機能を複数のPCで利用する形態が「クライアントサーバシステム」です。

## ◇最初はPCとサーバの区別がなかった？

この辺りの時代から、ようやく「サーバ」という言葉が出てくるようになります。

ただ、クライアントサーバシステムの黎明期は、「サーバ」といっても現在のようなサーバ専用機を用意するわけではなく、「多数のPCのうちの1台にプリンタを接続して周囲から参照させる」「ハードディスクの容量が他より大きいPCにデータ保管用の共有フォルダを用意し、みんなで利用する」といった使い方が多かったです。つまり、見た目は全く同一のPCが部屋に並んでいて、あるPCを「PCとしてもサーバとしても使う」というスタイルでした（図14）。

この場合、例えば印刷をしたいなら、あらかじめ1台〜数台のPCをプ

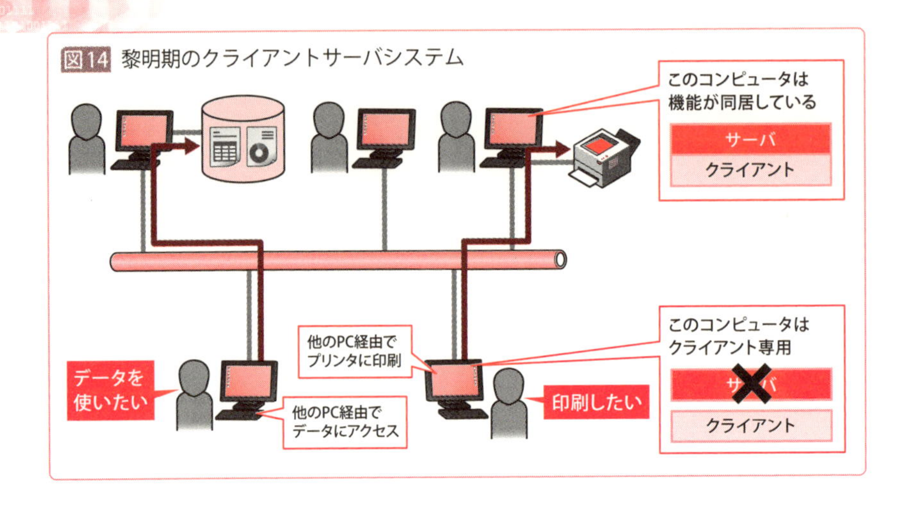

図14 黎明期のクライアントサーバシステム

リンタに接続しておきます。

そして、印刷をしたいPCからは「○○のPCにつながっているプリンタから印刷」という命令を出して実行させることで、プリンタから印刷する仕組みです。

データ保管用PCに準備された共有フォルダを利用したい場合も同様で、「○○のPCにあるこのファイルを読み込む」という命令を実行することで、データの出し入れ、読み書きを行っていました。

ちなみにこのシステムでは、印刷を受け持つPCやデータ保管を受け持つPCも、単体ではクライアントPCとして利用されています。よって、ユーザーにとってはどのPCが純粋なPCで、どのPCがサーバ兼用かはわからず、また知る必要もありませんでした。単純に「この命令を実行するとこのプリンタから印刷できる」「この命令を実行するとデータを取り出して利用できる」という操作方法だけを覚えておくだけです。

この方式ならば、安価なPCを複数台準備し、あとはどのPCにサーバ機能を担当させるかを決めてしまえば、高価なオフコン／ミニコンを導入しなくても、様々な処理を行えるようになります。

そのため、この方式は学校などで流行し、PCを一括導入した際に採用される例が多くありました。

## ◇黎明期のクライアントサーバシステムの欠点

ただ、この方式にも欠点があります。1つは、リソースの不公平さです。サーバ機能を持っていないPCを使っている人は、リソースに余裕がある状態でPCを利用できます。一方、プリンタにつながっているPCを使っている人は、周囲からの印刷処理が集中するとリソースを消費してしまい、必要なPCの処理能力を得られないことになってしまいます。これではユーザーによって利用PCの能力に格差が生じてしまい、不公平ですよね。

もう1つ、この方式の致命的な欠陥は、「サーバ機能が同居しているPCは常に起動していないと、使いたい機能が使えない」という点です。

つまり、サーバとクライアントが同居したPCは必ず誰かが使っているか、少なくとも電源を入れて稼働させておく必要があるということです。特に当時は、PCとサーバの区別がつかないので、間違ってサーバを落としてしまうユーザーもいました。

この課題をクリアするために生まれたのが「サーバ機能を1台のコンピュータに集約させる」という考え方です。

## ◇サーバ専用機の登場

こうして、いよいよ「サーバ専用機」が登場します。これにより、サーバ機能は独立したコンピュータに集約され、ユーザーみんなが公平にサーバ機能を利用できるようになりました。

厳密にはこちらも「クライアントサーバシステム」と呼びますが、以前は1台のPCにクライアントとサーバの機能が同居していたのに対し、こちらはサーバ機能だけが切り離されて1台のサーバ専用機に統合された点が異なります。

このシステムでは、ネットワーク内にサーバ専用機を1台用意して、このコンピュータに全てのサーバ機能を持たせます。

こうすれば、プリンタは個々のPCに接続する必要はなく、サーバ機の

図15 サーバ専用機を用いたクライアントサーバシステム

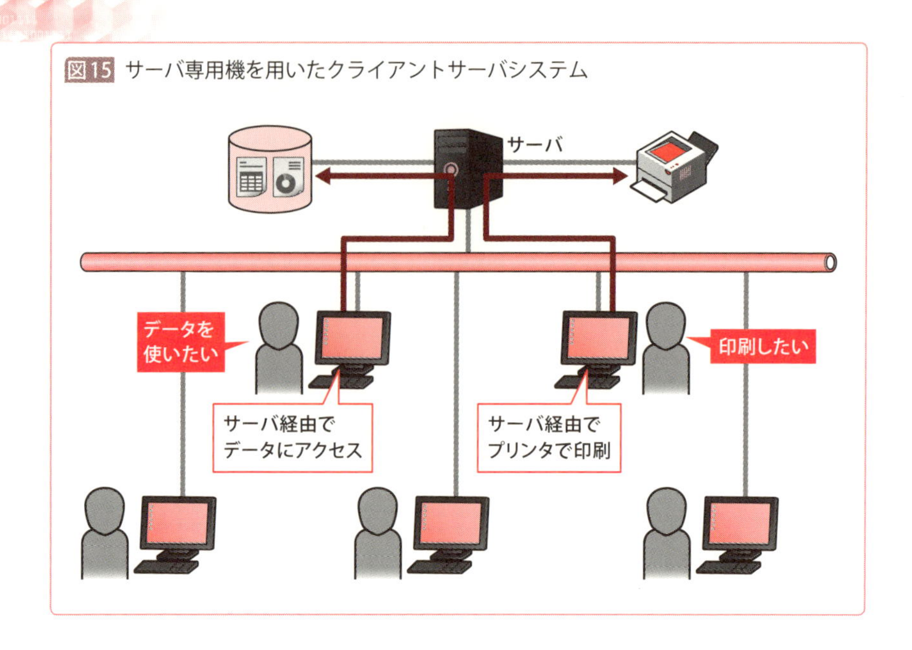


みに接続すればみんなでプリンタを共有できます。印刷を実行したければ、個々のPCからサーバ機に印刷命令を出せばOKです。

データへのアクセスも同様で、サーバの共有フォルダにデータを集約しておけば、あとは個々のPCからデータを出し入れしたり、ファイルを読み書きできるようになります(図15)。

さらに、サーバ機能を1台に集約しておけば、24時間365日稼働させるのはサーバ機1台で済み、他のPCは好きなタイミングで電源をオン／オフして構わないことになります。しかも、このシステムでは、「必要な処理のみ」をサーバに任せていますので、万が一サーバが停止してしまったとしても、全ての機能が使えなくなるわけではありません。PCでできることは継続して実施できますので、中央のコンピュータに全て処理を任せるほどのリスクはないということになります。

現代ではもう少し複雑化していますが、基本的な構造は同じで、「サーバ機を用意し、必要な機能だけをネットワーク経由で利用する」という形態が一般的になりつつあります。

## CoffeeBreak　サーバ集中型への回帰?

ここでは、オフコン／ミニコンという、IT業界では化石のような仕組みを解説しましたが、実は、オフコン／ミニコンのように「全てをサーバで処理する」という仕組みは、現代では再度流行しつつあります。例えば、Webシステムやシンクライアントのような技術は、オフコン／ミニコンのシステムに似ています。「歴史は繰り返す」ではありませんが、様々な技術革新の末に、古い時代のシステムに回帰していくというのも、コンピュータの面白いところかもしれません。

## 第1章のまとめ

- サーバとは「何かを供給する装置」、パソコンで不足する能力を補完するための「別のコンピュータ」である
- ITにおけるサーバでは、コンピュータに必要な機能の専門性を高めることが多いため、「機能を供給する専用の装置」となることが多い
- 家庭内でも家族のPCに保存しているデータを、家庭用のサーバである「NAS」に集約することで、便利に使うことができる。つまりサーバは会社だけで用いられるものではない
- ハードディスクレコーダーはネットワーク経由で複数の端末からの映像視聴を可能にしてくれる。よって、「ネットワーク経由で視聴する映像を提供してくれるサーバ」といえる
- スマートフォンでは、「アプリを通じてサーバにアクセス」することが多い。画面上では全てアプリ上で動作しているように見えるが、実はサーバにアクセスしてその結果だけを画面に表示していることが多い
- 昔は1台のサーバ（オフコン／ミニコン）に対して、複数のディスプレイと操作キーボードを用意し、直接オンラインで接続して操作していた。そのため、1人が失敗してサーバを停止させてしまうと、全てに影響する構成だった。また非常に高額だった
- PCでサーバとクライアントを兼用していた時代では、PCとサーバの区別がつかないので、間違ってサーバを落としてしまうユーザーもいた
- 現在はサーバ専用機を複数のPCで利用する「クライアントサーバシステム」が広く採用されている

## 練習問題

**Q1 サーバとは何でしょうか？**

A 電子メールを生成する装置
B 何かを供給する装置
C パソコンを製造する装置
D 計算するための電子式卓上計算機

**Q2 次の中で「何かを供給する装置」であるサーバはどれでしょうか？正しいものを全て選択しましょう。**

A ウォーターサーバ
B メールサーバ
C ピンチサーバ
D レシーバとサーバ

**Q3 サーバ専用機が生まれた理由は何でしょうか？最も正しい説明を２つ選んでください。**

A サーバには多くの通信帯域が要求されるため、サーバ専用機にしないと帯域が足りなくなるから
B PCがサーバ機能を兼ねていると、誤ってPCの電源をオフにした場合にサーバ機能が使えなくなるから
C サーバ機能に要求される信頼性や性能がPCよりも高くなったから
D スマートフォンからのアクセスが増えるにつれてサーバは専用のコンピュータを用意しなければいけなくなったから

**Q4 スマートフォンとサーバの関係性で正しいものはどれでしょうか？**

A スマートフォンはモバイル機器なのでサーバは利用しない
B スマートフォンはセットアップのときだけサーバを利用して初期設定を実行するが、壊れなければサーバを利用することはない
C スマートフォンはアプリを利用してサーバと通信するので、アプリが増えると通信量が増えることが多い
D スマートフォンをUSBケーブルで接続するPCをサーバと呼ぶ

**Q5 NASという装置を正しく説明している文章はどれでしょうか？**

A NASはUSBケーブルで接続されるハードディスクの総称で、別名を「外付けハードディスク」と呼ぶ
B NASはネットワーク経由でデータを保管／閲覧を実現する機器であり、複数のPCやスマートフォンからデータにアクセスできる
C NASは主にデータを保管するための装置なので、PCと１対１で接続される。接続された１台のPC以外からデータが参照できない
D 近年ではPCの普及により、データを保管する機器であるNASも１人１台体制がほぼ当たり前となっている

Q1. B　Q2. AとB　Q3. BとC　Q4. C　Q5. B

Chapter

02

# 様々なサーバの役割を理解しよう

## ～ Web、メール、DNSサーバなど～

世の中には様々なサーバがあり、それぞれが機能を担っています。ここでは、代表的なサーバを紹介するとともに、それぞれが担当する機能を見ていきます。それにより、私たちが普段何気なく利用している様々なサービスが、実はサーバによって支えられていることが理解できるはずです。

やってみよう!

[2-1]

# Gmailのメールサーバを調べてみよう

本書で何度か触れた通り、私たちが普段利用しているサービスの多くは、サーバによって支えられています。私たちが普段利用しているGmailもその1つです。Gmailは、サーバの設定を知らなくても(特に設定しなくても)利用できるのが特徴ですが、裏側ではしっかりサーバが稼働しています。ここでは、Gmailのサーバ情報を確認してみましょう。

## Step1 ▷ Gmailの設定画面にアクセスしよう

**PCでGmailの画面を開き、⚙から「設定」を選択します。すると設定画面が開くので、画面上部の「メール転送とPOP/IMAP」をクリックし、「POPダウンロード」または「IMAPアクセス」内、「メールクライアントの設定」の「設定手順」をクリックしてください(どちらをクリックしても同じ画面が開きます)。**

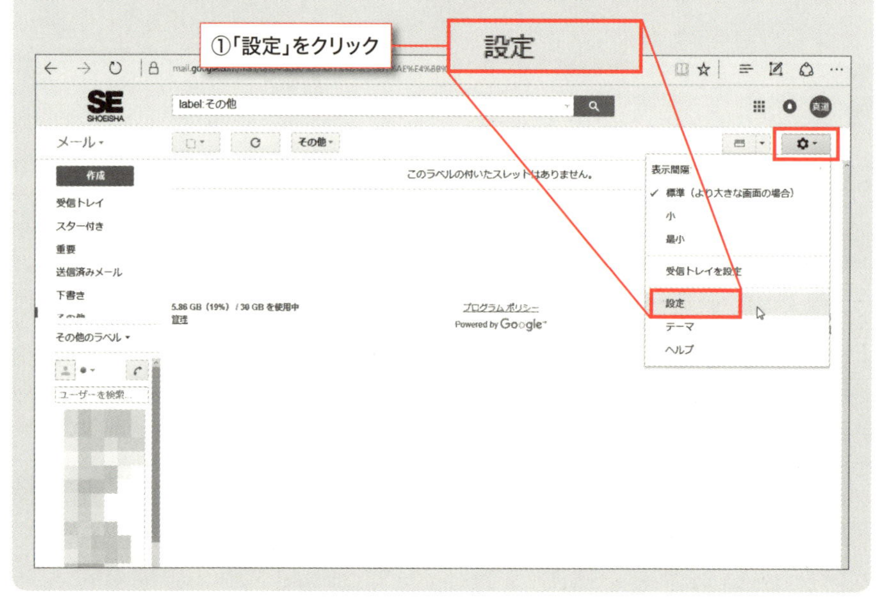

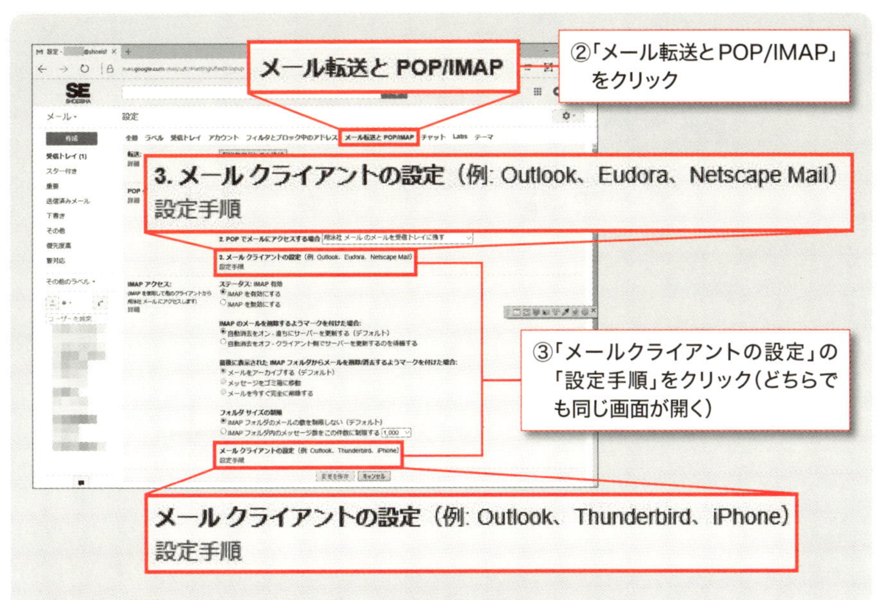


## Step2 ▷ Gmailのサーバ情報を確認しよう

開いたページをスクロールすると、Gmailの受信メールサーバと送信メールサーバの情報をそれぞれ確認できます。この設定画面では、「受信メール（IMAP）サーバ」の情報として「imap.gmail.com」とあり、「送信メール（SMTP）サーバ」の情報として「smtp.gmail.com」と書いてあることがわかります。この情報をそれぞれメモしておきましょう。

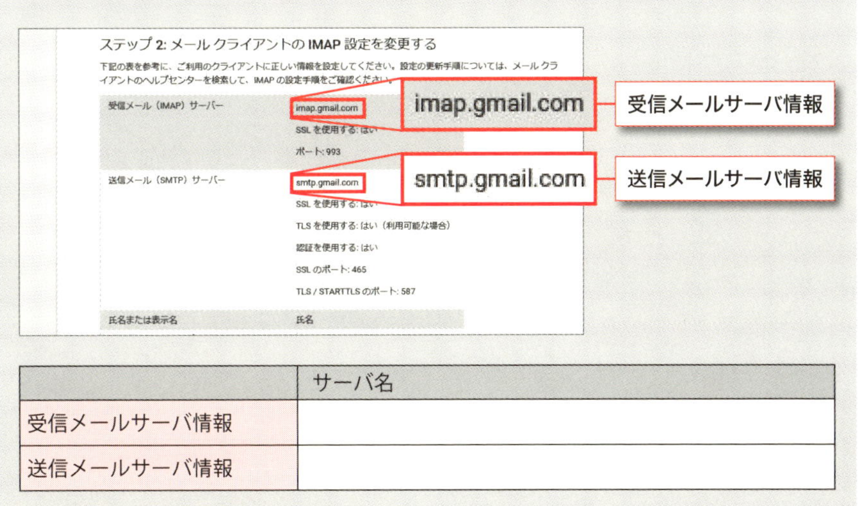


| | サーバ名 |
|---|---|
| 受信メールサーバ情報 | |
| 送信メールサーバ情報 | |

学ぼう！

〔2-1-1〕

# 電子メールの郵便局「メールサーバ」

## ◇手紙が届くまでの流れ

電子メールは、今や私たちにとって欠かせないコミュニケーションツールになりつつあります。

メールの「送信」ボタンを押すだけで、届けたいメッセージを相手に届けることができる。あるいは、メールの受信ボタンを押すだけで、あなた宛のメッセージを受け取ることができる。本当に便利なツールですよね。

では、なぜ私たちはこんなにも簡単な操作で、メールをやり取りできるのでしょうか。

それは、裏側で「メールサーバ」が稼働して、送受信の機能を供給してくれているからです。

メールサーバの働きは、郵便局のシステムに似ています。まずは、郵便局が手紙を配達する仕組みを見てみましょう（図1）。

図1 郵便局のシステム

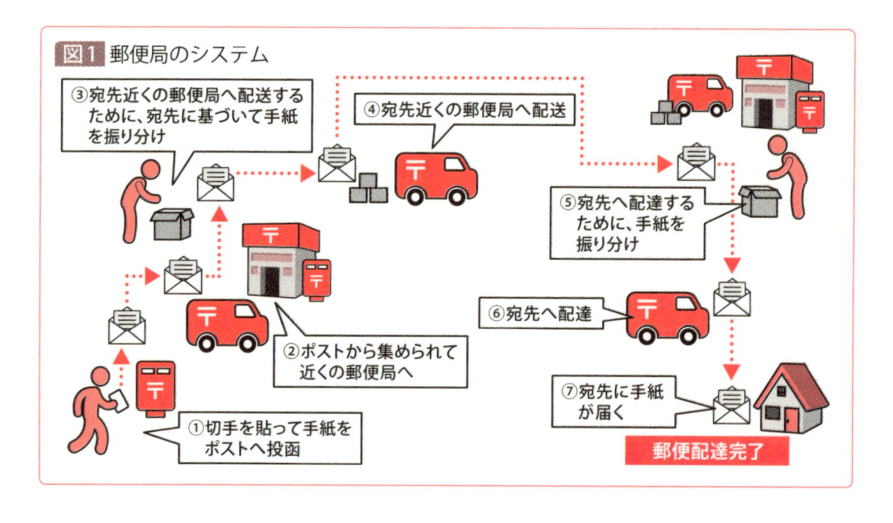

私たちが手紙を出すときは、宛先を書いた手紙を最寄りのポストに投函します。投函した手紙は近くの郵便局に集められ、大まかな配達地域別に振り分けられます。その後、宛先近くの郵便局まで送られ、最終的に宛先に手紙が届けられます。

これが、郵便局が手紙を配達するざっくりとした流れです。

## ◇メールが届くまでの流れ

電子メールの世界において、この郵便局の働きを担ってくれるのが「メールサーバ」です。

郵便局が手紙を届けるまでの仕組みを、電子メールが届くまでのシステムに置き換えてみましょう（図2）。

図2 メールサーバのシステム

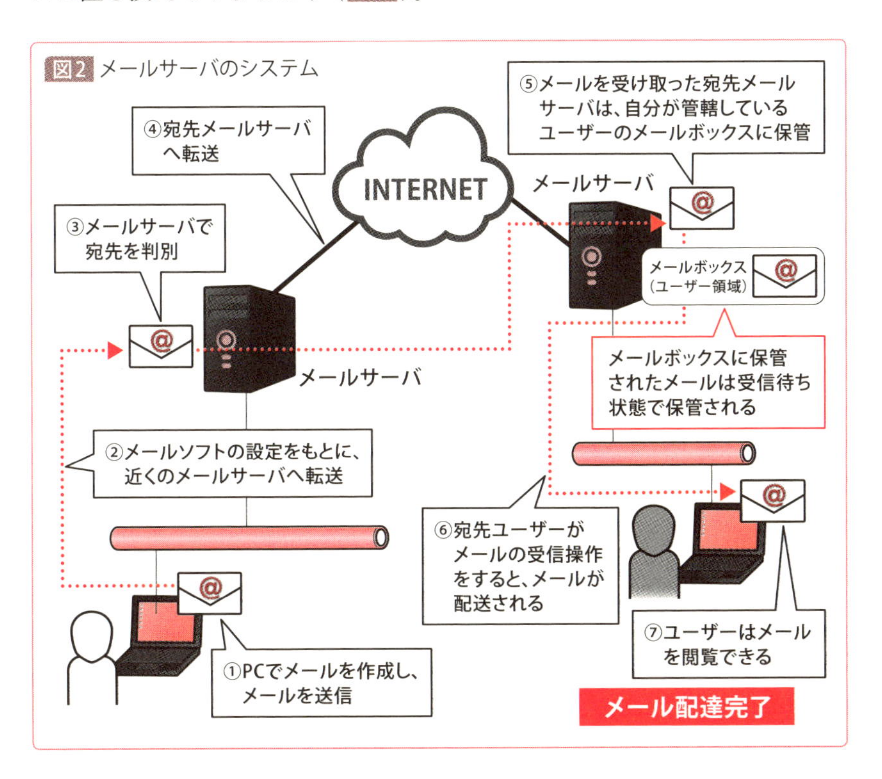

電子メールのシステムでは、「手紙」が「メール」に該当します。メールに宛先を指定して「送信」ボタンを押すと、PCからメールが送信されます。手紙をポストに投函するようなものですね。

PCから送信されたメールは、PC側であらかじめ定められたメールサーバに届くことになります。ポストに投函した手紙が、郵便局に集められるのに似ていますね。

メールが届くと、メールサーバは宛先のメールアドレスをチェックし、インターネット上のどのメールサーバに届けるかを判断して、宛先のメールサーバに「メールを引き渡し」ます。このメールの引き渡しが、「発送元近くの郵便局から宛先近くの郵便局へ手紙を運搬する」という段階にあたります。

宛先メールサーバは届いたメールを保管し、宛先ユーザーがメールの「受信」ボタンを押したときに、そのユーザーに対してメールを届けます。これで、宛先ユーザーは届いたメールを読むことができるわけです。手紙が、宛先近くの郵便局から宛先に届けられることに似ていますね。

これが送信したメールが宛先に届くまでの大まかな流れです。

人間の目では、あたかも送信元メールソフトから宛先のメールソフトにメールが届いているように見えますが、裏側ではメールサーバが、郵便局のように配送の役割を担ってくれているわけです。

## 送信エラーは「宛先不明」

ところで、宛先のメールアドレスを間違えると、「Unknown」というエラーメールが返ってきますよね。

これは、手紙に記した住所が間違っていた場合、「宛先不明」で手紙が返ってくることと同じです。宛先がわからないので、「メールを届けられませんでした」というメッセージを本人に伝達しているわけですね。

この点も、メールサーバの役割が郵便局の役割と似ているといえるでしょう。

## 送信メールサーバと受信メールサーバ

ここまで、「メールサーバは郵便局のようなもの」という点について解説してきました。基本的な認識はそれで構わないのですが、ここからはメールサーバの役割をもう少し掘り下げて解説していきます。

「メールサーバ」と一口にいいますが、実は2種類に分けられます。「送信メールサーバ」と「受信メールサーバ」です。冒頭の実習でも、「送信メールサーバ」と「受信メールサーバ」の2つの情報があることを確認しましたね。

送信メールサーバは文字通り送信専用のメールサーバで、「SMTPサーバ」ともいいます。一方受信メールサーバは受信専用のメールサーバで、「POPサーバ（またはIMAPサーバ）」といいます。

送信メールサーバは、PCから送信されたメールを最初に受け取るサーバです。一方の受信メールサーバは、受信メールを蓄積する機能を提供するサーバです（図3）。

図3 受信メールサーバと送信メールサーバ

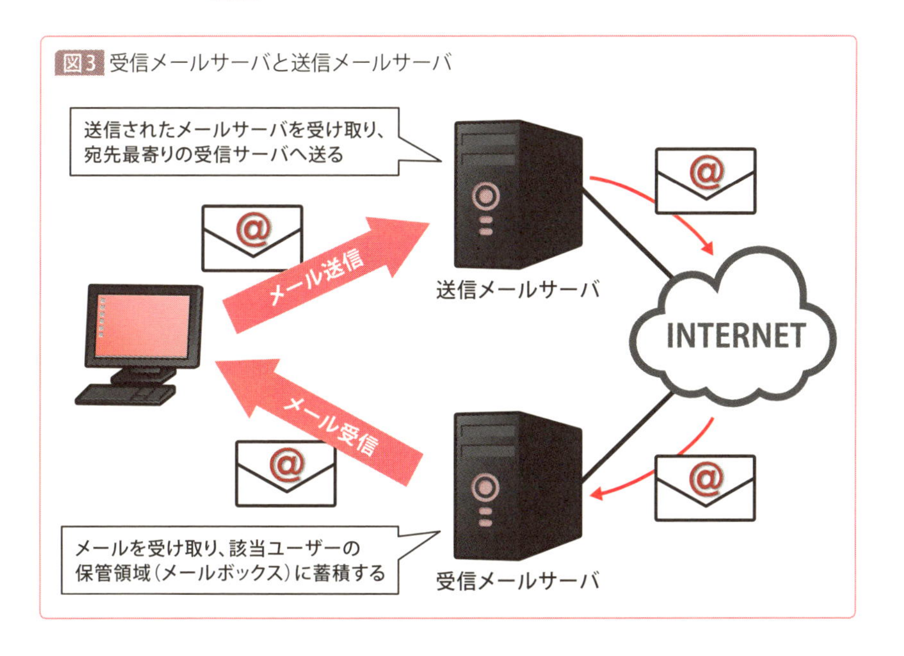

## ◇受信メールサーバは「私書箱」

受信メールサーバは郵便局でいうところの「私書箱」に似ています。

私書箱とは、自身の配達先となる住所とは別に、郵便局内に郵便物を蓄積しておくことができる「郵便物受け取り専用の宛先」です。

よく雑誌やテレビで、ハガキを募集するときに「○○郵便局　私書箱○号」のように送り先を指定されることがありますが、これは私書箱を利用しているわけですね。

## ◇「メールボックス」は保管領域

メールのやり取りにおいては、メールを受け取る人のPCが、24時間365日稼働しているとは限りません。ただ、PCが使えない状態であってもメールは送られてくるわけですから、メールデータを一時的に保管しておく場所が必要になります。その役割を担うのが受信メールサーバなのです。受信メールサーバに登録されたメールアドレスには、受信メールサーバ内に「メールボックス」という名の保管領域が提供されます。

ユーザーがメールソフトでメールを受信するまでの間、本人宛のメールは受信メールサーバに蓄積されています。そして、私書箱に郵便物が届いたときに郵便局に取りに行くのと同様に、メールソフトの「受信」ボタンを押すことで、受信メールサーバに蓄積されたメールを手元のPCで受け取ることになります。

## ◇送信サーバの役割

一方、送信メールサーバの役割は、受信の流れの逆順です。メールを「送信」すると、そのメールは送信メールサーバに送られます。メールを受け取った送信メールサーバは、受け取ったメールのアドレスを見て、最寄りの受信メールサーバにメールを引き渡すことになります。

メールを受け取った受信メールサーバは、自分に登録されているユーザーのメールボックスにメールを保管します。

こうして、送信メールサーバはメールを送信する、という役目を完了させます。このように、受信メールサーバと送信メールサーバの組み合わせで、日々のメールの送受信が可能になっているわけです。

## 受信メールサーバの種類

メールサーバは「送信メールサーバ」と「受信メールサーバ」の2種類に分けられますが、受信メールサーバはさらに「POPサーバ」と「IMAPサーバ」の2種類に分けることができます。

どちらの方式を利用するかによって受信メールの使い勝手が変わってきますので、それぞれの違いを説明しましょう（図4）。

図4 POPサーバとIMAPサーバ

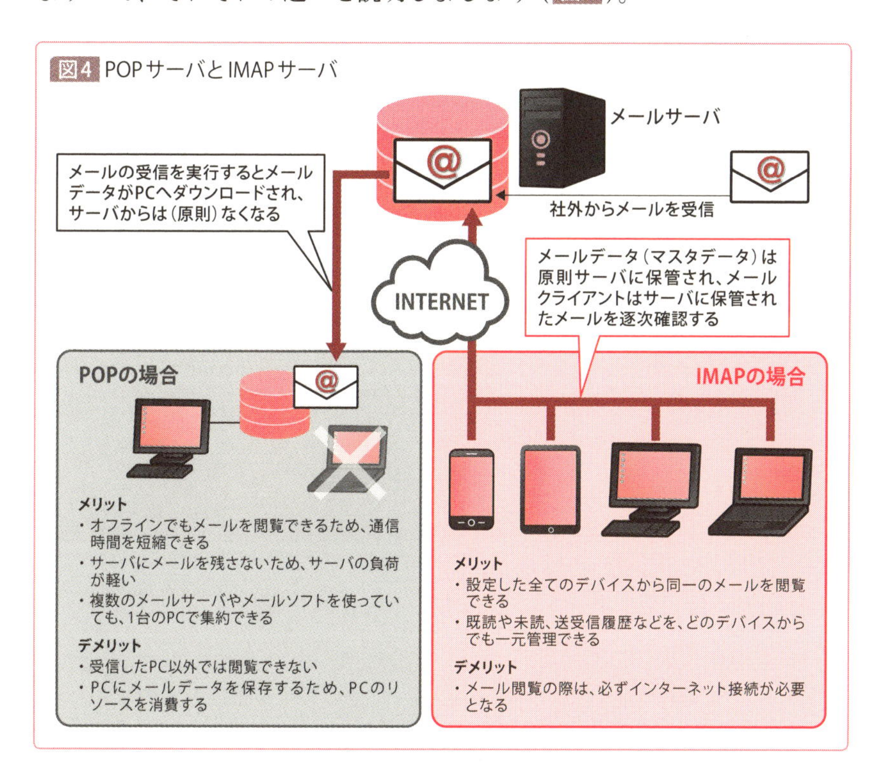

## POPサーバ

メールの受信設定で「POP3」という選択肢や設定が表示されていた場合、受信メールサーバにはPOPサーバを利用しています。

この方式では、メールの受信を実行したPCにメールデータそのものが保存されます。よって、保存後はインターネット接続がない状態でも、自分宛のメールへアクセスすることができます。一昔前の携帯キャリアメールがこの方式です。

通信が必要となるのはメールの送受信のタイミングであり、オフラインでも手元のメールを読んだり整理したりすることができるため、通信時間が少なくて済むというメリットがあります。

また、メールデータをサーバに残さなくてよいので、サーバの負荷（コスト）が軽くて済むこと、複数のメールソフトやメールサーバを使っていても、1台のPCで集約して管理できる点もメリットといえるでしょう。

他方、メールデータをPCで保存するぶん、PCのリソースを圧迫すること、送受信したPC以外ではメールを閲覧できない点などがデメリットとして挙げられます。

## IMAPサーバ

一方のIMAPサーバですが、メール受信設定をしたときに「IMAP」という選択肢や設定が表示されていた場合、受信メールサーバにはIMAPサーバを利用しています。ちなみに冒頭の実習でGmailのサーバ情報を確認しましたが、GmailではIMAPサーバを利用しています。またGmailに限らず、「Webメール」と呼ばれる昨今のブラウザベースのメールサービスは、全てこのIMAPサーバを利用しています。

この方式では、メールデータはPCには保存されず、サーバ上で管理されるため、複数の異なるデバイスから同じメールボックスへアクセスできます。Gmailが、PCでもスマートフォンでも同じデータにアクセスできるのは、IMAPサーバを利用しているからです。

どのデバイスでもメールを見ることができるので、PCが壊れても、別のPCやスマートフォンを利用すれば、いつでもメールをチェックすることが可能です。また、通信環境が整っていれば、会社でも出先でも、好きな場所でメールチェックを行えます。さらに、手元のデバイスにメールデータを保存するわけではないため、デバイスのリソースを消費せずに済む点もメリットだといえるでしょう。

一方デメリットとしては、IMAPサーバで扱うメールを読むためには必ずインターネット接続が必要となる点が挙げられるでしょう。

## ◇メールサーバ用語の関係図

ここまでの解説で「メールサーバ」という単語にいろいろな機能や意味が含まれていることがわかったと思います。

逆にいえば、「送信メールサーバ」や「受信メールサーバ」を一括りに「メールサーバ」と捉えてしまうと、思わぬ誤解やトラブルにつながりかねません。ですから、きちんと整理して理解するようにしてください。

図5は、メールサーバの用語の関係図です。この図で注目してもらいたいのが、用語の位置です。例えば、メールサーバについて誰かと会話をしていたとします。その際に、「SMTPサーバとPOPサーバが云々」という話になっていれば、同列の並びである「送信メールサーバと受信メールサーバ」についての会話をしていることになります。同様に「POPサーバとIMAPサーバが云々」という話になっているのであれば、「受信メールサーバ」についての会話をしているというふうに受け取れます。

あるいは、例えば「メールボックス」についての話をする場合、メールボックスを取り囲む大枠であるPOPサーバ／IMAPサーバについて理解できていなければ、メールボックスについて的確な理解を得ることは難しい、ということにもなるでしょう。

次に留意してほしいのが、各要素の関係です。

PCでは「メールソフト」と、そのソフトで管理する「メールデータ」でメールを利用しています。ここまでは普段利用している環境なので容易に想像がつくでしょう。

一方のメールサーバは、サーバという装置にインストールされたソフトウェアとして動作します。

そのソフトウェアは「送信メールサーバ」という機能のソフトウェアと、「受信メールサーバ」というソフトウェアの機能に分かれ、その両方のソフトウェアが動作して「メールサーバ」という機能を供給していることになります。

さらに受信メールサーバには「POPサーバ」と「IMAPサーバ」の2種類が存在し、受信方法によっていずれかの方式を選択することになります。また、実際に電子メールを保管する場所として「メールボックス」という保管領域が各々の受信メールサーバで用意されます。

このPCとサーバの二者間でやり取りするデータが「メール」です。

この仕組みをしっかり理解することで、何か障害が起こったときにも、適切なトラブルシューティングを実現できるようになります。

図5 メールサーバ用語の関係図

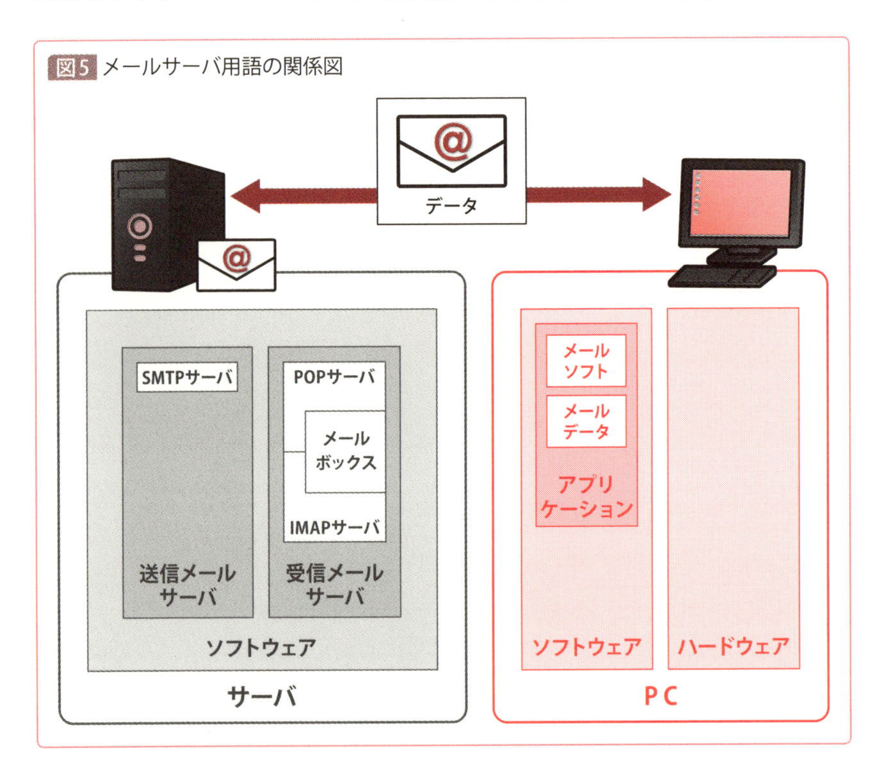

〔2-1-2〕
# あなたのデータの倉庫「ファイルサーバ」

## ファイルサーバの存在価値

ファイルサーバは、ビジネス環境であれば日常的に利用していると思います。中には、自覚のないまま利用しているケースもあるかもしれません。Windowsのエクスプローラを開くと、アドレス欄に「C:¥Windows」のように表示されますが、この表示が「¥¥COMPUTERNAME¥FolderNAME¥」のようになっていれば、ファイルサーバを利用していることになります。

ファイルサーバは、「共有専用のデータ保管場所」を提供するサーバです。「何かを保管する場所」という意味でいうと、現実世界の「倉庫」に似ているかもしれません。普段利用しているオフィス（事務所内）に、全ての荷物を保管すると、多くの場所を取ってしまいますよね。オフィス内は「社員がどれだけ快適に仕事ができるか」を優先すべきなので、多くの会社では倉庫を別の部屋や建物に用意し、置ききれない荷物を保管しているはずです。ファイルサーバの働きも同様で、PC内に保存しきれないデータ、社員みんなが利用するデータを保管するサーバとして、ネットワーク内に存在しています（図6）。

ファイルサーバにデータを保管していれば、社内ネットワークにつながっているどのPCからでもデータにアクセスすることが可能です。データの受け渡しも、ファイルサーバがなければいちいちUSBメモリなどのメディアにデータをコピーしなければなりませんが、ファイルサーバがあればそのような手間は不要です。また、同じデータを個々のPCで更新していると、「どれがマスタデータか区別がつかなくなる」などの不具合が生じますが、ファイルサーバでデータを一元管理していれば、そのようなデータの不整合も防げます。ファイルを集中管理することでバックアップが容易になりますし、データ流出の可能性も最小限に抑えることができるで

図6 ファイルサーバ

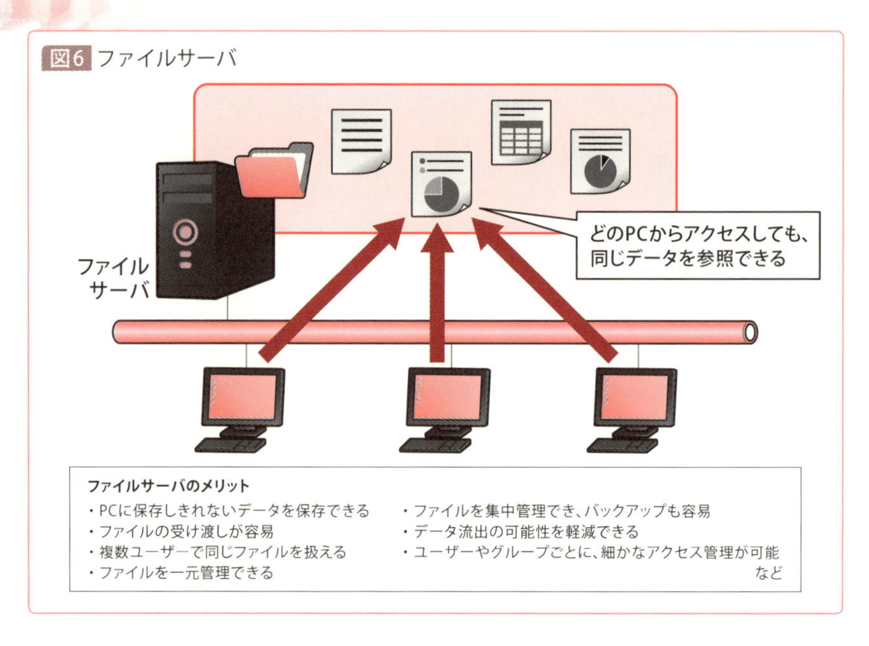


しょう。さらに、ファイルサーバには各ユーザーに対して細かくアクセス権の設定ができますので、「誰がどのファイルを利用・閲覧できるか」という管理も容易です。

このように、ファイルサーバには様々なメリットがあります。

ただ、「管理者」の観点でいうと、ファイルサーバの運用には留意すべき点もあります。ファイルサーバは原則として「みんなのフォルダ」ですから、利用する人全てがわかりやすい区分けでデータを保管しておく必要があります。自分のPCであれば、自分がわかりやすいようにデータを分類していればよいですが、「自分の保管ルールが他人にとってもわかりやすいとは限らない」という点には注意しましょう。

## ◇データベースとは何が違う？

ファイルサーバと似たような働きをするサーバに「データベースサーバ」があります。

データベースサーバとは、データベース（テーブル）という単位の入れ物にデータを蓄積しておくサーバです。PC上で扱いたいデータがあればデータベースに接続してデータの供給を依頼し、データベースサーバは要求に応じてデータを提供します。

「データの倉庫」という意味ではファイルサーバと似ているのですが、ファイルサーバとデータベースサーバは何が違うのでしょうか？

ファイルサーバとデータベースサーバの違いを一言でいうなら、「取り扱うデータの大きさ」です。ファイルサーバが供給するデータは、「ファイル／フォルダ単位」であるのが基本です。一方、データベースサーバは、「ファイル内に記録しているデータ単位」でデータを供給します。

Excelファイルを例にとるなら、ファイルサーバでは個々のExcelファイル、あるいは複数のExcelファイルが格納されたフォルダしか取り扱えません。

一方データベースサーバは、Excelファイルを「行単位」で指定してファイルを出し入れすることができます。例えば、「ある表の3行目のデータだけ欲しい」とデータベースサーバにリクエストし、3行目のデータを受け取る、という具合です（図7）。

図7 ファイルサーバとデータベースサーバの違い

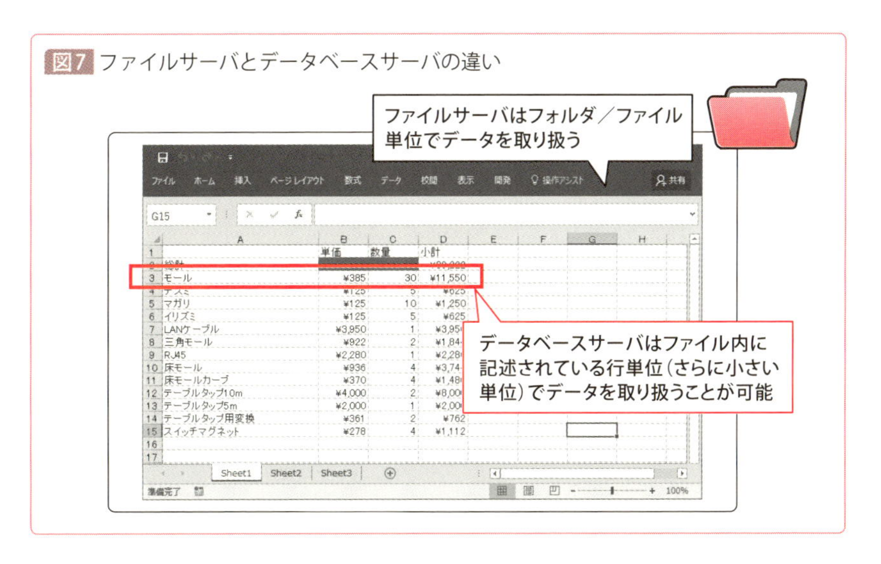

これは、ファイルサーバは主に「人間」が用い、データベースサーバは主に「プログラム」が用いる、という差に起因します。

ファイルサーバは人間が扱いやすいファイル／フォルダ単位でデータを扱うのに対し、データベースサーバはプログラムで扱うことが多い「文字列や数値」という単位でデータを扱っているわけです。

## CoffeeBreak 「データ」という言葉は抽象的

「データ」という言葉は、使っている人や使っている場面によって、意味合いが異なることが少なくありません。

例えばファイルサーバは「共有フォルダの集合体」といえますが、ファイルサーバに格納されているそれぞれのフォルダは、「ファイルの集合体」だといえますし、細かくいえばファイルも「文字や数値の集合体」だといえます（前ページで触れた通り、データベースサーバは「ファイル」という単位には満たないくらい細切れのデータを取り扱っています）。

また、人間はあまり関わりませんが、コンピュータが扱うデータ（扱うことができる唯一の単位）は0と1の二進数です。逆にいえばコンピュータは、最終的にはこの0と1にまでデータを細切れにして、ハードディスク内に記憶したり、読み書きしたりしていることになります。

このように、「データ」という言葉の意味は非常に抽象的ですし、また取り扱うシチュエーションによって、フォルダ、ファイル、文字列、0と1の二進数など、様々な形態で活用されています。

## CoffeeBreak　FTPサーバとファイルサーバ

本章では、以降も主要なサーバ機能を解説していきますが、代表的なサーバ機能である「FTPサーバ」は取り扱っていません。これには理由があります。本書は、「サーバはどのように使われるか」という視点、つまりユーザーサイドから見た切り口で解説しています。FTPサーバは「データの保管場所を提供するサーバ」ですから、機能としてはファイルサーバと同じです。細かいことをいえば通信方式が異なり、Windowsの共有フォルダではSMB（Server Message Block）またはCIFS（Common Internet File System）という通信方式を利用するのに対し、FTPサーバはFTP（File Transfer Protocol）という通信方式を利用しています。ただ、通信方式は違えど「ファイルの保管場所」という意味ではファイルサーバの役割と変わりませんので、本章では改めて取り上げることはしませんでした。

実際、「ファイルサーバとFTPサーバのどちらがよいのか」と問われても、「ユーザーから見ればどちらもそれほど変わらない」というのが正直なところです。宅配便を送るのに、その荷物がトラックで運ばれようが、貨物列車で運ばれようが、飛行機や船舶で運ばれようが、「荷物が確実に届く」のであれば、どの方法で運搬されてもユーザーにはあまり関係ないですよね。それと同じです。

ただし、これが使わせる側（つまりサーバを用意する側）になると、ちょっと変わってきます。例えばFTPを使わせる局面は、「比較的遅い回線を経由するとき」が多いです。具体的には、インターネットを経由した通信などが該当します。この場合、たまに（人間の知らないうちに）途切れることもあるので、そういった「品質がいま一つの回線でも確実にデータを届ける」必要がある場合には、FTPが有効です。ただし、通信速度は遅いので、データを送るのに時間がかかるというデメリットがあります。

逆にSMBやCIFSは、「速い回線だけでサーバに到達できるとき」に使われています。つまり、社内LANの中だけでファイルやフォルダなどのデータをやり取りしたいときなどは、FTPよりもSMB/CIFSのほうが高速に実行できます。その代わりのデメリットとして、途切れたり、時間がかかったりするような不安定な通信がPC～サーバ間に存在する場合、せっかくサーバに保管したデータが通信によって破損することがあります。ですから、SMBやCIFSとFTPは、適切に使い分ける必要があります。

# 〔2-1-3〕
# あなたの印刷所「プリンタサーバ」

## ◇プリンタサーバが登場した背景

ビジネスでも家庭でも、プリンタを利用して印刷をする機会は多いでしょう。かつて、プリンタはUSBケーブルでPCと接続して利用するのが一般的でした(今でも特に家庭ではそういう環境は多いと思います)。ただ、この環境だと、別のPCで印刷したい場合はUSBケーブルをいちいち接続し直す必要がありますし、またケーブルが届く範囲にPCとプリンタを設置しなければなりません。

これだと不便なので、ネットワーク経由でプリンタを共有し、複数のPCで利用したいというニーズが生まれました。

そこで登場したのが「プリンタサーバ」です。プリンタサーバには、ネットワーク内に存在する全てのプリンタが登録されています。

ユーザーが何らかのデータを印刷する際は、手元のPCで印刷したいデータ（文書や画像など）を準備し、プリンタを指定して「印刷」を実行しますね。その印刷指令と印刷データがプリンタサーバに届けられます。プリンタサーバは、PCから届けられた印刷データを一時的に蓄積し、指定されたプリンタへ送信します。データを受け取ったプリンタがそのデータを印刷し、印刷が完了するという流れです（図8）。

プリンタサーバを利用すると、複数のPCでプリンタを共有できますし、サーバにプリンタドライバを登録しておけば、接続されたPCに自動的に配布することもできます。管理者にとっては、個々のPCにプリンタドライバをインストールする作業が省けますから、業務を効率化することも可能になります。

ところで、上記のような環境は、プリンタをいくつも登録したプリンタサーバが1台存在する、という形式です。しかし昨今は「ネットワークプリンタ」と呼ばれる、プリンタサーバの機能を内蔵したプリンタが増えています。無線LAN対応のプリンタや、LANケーブルの差込口があるプリンタがそれに該当します。

ネットワークプリンタを利用する場合は、プリンタサーバを経由せずに、直接ネットワーク上のPCと接続して印刷を行うことが可能です（図9）。

プリンタサーバが不要なぶんコストの節約にもなりますから、PCが少ない中小規模の環境では、プリンタサーバを設置せずにネットワークプリンタで対応するケースが増えています。

ただ、プリンタサーバを利用している環境のように、多くの印刷要求を効率よく処理したり、プリンタドライバを自動配布したりはできませんから、大規模な環境では「プリンタサーバ」と「ネットワークプリンタ」を併用しているケースが多いです。

ともあれ、コンピュータで実施するにせよプリンタに内蔵するにせよ、プリンタサーバの機能は、印刷したいPCが存在する限り、そのデータをプリンタに引き渡す仲介役として存在し続けることになります。

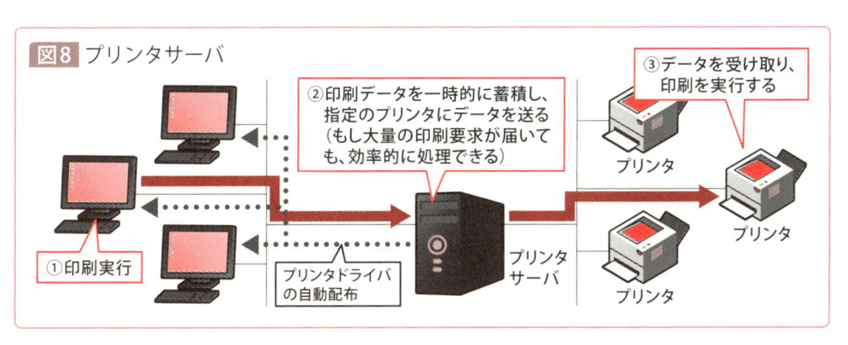

図8 プリンタサーバ

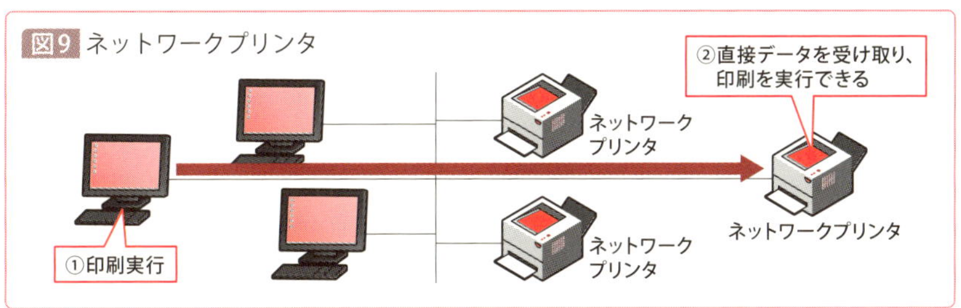

図9 ネットワークプリンタ

学ぼう！

[2-1-4]

# 24時間宣伝できる広告看板「Webサーバ」

## ◇「広告看板」の存在意義

街を歩いていると、「広告看板」を見かけることがあります。普段はあまり気にすることはありませんが、例えば頭痛がひどいときに「そういえばあの頭痛薬の広告看板を見かけたな」と思い出し、その頭痛薬を購入したりすることがあります。

そういう意味では、広告看板は製品やサービスを宣伝するうえで有効な手段だといえますね。また、街角の広告看板は目にする人が限られますが、新聞・雑誌に広告を掲載したり、テレビ、ラジオにCMを流したりすれば、さらに多くの人に自社製品やサービスを告知することができます。

しかし、広告看板にせよ、新聞・雑誌の広告記事にせよ、CMにせよ、訴求できるのは「その広告（CM）を見た人だけ」ですし、また掲載できる情報も自ずと限られたものになります。

そこで最近は、多くの企業がWebサイト（ホームページ）を準備し、自社や自社製品を広く紹介するようになりました。

## ◇Webサーバは広告看板？

このWebサイトを支えているのが「Webサーバ」です。

Webサーバには、Webサイトのコンテンツ（画像や文章、動画など）が格納されています。ユーザーはWebブラウザ[*1]を通じて、Webサーバから情報を取得し、Webサイトを閲覧します。

普段私たちは、何気なく検索サイトで情報検索し、検索結果から見たいWebサイトを表示していますが、その裏側ではWebブラウザの命令を受けて、インターネットを通じてWebサーバに接続し、そのWebサーバが

図10 Webサーバの働き

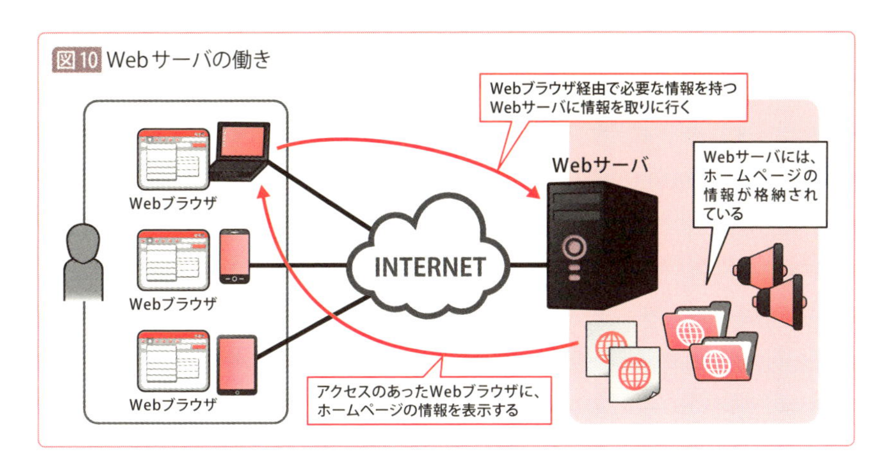


保有しているページデータ（コンテンツ）を取得して、目の前のPCで閲覧しているわけです（図10）。

企業の側から見れば、Webサーバはお客さんになる人に向けて、伝えたい情報を好きなだけ詰め込んで発信できる、いわば「自動の広告看板装置」だといえるでしょう。

しかも、看板の近くを通りかかった人にしか訴求できない広告看板とは違い、Webサイトはインターネットを利用する日本中、世界中の人を対象に情報発信できます。しかも、広告看板やCMのように「たまたま見てくれた人」という受け身の顧客だけではなく、自社に関係するキーワードで検索して情報を見に来てくれるという、能動的・積極的な顧客を対象にした情報発信が可能です。

現在では、世界のインターネット人口は30億人*2、日本のインターネット人口も1億人を超え*3、PCやスマートフォンでインターネットを活用しているようです。

この現代の状況から考えても、「Webサーバ」によって自社の情報発信をすること、すなわちWebサーバの重要性が増していることがわかると思います。

＊1　代表的なWebブラウザにはInternet ExplorerやGoogle Chrome、Safari、Firefoxなどが挙げられます。
＊2　国際電気通信連合（ITU）「Measuring the Information Society」発表
＊3　総務省の平成27年通信利用動向調査の結果（平成28年7月22日発表）

# 〔2-1-5〕「あなたは誰か」を識別する「認証サーバ」

## ◇サーバに欠かせない「ユーザーの識別」

ここまで、様々なサーバを紹介してきましたが、どのサーバにも欠かせない機能の1つに「ユーザー（使う人）の識別」があります。

なぜサーバがユーザーを識別しなければならないかというと、「サーバで保管されるデータは、誰が利用してもよいわけではないから」です。

例えばメールサーバに保管された個人のメールデータは、本人にしか閲覧させてはいけませんよね。

あるいは、社内のファイルサーバも、人事や社内機密に関するデータは、全社員ではなく、取締役など一部の社員しかアクセスできないようにしておかなければなりません。

つまり、サーバに保管されているデータは、「使っていいユーザーだけ使う」ことが可能になって初めて、有効に活用できるわけです。そのためには、データは必ず「許可された人だけが触れることができる状態」であることが要求されます。

そして、「この人はいいけど、あの人はダメ」という区別をするためには、当然ながら「そのデータにアクセスしてくる人は誰なのか？」を識別しなければなりません。

こうして、サーバは「何かを供給する」前に「あなたは誰か?」「データを供給していい人なのか?」を区別するようになりました。

この作業を「認証」といいます。

## ◇認証は「パスポート」？

サーバによる「認証」の働きは、海外旅行の際に用いる「パスポート」をイメージするとわかりやすいかもしれません。

パスポートは、「日本政府（外務省）が、その人を日本国民の○○さん本人であることを証明する公文書」です。いわば日本政府がその人の「信用」を裏付けてくれているわけで、だからこそ、外国での入国審査の際にパスポートを提示すれば、「この人は危険ではない」と判断され、入国が認められるのです。

さて、海外旅行の際はパスポートが本人確認の情報となりますが、コンピュータにおける「認証」で、このパスポートに該当する情報は何でしょうか。それは「ユーザー名」と「パスワード」です。PCで何らかのシステムやサービスにアクセスする際に、ユーザー名とパスワードの入力を求められることは多いでしょう。それは「データに触れてよい本人かどうか」をサーバやシステムが判断するためなのです。

近年では指紋や静脈パターンなど、生体情報で認証を行うケースも増えてきていますが、どの方法であれ、目的は同じです。

ただ、この「認証作業」で問題になるのは、日常業務において、本人確認が必要なケースが多々あることです（図11）。

例えば、出社したらまずPCの電源を入れ、ユーザー名とパスワードを入力してログインする、という人は多いでしょう。

図11 業務中は様々な認証が必要

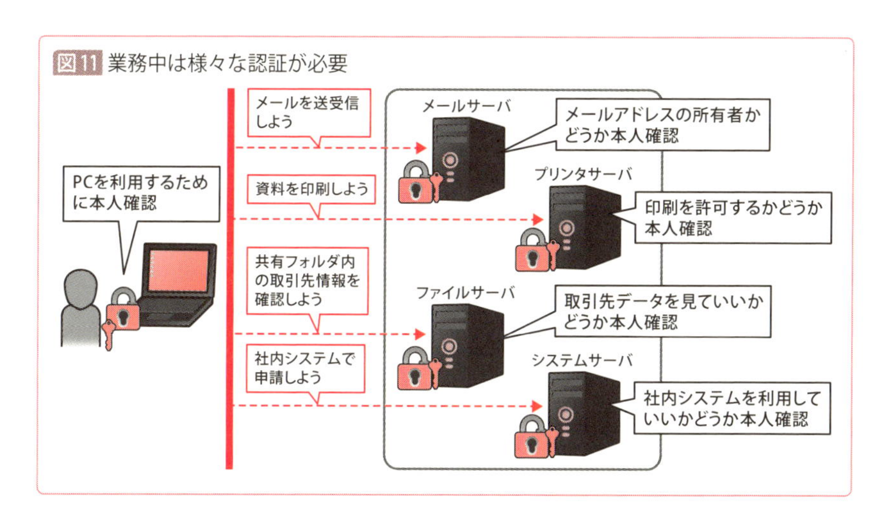

ここまでの解説で触れた通り、私たちの周囲では、様々なサーバが稼働しています。それぞれのサーバを利用するたびに「本人確認」が必要となると、業務に支障が出そうですよね。メール送受信のたびに本人確認、共有フォルダを利用するたびに本人確認、社内システムを使うたびに本人確認……となったら、キリがありません。

## ◇認証を一括で引き受ける認証サーバ

そこで登場するのが「認証サーバ」です。認証サーバは、文字通り「認証」を専門で受け持つサーバで、原則として全ての利用者情報（ユーザー名・パスワード・生体認証情報など）を保有します。

よって、認証サーバを設置した環境では、個別のサーバに対していちいち本人確認を行う必要はありません（図12）。

ユーザーからの処理リクエストを受け、本人確認が必要となる場合、個々のサーバは認証サーバに「この人はアクセスしていい人ですか？」「この人に機能やデータを提供していいですか？」とお伺いを立て、認証サーバに登録されている情報をもとに許可か拒否かを教えてもらいます。つまり各サーバは「認証サーバに本人確認の結果を教えてもらうことで機能やデー

図12 認証サーバの働き

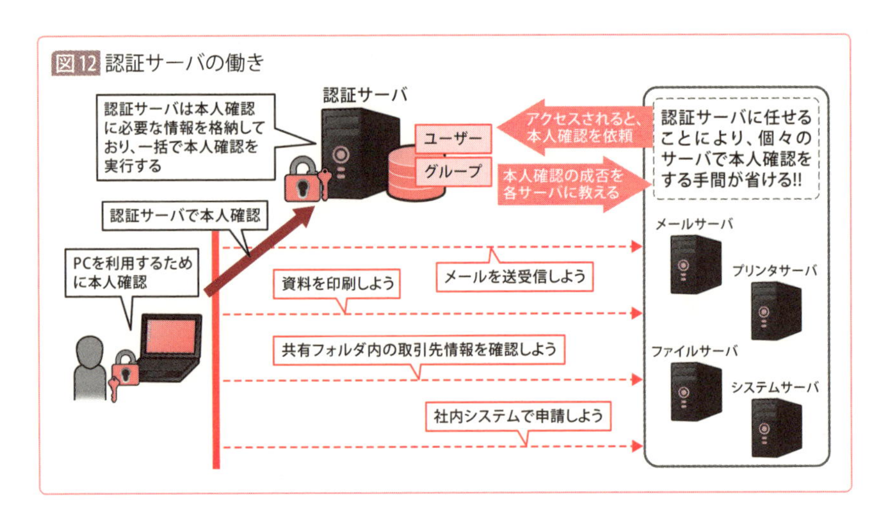

タの供給可否を決定する」ということになります。

各サーバで個別にユーザー名・パスワードなどの認証情報を登録している場合、例えば新入社員が入ってきたら、全てのサーバで追加の登録作業を行わなくてはならなくなります。あるいは、退職者が出た場合も、全てのサーバで登録情報を削除しなければなりません。

その点、認証サーバに登録情報を集約していれば、人数の追加・削減があった場合も、認証サーバ上の情報を書き換えるだけで済みます。

このため、一定規模以上の会社では、社内ネットワークに認証サーバを設置し、一括して本人確認を実行しています。

## CoffeeBreak 環境によって違う認証の仕組み

ここで認証サーバの働きを解説しましたが、世の中には数多くの企業があり、認証の仕組みも様々です。例えば、認証サーバを設置している企業においても、必ずしも1台の認証サーバで統一されているわけではなく、複数の認証システムが用いられているケースも少なくありません。

認証システムで最も有名なのは、Microsoft社の「Active Directory」です。Active DirectoryはWindowsサーバに実装されている機能の1つで、管理下に存在するユーザー名やパスワード、コンピュータ名などの個別情報を格納し、一括して本人確認を行ってくれます。「Windows OSが入ったPCは1台もない」という企業は少ないと思いますが、Active DirectoryはWindows OSとの親和性が極めて高く、Windows OSを統合的に管理できるため、多くの企業で利用されています。

しかし、当然ながら世の中の製品全てがActive Directoryに対応しているわけではなく、中には独自の認証システムを内包している製品も少なからず存在します。こういった場合は、その製品やサービスに用意された独自の認証を利用することになりますので、認証情報を個別に設定して管理する必要が出てきます。

このように、環境次第でシステムの運用スタイルが変わることは少なくなく、これを「環境依存」といいます。(本書も含め) 一般的な解説と実際の運用が異なるケースも出てくると思いますが、本書を読み進める際も、この「環境依存」の部分にもぜひ着目してみてください。

【2-1-6】
# 複数のOSが入居するマンション「仮想サーバ」

## 活躍する仮想化技術

「仮想化」は、今や当たり前の技術として定着しました。インフラの仮想化、ネットワークの仮想化、アプリケーションの仮想化など、仮想化技術は様々なシチュエーションで用いられていますが、ここではサーバの仮想化（仮想サーバ）について紹介しておきます。

サーバの仮想化を簡単に説明すると、「ハードウェアに依存せずにサーバを動かす技術」だといえます。

従来のサーバは、ハードウェアとしてのサーバ機（コンピュータ）を準備し、そこにサーバOSや様々なアプリケーションをインストールして稼働させるものでした。つまり、ハードウェア（サーバ機）とソフトウェア（サーバOSやアプリケーション）は基本的に1対1の関係でした。

他方、仮想サーバは、ハードウェアとソフトウェアを分離してしまう機能を提供します。

## 一戸建てとマンションの違い？

この違いは、住宅の「一戸建て」と「マンション」の違いに似ているかもしれません。一戸建てでは、一般的に1つの住宅に1つの家族が居住します。そのため、一戸建ての土地や空間を1つの家族が占拠できますが、時には「あまり使わない部屋（余分なスペース）」が発生することがあります。

一方、マンションでは、1つの建物に複数の家族が入居します。つまり、1つの建物を複数に区切って、スペースを有効活用することになります（図13）。従来のサーバが「一戸建て」、仮想サーバは「マンション」です。従来のサーバは、1台のハードウェア（サーバ機）に1つのサーバ機能（ソフトウェア）が入りますが、仮想サーバでは、1台のハードウェアに、複数のサーバ機能をテナントのごとく入居させます（図14）。

図13 一戸建てとマンション

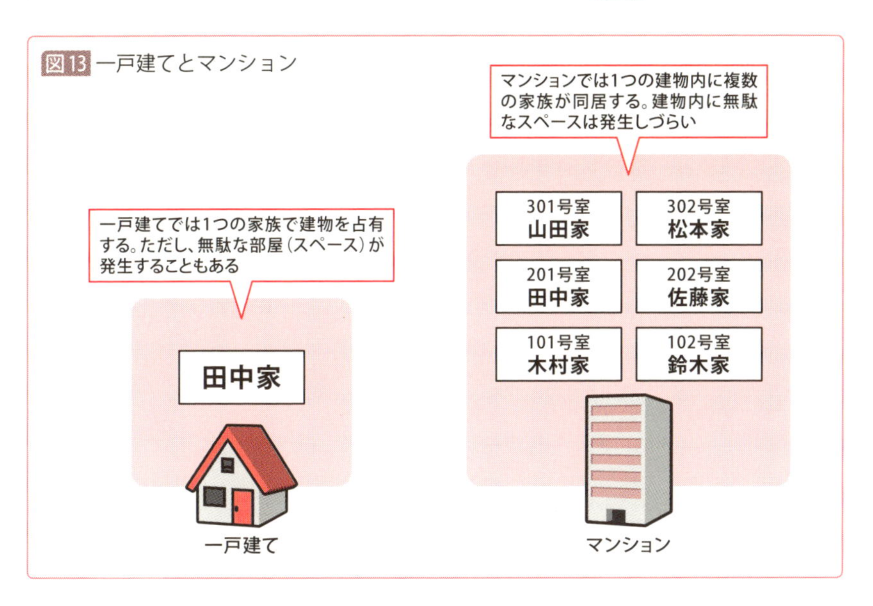


図14 従来のサーバと仮想サーバ

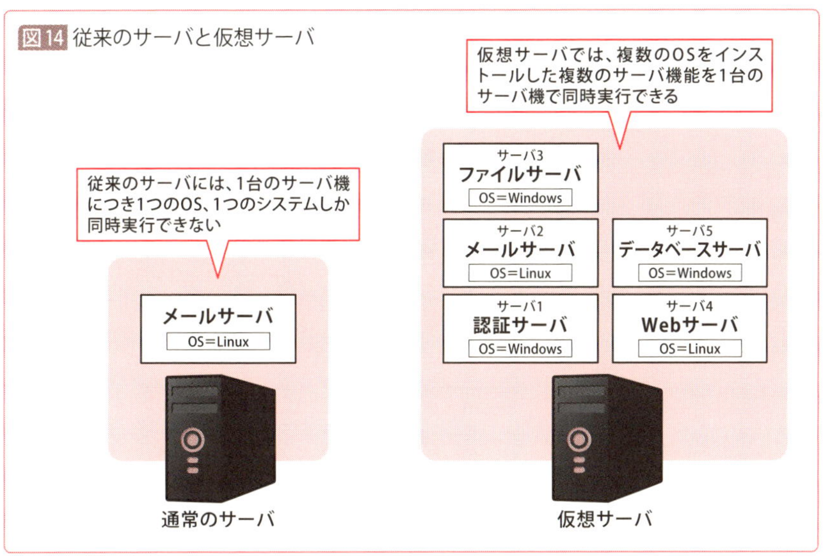

入居したサーバは、ハードウェアを共用しながらも、あらかじめ設定された自身の占有空間を用いて、まるで「複数のサーバが同時に稼働しているかのようにふるまう」ことによって、ハードウェア1台で何台ぶんものサーバを稼働させることができます。

## 仮想サーバのメリット・デメリット

仮想サーバのすごいところは、このように1台のハードウェアで複数のサーバ環境を同時に稼働させるだけではなく、「PCから見ると、独立した複数のサーバが動作しているようにしか見えない」という点です（図15）。

PC側では、仮想サーバ上で動作するサーバに対して何か特別な接続方

図15 仮想サーバのメリット

法を用意する必要はありません。通常通り1台のサーバに接続して機能の供給を受けるのと全く同じ方法で、様々なサーバ機能を利用できます。

仮想サーバの活用には、物理的なサーバの台数を減らせる、サーバ機のリソースを最大限に活用できるなどの様々なメリットがあり、多くの現場で活用されています。

ただし、1台の物理サーバにあまりに多くのサーバ機能を持たせると、「パフォーマンスの低下」が起こる可能性があります。

ですから、仮想化により集約するサーバ機能を適切に選択したり、仮想化後の利用イメージを明確にしたりするなどして、全体のパフォーマンスが落ちない運用を考える必要があります。

## CoffeeBreak クラウドとの関係

OneDriveやiCloud、Dropboxなど、今や私たちにとって欠かせない「クラウド」のサービスも、実は仮想化によって実現されていることが多いです。実際、クラウドサーバの多くは、仮想化によって提供されています*4。クラウドサービスの多くは、ユーザー登録し、また必要に応じて利用したいぶんだけ利用料を払い、料金に見合った規模の容量を利用できるようになっています。

クラウドサービスで提供されるサーバは、Webブラウザや専用アプリケーションを通じて、まるで自社内に設置されたサーバのように利用することができます。

そしてクラウドサーバの多くは、本項で解説しているように仮想化されており、契約者が利用できるぶんを切り出して提供されているものが多いです。クラウドサーバを契約して利用する側から見ると、「どのようなサーバを利用しているのか」という部分は見えず、そもそもサーバの存在すら意識せずに利用することができます。文字通り「クラウド＝雲の中に隠されたサーバ」というイメージから「クラウドサーバ」と呼称され、このクラウドサーバを使ったサービスを「クラウドサービス」と呼んでいるのです。

＊4 仮想化されていないクラウドサービスもあります。

〔2-1-7〕
# IP電話の交換局「SIPサーバ」

## ◇SIPサーバとは

SIPサーバとは、「SIP (Session Initiation Protocol)」という通信プロトコルを利用し、IP電話における「電話をかける・受ける」という機能を供給するサーバです。

SIPサーバの働きを理解するためには、電話の通信の流れを理解するのが手っ取り早いでしょう。

## ◇電話がつながるまでの流れ

まず「従来の電話」のシステムをおさらいしておきましょう。例えば、家の電話から携帯電話にかけるとします。この場合、電話の発信者は「080-1234-XXXX」のように相手の番号をプッシュします。

このとき、発信者が契約している電話会社 (NTTなど) の電話交換機 (PBX) では、「どこに電話しようとしているか」を自動的に絞り込んでいます。

番号を押し終わった時点で、「この携帯電話会社 (auなど) の携帯電話に対して通話をしようとしている」ということがわかりますので、電話会社の電話交換機は、送信先の携帯電話会社の電話交換機に対して、「080-1234-XXXXに発信しています」という情報を伝えます。

携帯電話会社の電話交換機はその要求を受け、対象の携帯端末の基地局に対して、電話着信があることを知らせます。基地局はそれを受け取り、対象の携帯端末に電波を発信して着信状態にします。あとは端末の持ち主が通話ボタンを押せば、通話を開始できることになります (図16)。

非常に大まかにいうと、従来の電話はこのように電話会社や携帯電話会

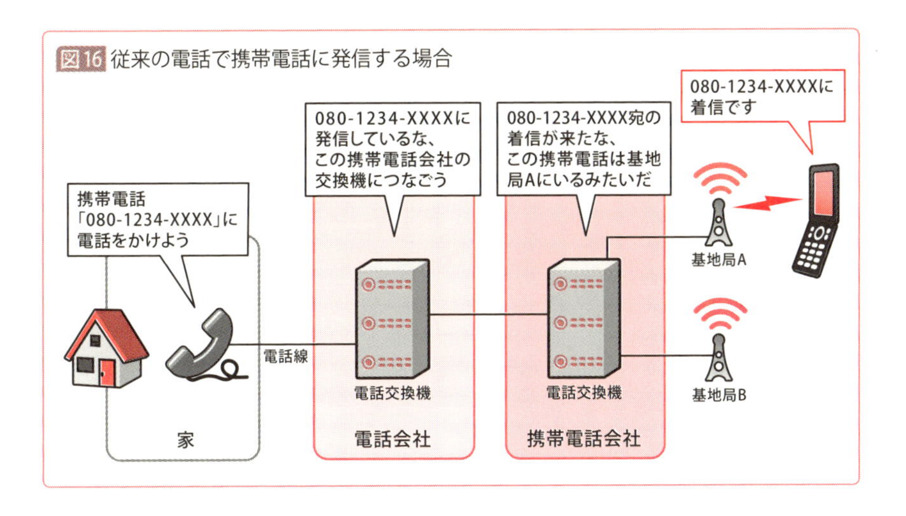


社の交換機を経由して、電話を接続していました。

## IP電話を利用する場合

では、先の例で家の電話が「IP電話」の場合はどうなるのでしょう。IP電話の場合、先ほどは登場しなかったインターネットやサーバを経由します。先の例では、発信者が電話番号を押すと、電話線を通じて直接電話会社の交換機に接続していました。しかしIP電話の場合は電話線ではなく、インターネットを経由してIP電話会社の「SIPサーバ」に接続することになります（図17）。

先の例との違いは、「電話線での通信がインターネット接続に置き換わったこと」と、「電話会社の電話交換機がIP電話会社のSIPサーバに置き換わったこと」です。

IP電話同士の通信になると、さらにシンプルになります。IP電話から電話をかけると、インターネットを経由して電話番号を契約しているIP電話会社のSIPサーバにつながります。さらに、着信先のSIPサーバに接続し、着信先のSIPサーバは該当するIP電話に着信動作の指示を出すことになります（図18）。

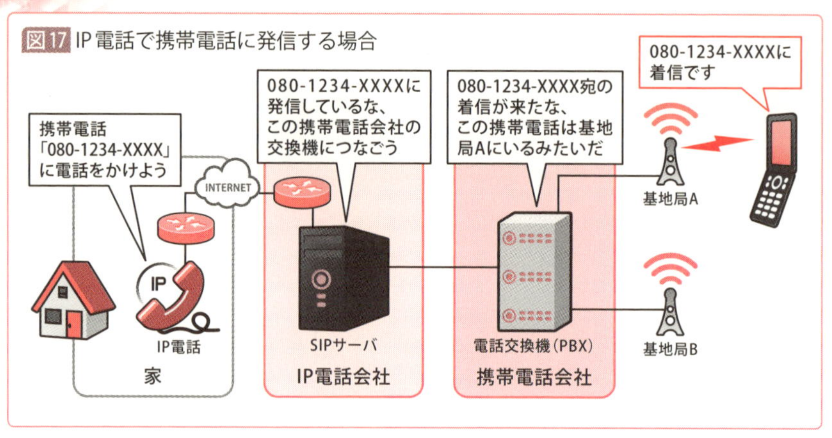


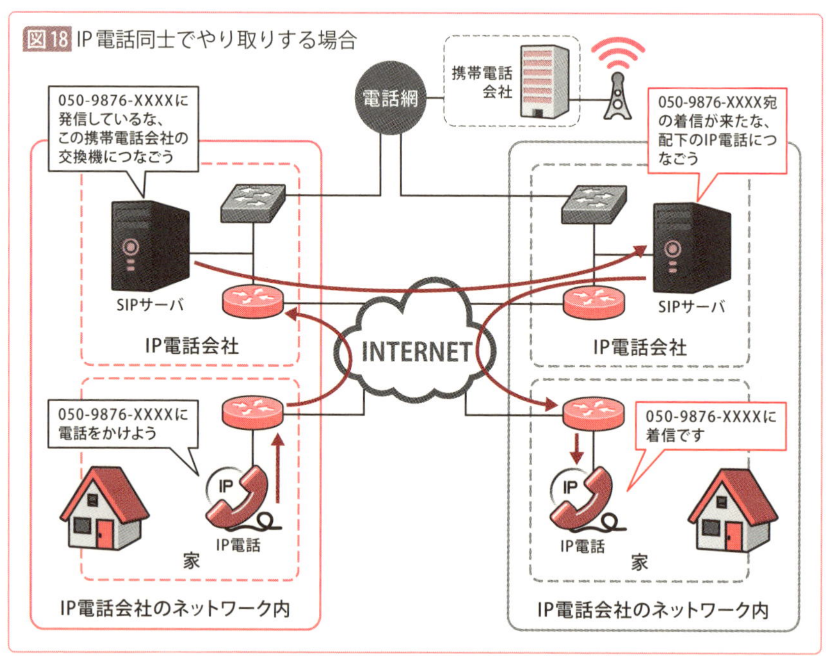


電話交換機は電話線による電話網を利用しますが、IP電話同士の通話では電話網を通過せず、全てインターネットを経由した「データ通信」で通話するのが特徴です。

## IP電話は時代の流れ

昨今は特に企業を中心に、IP電話が広く浸透しつつあります。では、なぜIP電話がこれほど普及しているのでしょうか。

最も大きな理由は、コストを削減できるからです。従来の環境では、電話のシステムとデータ通信のシステムは完全に分離されていました。電話線が敷設されて電話機につながり、一方でLANケーブルが敷設されてPCにつながっている、という具合です。

しかも、電話設備は電話専用の回線網と専用の電話交換機、専用の電話機をそろえなければならず、膨大な費用がかかりました。

これがIP電話であれば、LANケーブルなどデータ通信用の設備を、そのまま電話用としても利用できます。ハードウェアは他のサーバと同じようにサーバ機を利用すればよく、有線LANや無線LANを通じてデータの送受信ができ、従来のような電話機だけでなく、スマートフォンでも通話が可能です。

このような用途の広さもあり、近年は電話専用の電話交換機を廃止し、SIPサーバに統合する動きが進んでいます。

またユーザー側ではなく、電話会社の側にも、同様の動きが見られます。電話会社の代表格といえばNTTですが、固定電話の設備を、今までデータ通信専用に使ってきたインターネット回線に統合するという動きを進めているようです*5。固定電話の利用者が減少しているにもかかわらず、電話設備の維持には相変わらずの費用がかかるわけですから、企業として当然の措置といえるかもしれません。

会社や家庭でIP電話の普及が進み、電話の元締めであるNTTの設備もIP電話が基盤となる技術に更改される、ということですから、IP電話は普及すべくして普及している技術だということがわかります。

すなわち、SIPサーバという技術も、これからの電話を支えるサーバとして、ますます普及していくことが容易に想像できるでしょう。

＊5 参考資料「固定電話」の今後について（NTT）
http://www.ntt.co.jp/ir/library/presentation/2015/151106_2.pdf

## CoffeeBreak　SIPサーバとIP-PBX

SIPサーバは、IP電話の普及とともに多くの企業で導入されています。ただ、実際の企業で用いられているSIPサーバは、メールサーバやファイルサーバのように、普通のコンピュータを利用したサーバ然としたものではないことが多いです（もちろん、普通のコンピュータをSIPサーバとして運用している企業もありますが）。

現在、多くの企業でSIPサーバとして用いられているのは、「IP-PBX」と呼ばれる装置です。これは文字通り、従来の電話交換機（PBX）を進化させ、IP電話で利用できるようにしたものです。

IP-PBXは、見た目は従来の電話交換機とあまり変わりません。ただ、IP-PBXは従来のデータ通信設備で利用していたLANケーブルやスイッチングハブをそのまま利用できるようになっています。いわば、電話専用設備とデータ通信設備の間に位置するものといえるでしょう。

電話専用の電話交換機に接続されていた電話線は、そのままIP-PBXに接続することができます。もちろんIP-PBXには、データ通信で使うのと同じようなインターネット回線も接続できます。これにより、相手がIP電話であっても携帯電話であっても、昔ながらの黒電話であっても、会社にある電話はあらゆる電話に対して発着信を行うことができます。

さらに、スマートフォンにIP-PBXと通信（情報の交換）が可能なアプリをインストールすることによって、そのアプリがIP-PBXと通信することでアプリを経由してIP電話としての通話ができる、という仕組みが広まってきています。

[2-2]
# DHCPサーバとDNSサーバを見てみよう

ここまで、様々なサーバを紹介してきましたが、他にも私たちが意識せずに利用しているサーバはたくさんあります。ここではその一例として、私たちのネットワーク活用を支える2つのサーバ、「DHCPサーバ」と「DNSサーバ」の存在を確認してみましょう。

## Step 1 ▷ DHCPサーバが使われていることを確認しよう

**私たちは普段何気なくインターネットなどのネットワークに接続していますが、その裏側では「DHCPサーバ」が稼働しています。DHCPサーバは、ネットワークに接続するデバイスにIPアドレスを付与するものです（P.78参照）。ここでは、DHCPサーバの存在を確認してみます。キーボードで「Windows」+「R」キーを押し、「ファイル名を指定して実行」で「cmd」と入力して「Enter」キーを押します*。起動したコマンドプロンプトで「ipconfig /all」と入力して「Enter」キーを押すと、DHCPサーバを含むネットワーク情報を確認できます。**

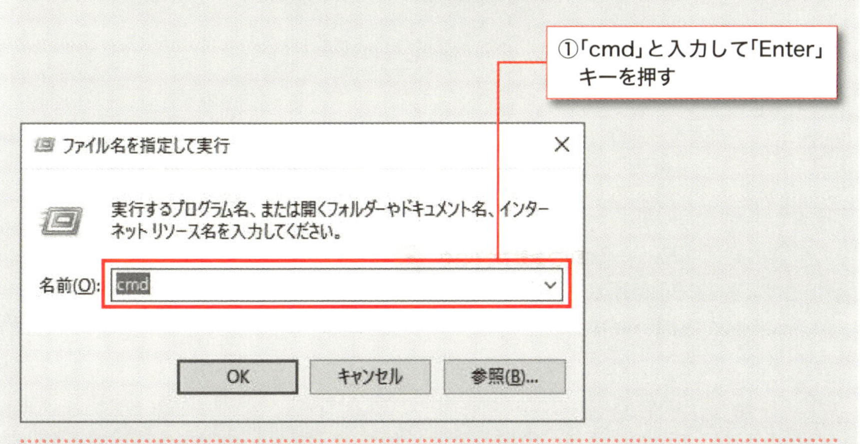


* スタートメニューから「すべてのアプリ」→「Windowsシステムツール」→「コマンドプロンプト」と開いても、同様の操作を行えます。

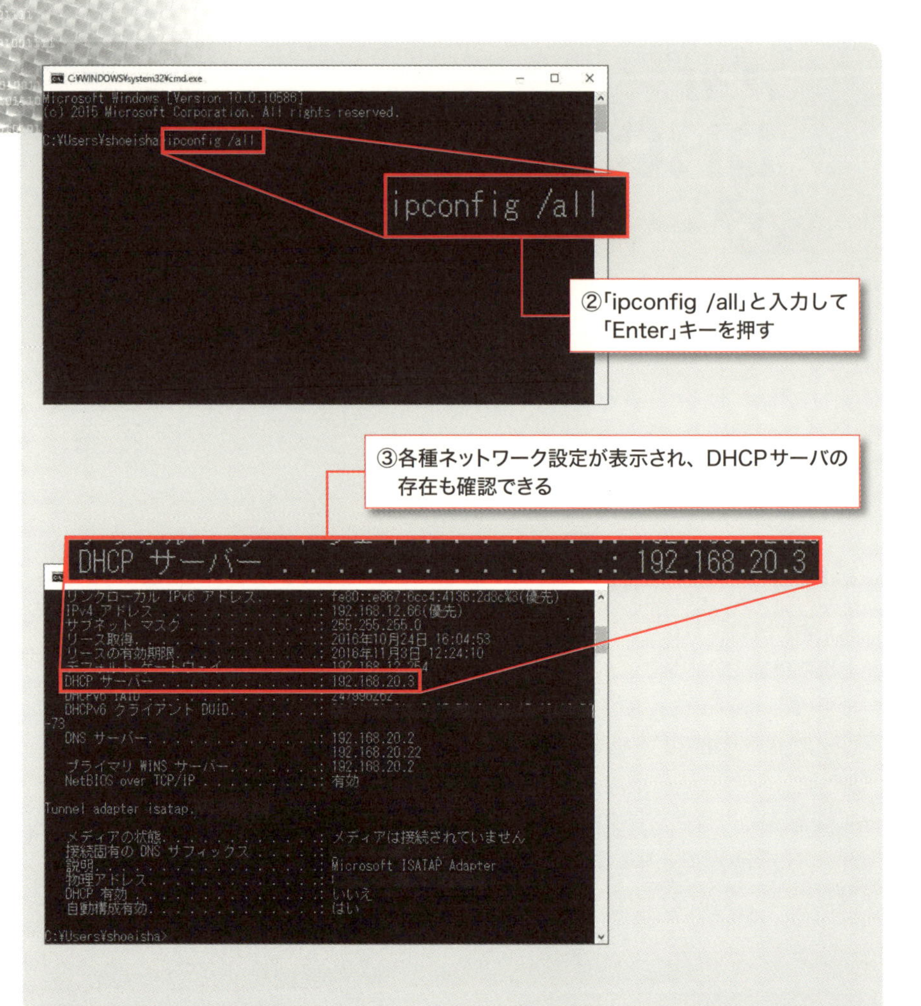


## Step2 ▷ DNSサーバにリクエストを出して回答をもらおう

ネットワーク上のホストにアクセスするには、そのホストのIPアドレスを知らなくてはなりません。この、ホストのIPアドレスを調べる働きをしているのがDNSサーバです（P.82参照）。P.42の実習で、Gmailの受信サーバ&送信サーバの情報をメモしたと思います。ここでは、メモしたGmailの受信サーバ&送信サーバのIPアドレスを、DNSサーバに問い合わせてみましょう。Step1で起動したコマンドプロンプト画面で、「nslookup [サーバ名]」と入力して「Enter」キーを押せば、IPアドレスおよびサーバ名を教えてくれます。調べた情報をメモしてください。

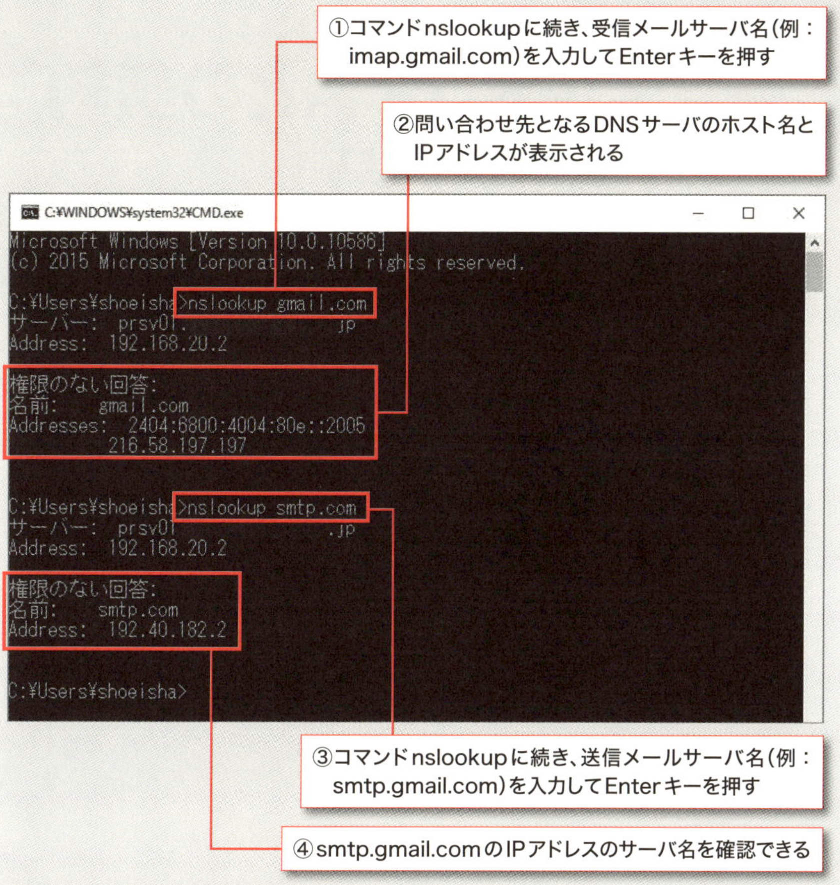

①コマンドnslookupに続き、受信メールサーバ名（例：imap.gmail.com）を入力してEnterキーを押す

②問い合わせ先となるDNSサーバのホスト名とIPアドレスが表示される

```
C:¥WINDOWS¥system32¥CMD.exe
Microsoft Windows [Version 10.0.10586]
(c) 2015 Microsoft Corporation. All rights reserved.

C:¥Users¥shoeisha>nslookup gmail.com
サーバー:  prsv01.              .jp
Address:  192.168.20.2

権限のない回答:
名前:    gmail.com
Addresses:  2404:6800:4004:80e::2005
          216.58.197.197

C:¥Users¥shoeisha>nslookup smtp.com
サーバー:  prsv01               .jp
Address:  192.168.20.2

権限のない回答:
名前:    smtp.com
Address:  192.40.182.2

C:¥Users¥shoeisha>
```

③コマンドnslookupに続き、送信メールサーバ名（例：smtp.gmail.com）を入力してEnterキーを押す

④smtp.gmail.comのIPアドレスのサーバ名を確認できる

| | サーバ情報 |
|---|---|
| 受信メールサーバの名前 | |
| 受信メールサーバのIPアドレス | |
| 送信メールサーバの名前 | |
| 送信メールサーバのIPアドレス | |

**なお、終了後は「exit」と入力して「Enter」キーを押すことでコマンドプロンプト画面を閉じることができます。**

学ぼう！

# 〔2-2-1〕
# レンタルオフィスとの契約「DHCPサーバ」

## ◇住所を貸し出す「レンタルオフィス」

昨今は都市部を中心に「レンタルオフィス」の活用が進んでいます。

レンタルオフィスとは、文字通り業務に必要なワークスペース、場合によっては電話番号や会議室などの各種設備をレンタルできるサービスです。正式に事務所を借りるよりも安く済み、また多くのレンタルオフィスは都心の一等地など利便性のよい場所に設けられていることから、ベンチャー企業やフリーランスで働く人を中心に活用が進んでいます（図19）。

レンタルオフィスは、いわば「住所」を貸し出すものといってもいいかもしれません。ちなみに昨今は「バーチャルオフィス」というサービスも登場しており、こちらは実際に部屋を貸し出すのではなく、住所や電話番号など、事業を始めるにあたって最低限必要となるオフィス情報を貸し出してくれるサービスです。郵便物や電話などは、バーチャルオフィスの住所・電話番号から、実際の活動拠点（自宅など）に転送される仕組みです。

さて、なぜ唐突にレンタルオフィスやバーチャルオフィスの話をしたかというと、このシステムがDHCPサーバのシステムに似ているからです。

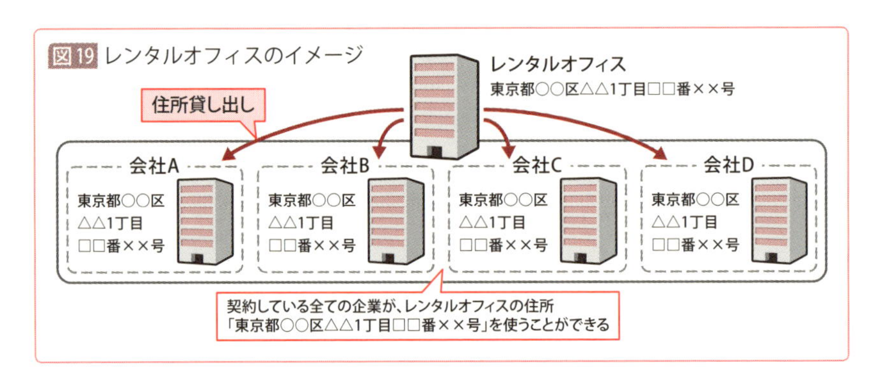

図19 レンタルオフィスのイメージ

## ◇IPアドレスを貸し出す「DHCPサーバ」

ネットワークを活用するデバイスには、全て「IPアドレス」が割り振られています。IPアドレスは、いわばそのデバイスの「住所（場所情報）」です。ネットワーク上のどのデバイスにアクセスするにせよ、そのデバイスの住所がわからなければ、その場所にたどり着けませんよね。もちろん、あなたの手元のPCにも、IPアドレスが割り振られています。

ただ、「自分でPCのIPアドレスを設定したことがある」という人は、あまり多くないでしょう。なぜなら、IPアドレスは「DHCPサーバ」によって自動的に割り振られているからです。

先ほどのレンタルオフィスやバーチャルオフィスが「住所」を貸し出していたのと同様に、DHCPサーバは、ネットワークに接続するクライアントに対し、IPアドレスを一時的に貸し出す働きを担っています。DHCPサーバは、新たに接続されたPCに対し、自身が保持するIPアドレスの範囲の中から、未使用のIPアドレスを配布します（図20）。

例えば図20の例では、PC1には「192.168.0.55」、PC2には「192.168.0.58」、PC3には「192.168.0.60」というIPアドレスが割り当ててあります。PC2と通信したい場合は、PC2のIPアドレス「192.168.0.58」宛にアクセスすることになります。

図20 DHCPサーバとIPアドレス

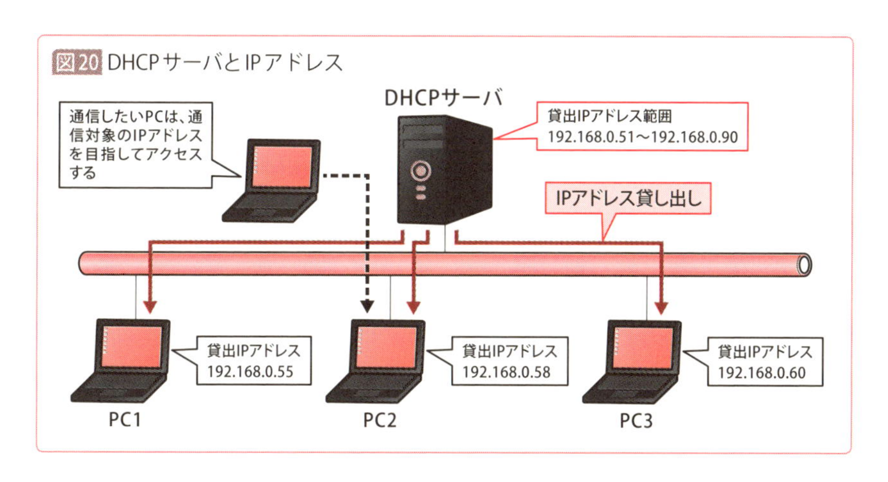

## ◇DHCPサーバは大規模環境に必須

もちろん、IPアドレスは手動で付与する（つまりDHCPサーバを使わない）ことも可能です。実際、IPアドレスが変更されては困る重要なPCには、手動でIPアドレスを割り振る場合があります（図21）。やり方は簡単で、Windows 10であれば、コントロールパネルから「ネットワークと共有センター」を選択し、左ペインから「アダプターの設定の変更」を選択します。[接続名]を右クリックして「プロパティ」を選択後、「インターネット プロトコル バージョン4（TCP/IPv4）」を選択して「プロパティ」を再度選択すれば、IPアドレスなどのネットワーク情報を手入力することができます。

ただ、PCの台数が5～10台程度の小規模環境であれば手動でも対応できますが、これが数十台、数百台のPCが存在する大規模環境となると、全てを手動で設定するのは大変ですよね。

そこで、自動でIPアドレスを付与してくれるDHCPサーバが役に立つわけです。PCの台数が多い大規模な環境であれば、ほぼ間違いなくDHCPサーバが導入されているはずです。

図21 手動によるIPアドレス設定

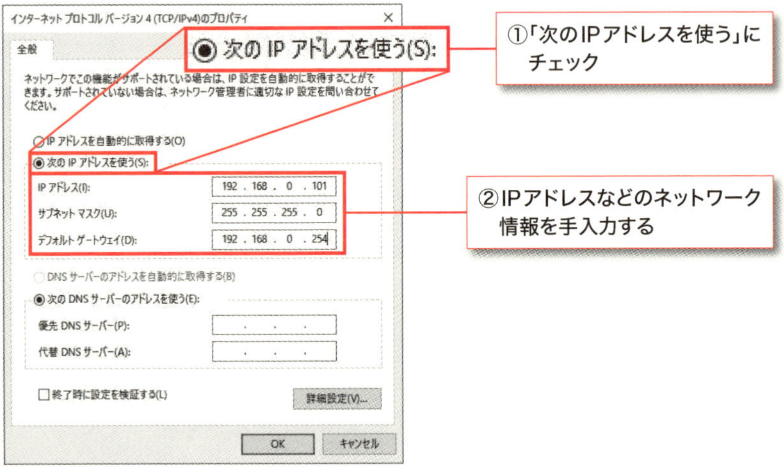

インターネット プロトコル バージョン 4 (TCP/IPv4)のプロパティ
全般
ネットワークでこの機能がサポートされている場合は、IP 設定を自動的に取得することができます。サポートされていない場合は、ネットワーク管理者に適切な IP 設定を問い合わせてください。
IP アドレスを自動的に取得する(O)
次の IP アドレスを使う(S):
IP アドレス(I): 192 . 168 . 0 . 101
サブネット マスク(U): 255 . 255 . 255 . 0
デフォルト ゲートウェイ(D): 192 . 168 . 0 . 254
DNS サーバーのアドレスを自動的に取得する(B)
次の DNS サーバーのアドレスを使う(E):
優先 DNS サーバー(P):
代替 DNS サーバー(A):
終了時に設定を検証する(L)
詳細設定(V)...
OK
キャンセル

①「次のIPアドレスを使う」にチェック

②IPアドレスなどのネットワーク情報を手入力する

## ◇ユーザーにも多いDHCPサーバの恩恵

DHCPサーバの恩恵を受けるのは、IPアドレスの設定をするシステム管理者だけではありません。

ユーザーも、DHCPサーバに大きな恩恵を受けています。

DHCPサーバがあれば、PCをLANケーブル、あるいはWi-Fiでネットワークに接続するだけで、IPアドレスなどのネットワーク設定を自動で実行してくれます（図22）。

もしDHCPサーバがなかったら、ネットワークを利用するたびに、いちいちIPアドレスの設定を行わなくてはなりません。

特にノートPCなどは、様々な出先で利用しますが、場所を変えるたびにいちいちネットワークの設定を行うのは非常に煩わしいですよね。

私たちが享受している「通信環境さえあればいつでもインターネットを活用できる」という利便性は、実はDHCPサーバによって支えられているのです。

図22 DHCPサーバの恩恵

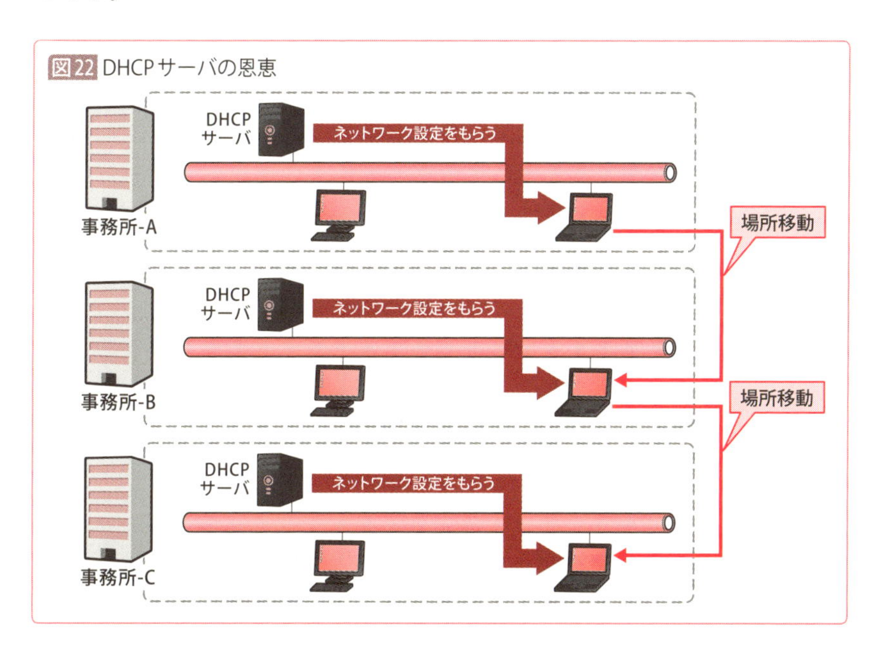

# [2-2-2] 電話番号案内サービス「DNSサーバ」

## ◇電話番号案内サービスの仕組み

「普段意識せず誰もが使っているサーバ」の代表格といえるのが「DNSサーバ」です。DNSサーバは、インターネット上に存在するホストのIPアドレスを教えてくれるサーバです。

このDNSサーバの仕組みは、電話番号案内サービスと似ています。

最近は利用する人が減りましたが、「104」に電話をかけて電話をかけたい先の住所や氏名を伝えれば、データベースから電話番号を探し出し、相手の電話番号を教えてくれます。

電話番号案内サービスが優れているのは、もし何らかの事情で電話番号が変わってしまった場合、データベースも自動更新されるという点です。

つまり、相手の電話番号が変わってしまったとしても、104に問い合わせれば、常に最新の正しい番号を案内してもらえるということになります(図23)。

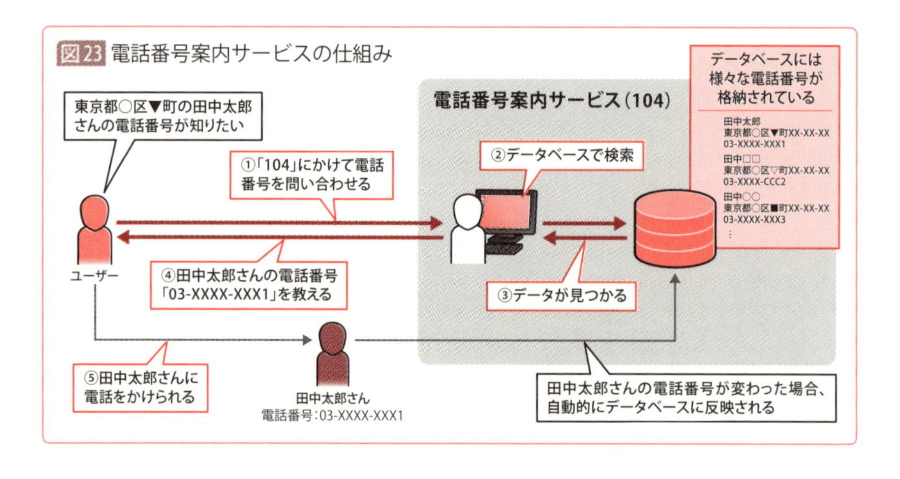

図23 電話番号案内サービスの仕組み

電話番号は「電話帳」で調べることもできますが、電話帳で調べる場合、電話帳作成後に電話番号の変更があったとしたら、現在の正しい番号を知ることはできません。この点が104と電話帳の大きな違いです。

## ◇DNSサーバは「自動更新」の電話帳

DNSサーバも、この電話番号案内と同じような働きをします。

私たちは、閲覧したいWebサイトのURLを入力すれば（あるいはそのホームページへのリンクをクリックすれば）、該当するホームページにアクセスできますね。例えば「www.shoeisha.co.jp」というアドレスを入力すれば、翔泳社のWebサイトを閲覧できるという具合です。

このとき、実は裏側でDNSサーバが動いており、すでに一仕事終えています。Webブラウザのアドレス欄に「www.shoeisha.co.jp」と入力すると（あるいはリンクをクリックすると）、PCではDNSサーバに対して、「『www.shoeisha.co.jp』はどこに行けばいいですか？」という問いかけを行っています。DNSサーバはその問いかけに対し、「『www.shoeisha.co.jp』のIPアドレスは『114.31.94.139』ですよ」という答えを返します。

これにより、PCはIPアドレス「114.31.94.139」にアクセスできる、すなわち「www.shoeisha.co.jp」のWebサイトを閲覧できることになります。

もしWebサーバの引越しなどにより、「www.shoeisha.co.jp」のIPアドレスが「114.31.XX.XXX」に変更になったとしても、「www.shoeisha.co.jp」のサーバ管理者がきちんと設定変更を実施していれば、インターネット上の全てのDNSサーバは自動的に「www.shoeisha.co.jpのIPアドレスは『114.31.XX.XXX』になった」というように、情報を更新してくれます。

つまり、「www.shoeisha.co.jp」にアクセスする人は、たとえIPアドレスが変更になったとしてても、常に正しいホームページにアクセスできるというわけです（図24）。逆にIPアドレスをDNSサーバに渡し、「このIPアドレスのホスト名を教えてください」と問い合わせをすると、DNSサーバは「www.shoeisha.co.jpです」と、ホスト名を教えてくれます。

このように、DNSサーバにIPアドレスやホスト名を問い合わせ、回答をもらう処理を「名前解決」と呼びます。DNSサーバに問い合わせて名前解決する場合は、「DNSサーバで名前解決する」という言い方をします。

この「名前解決」という単語は、サーバ回りの話をするときは多々出てきますので、この機会に覚えておいてください。

図24 DNSサーバによる名前解決

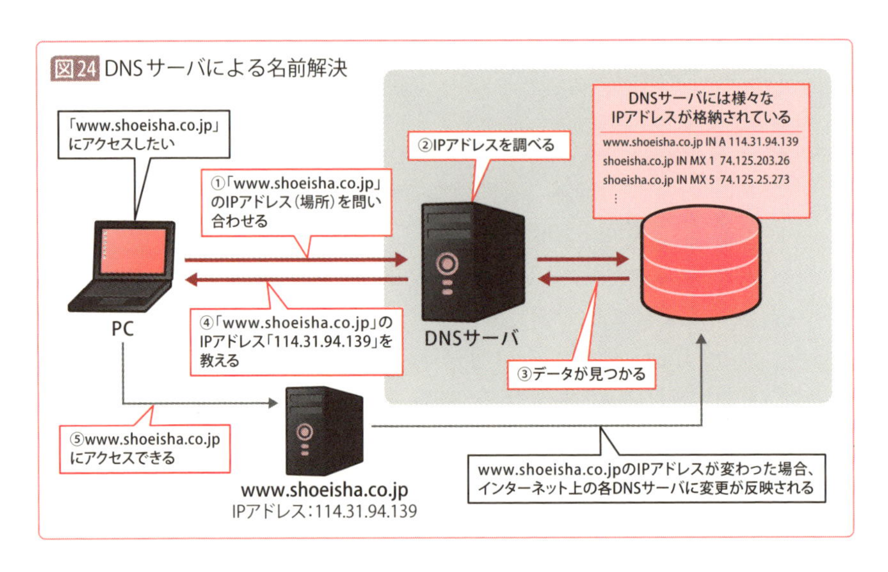


## ◇電話帳のような仕組みもある？

話が少し脇道にそれますが、この名前解決には、前述した電話帳のような仕組みもあります。

それが「hostsファイル」です。「hosts（ホスツ）」とは、IPアドレスとホスト名の対応を記述したテキストファイルのことで、OSのシステムファイルの1つです。インターネットを活用するホストの大部分は、このhostsファイルを保持しています（ちなみにWindowsでは「C:¥Windows¥System32¥drivers¥etc」に格納されています）。hostsファイルは、いわば「PCの中だけで使う電話帳」だと考えてください。

名前解決の処理は、概ねDNSサーバで実行可能であり、通常はDNSサーバの名前解決結果が優先されます。ただし例外的な名前解決をする必要があれば、hostsファイルを手動で書き換えることで、DNSサーバでは解決されない（できない）名前解決も可能になります。例えばテスト環境の都合でDNSサーバが利用できない場合、PCは自身が保持しているhostsファイルを参照し、IPアドレスを探し出します。

このhostsファイル内に「www.shoeisha.co.jp」のIPアドレスが登録されていれば、その情報をもとに、www.shoeisha.co.jpにアクセスできるようになります。

ただ、hostsファイルの欠点は、電話帳と同様に、「知らないうちにアクセス先のIPアドレスが変更された場合、目的のホストにアクセスできなくなる」という点です。アクセス先のIPアドレスが変更になったからといって、hostsファイルが自動で更新されることはありません。自分で入力・編集するか、DNSサーバを通じて新しいIPアドレスを教えてもらわない限り、正しいアクセスが行えないことになります（図25）。

ちなみに、先ほど「DNSサーバで名前解決」という話をしましたが、これをhostsファイルで実行する場合は、「hostsファイルで名前解決をする」という言い方をします。

図25 hostsファイルによる名前解決

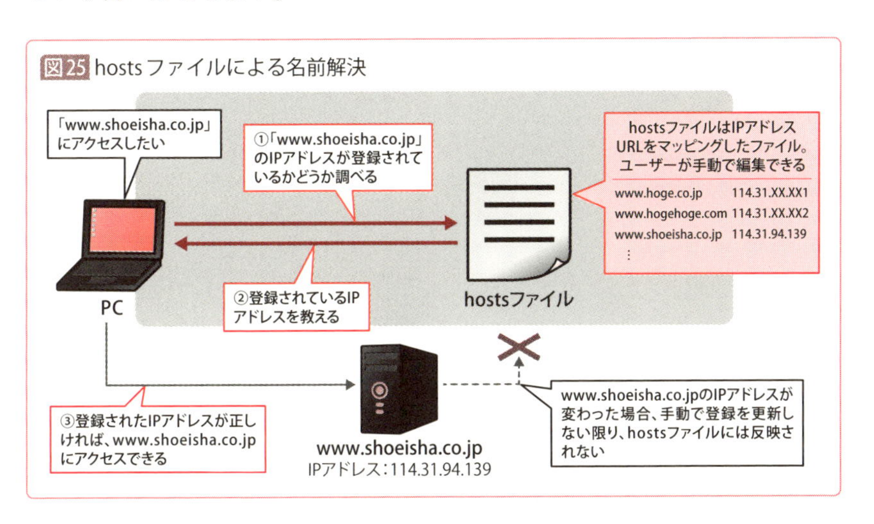

## ◇DNSサーバの種類

さて、ここまでDNSサーバの機能について解説してきましたが、DNSサーバにも種類があり、次の2つに大別できます。

**①PCから質問されるDNSサーバ（キャッシュサーバ）**
**②DNSサーバから質問されるDNSサーバ（コンテンツサーバ）**

同じDNSサーバでも提供する機能が異なるので、ここで覚えておいてください。

### キャッシュサーバ

キャッシュサーバは「PCを相手にするサーバ」です。つまり私たちが普段アクセスしているのは、キャッシュサーバとしての役割を付与されたDNSサーバということになります。なおキャッシュサーバは「リゾルバ(フルサービスリゾルバ)」と呼ばれることもあります。

キャッシュサーバはあくまでも「インターネット上のアドレス情報を探し出す」という機能を供給するものであり、インターネット上のアドレス情報全てを自身に保管しているというわけではありません。

では、どうやって名前解決ができるのかというと、もう1つのDNSサーバである「コンテンツサーバ」が用意されているからです。

### コンテンツサーバ

一般に「DNSサーバ」というと、コンテンツサーバのイメージを指す場合が多いです。コンテンツサーバは「権威サーバ」とも呼ばれますが、前述のキャッシュサーバは、コンテンツサーバに対して問い合わせをし、アドレス情報の回答を得ています。

見方を変えると、コンテンツサーバは、常に自身のホスト名とIPアドレスについて、最新の情報を保持していなければなりません。これは人間の役割であり、コンテンツサーバの管理者は、ホスト名とIPアドレスの対応表を作成して、コンテンツサーバに登録しておく必要があります。例えば「www.shoeisha.co.jp」がサーバの引越しなどを行った場合、管理者は手作業でコンテンツサーバのIPアドレスを更新し、最新の状態にしておかなければなりません。

## ◇キャッシュサーバとコンテンツサーバの関係

では、キャッシュサーバとコンテンツサーバの関係性を見てみましょう。PCから「www.shoeisha.co.jp」にアクセスする場合、まずは最初の問い合わせ先DNSサーバであるキャッシュサーバに対し、「www.shoeisha.co.jp」のIPアドレスを問い合わせます（図26）。

図26 キャッシュサーバとコンテンツサーバ

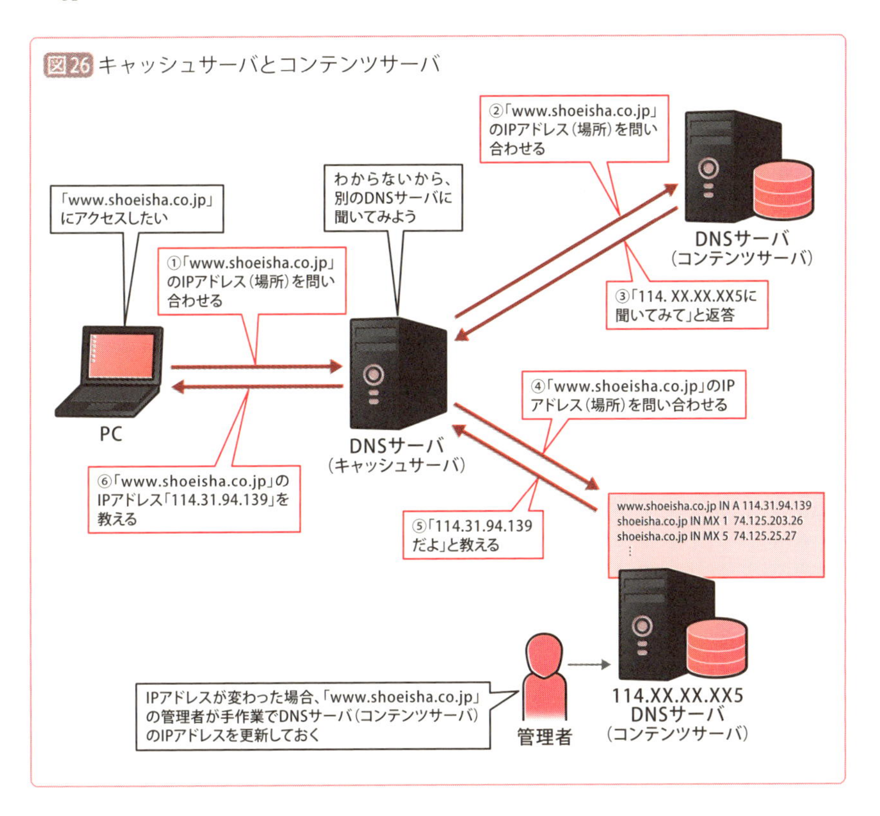

キャッシュサーバは、自身が知っている場所であればそのまま回答できますが、自分が知らない場所だった場合には、別のDNSサーバであるコンテンツサーバに「この場所はどこですか？」と質問します。

質問を受けたコンテンツサーバは、どこのDNSサーバ（コンテンツサーバ）に聞けばよいか、を教えてくれます。「www.shoeisha.co.jp」のIPアドレスを格納しているコンテンツサーバにたどり着くまでこのやり取りは続きますが、最終的には当該IPアドレスを保持するコンテンツサーバが「『www.shoeisha.co.jp』のIPアドレスは『114.31.94.139』です」という情報をキャッシュサーバに伝え、キャッシュサーバは受け取った回答をアクセス元のPCに伝えます。

こうして、アクセス元のPCは、「www.shoeisha.co.jp」のWebサイトにアクセスできることになります。

このように、全世界のキャッシュサーバは、全世界のコンテンツサーバを参照することによって正しいIPアドレスを入手し、インターネット上に存在するホームページへの道案内してくれているのです。

## ◇コンテンツサーバの管理は人間の役目

コンテンツサーバはPCから「直接」参照されるわけではありませんが、当該アドレス情報を持っているコンテンツサーバの情報は、最終的にはキャッシュサーバを通じて必ず参照されることになります。

見方を変えれば、IPアドレスが変更になった場合は、管理者が必ずコンテンツサーバの情報を更新しなければならないということです。

サーバを管理している人間の手で正しい情報で更新されることによって、われわれはWebブラウザにURLを入力するだけで、いつでも見たいホームページが閲覧できるのです。

(2-2-3)

# データの代理店「プロキシサーバ」

## ◇「代理する」という業務

プロキシサーバの「プロキシ(proxy)」は「代理」という意味です。文字通りプロキシサーバは、ネットワーク上のやり取りの「代理店業務」を行ってくれるサーバです。

代理店といえば、実際のビジネスでも「販売代理店」「広告代理店」のような業種がありますよね。例えばソフトウェアの開発会社が、「実際の販売業務を販売代理店に依頼する」というのはよくあるケースです(図27)。

代理を依頼する側からいえば、開発会社は代理店に販売業務を任せることにより、本業であるソフトウェア開発にリソースを集中できるというメリットがあります。

プロキシサーバも同じように、ITの世界において「業務を代行する」という役割を担っています。

図27 代理店業務

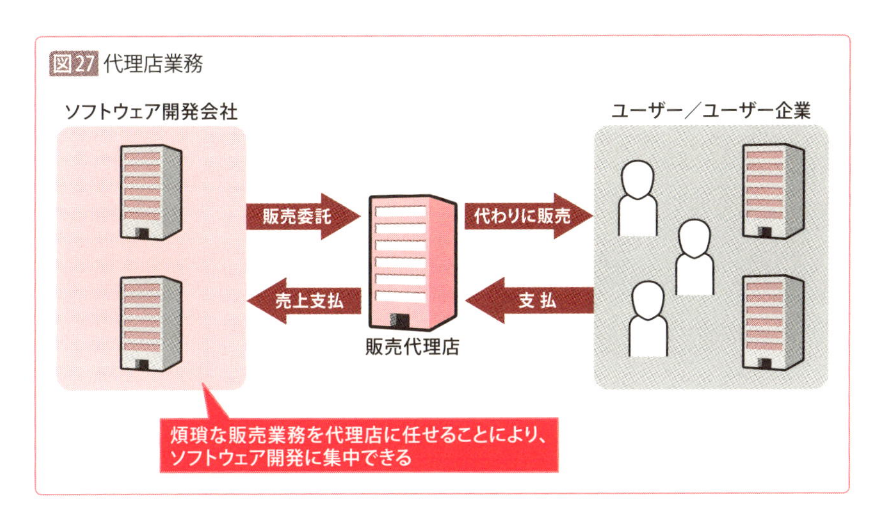

通常ネットワーク上のやり取りは、例えばインターネットにアクセスするケースであれば、「PC」→「社内ネットワーク（通信機器）」→「インターネット」→「Webサーバなど（目的のコンテンツ）」という流れで行われます。

PCの台数が増えるほどデータ量も増え、場合によっては同じページのデータを何度も取得することになります。

また、社内ネットワークは速度が速いのに対して、インターネットの向こう側は速度が遅いのが一般的です。

## ◈プロキシサーバは「代理店」

そこで役に立つのがプロキシサーバです。プロキシサーバは、一般的に社内ネットワーク出口に設置されます。そして社外から送られてくるコンテンツは、プロキシサーバがPCの代理で取得します（図28）。

ここでポイントとなるのは、このときプロキシサーバは、自身にコンテンツをコピーして（これをキャッシュといいます）保管するという点です。

図28 プロキシサーバの動作

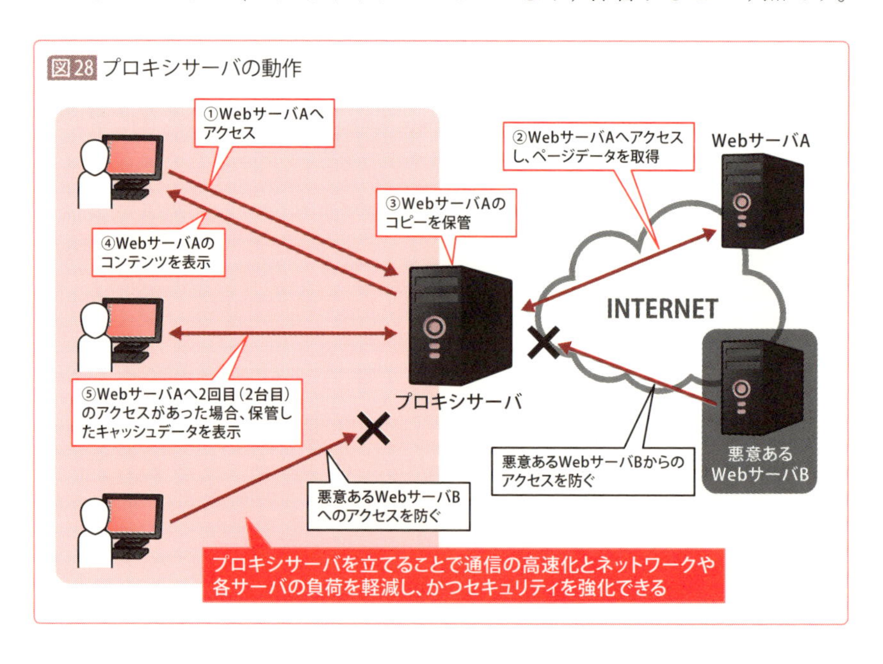

これにより、2回目（2台目）、3回目（3台目）のPCから同じコンテンツを取得するときは、プロキシサーバから提供され、わざわざインターネット上で通信する必要がなくなります。

これにより、高速に通信できるとともに、サーバやネットワークの負荷を軽減することができます。

## ◇プロキシサーバはセキュリティにも有用

プロキシサーバの利点は通信の高速化や負荷軽減だけではありません。セキュリティのリスクを減らせる点も、プロキシサーバの大きなメリットの1つです。

プロキシサーバを設置すれば、個々のPCはインターネット上のコンピュータと直接通信しなくて済むようになります。直接の通信は、全て代理のプロキシサーバが担ってくれるからです。

これにより、例えばPCに危害を加える悪意あるWebサーバがあったとしても、社内ネットワークが受ける被害を最小限にとどめることができます。万が一プロキシサーバに被害があっても、ここで止めておけば、重要なデータが保存されている社内コンピュータや個々のPCを守ることができますし、プロキシサーバ上でウイルス対策を施していれば、悪意あるダウンロードファイルなどが潜んでいないか検証することも可能です。

逆に、プロキシサーバ上でURLフィルタリング*6を実行していれば、PCから悪意あるWebサーバへのアクセスも、水際で止めることができます。

## ◇プロキシサーバの配置

実際、インターネット上で不正な動きをするサーバに対するアクセスをプロキシサーバで防いでいるケースは少なくありません。

外部から内部に不正なアクセスを試みる場合でも、プロキシサーバが代理として存在していることで、外部（インターネット側）からはプロキシ

＊6　**URLフィルタリング** URL情報をもとに、Webサイトへのアクセスを制限する方式または機能のことです。

サーバしか見えず、どのようなネットワーク構成なのか判断しづらいため、アクセスしにくいという効果があります。

外から見ると「プロキシサーバしか見えない」、内側から見ると「プロキシサーバを経由しないと外が見えない」という構造となり、セキュリティ上のメリットが大きいため、インターネットと社内LANとの出入り口の役割は、プロキシサーバが受け持つことが多いです。

## CoffeeBreak　アプリケーションサーバとは？

本章では様々なサーバを解説してきました。しかし、「○○サーバ」という名称で呼ばれるサーバは、ここで紹介したもの以外にも多数存在します。いってしまえば、世の中で販売されている製品の数だけサーバが存在する、といっても過言ではありません。

例えば、会計ソフトのデータが保管されているサーバならば「会計サーバ」、給与データの計算をしたり、保管したりしているサーバなら「給与サーバ」と呼ばれていることも多々あります。

もちろんこれらは「正式な呼び方」というより「社内用語」という意味合いが強いですが、このように「役割＋サーバ」で「○○サーバ」と呼称されるケースは少なくありません。

こういった、特定の製品をインストールして機能を提供できるようにしたサーバのことを総じて、「アプリケーションサーバ」と表現します。

何かしらの「アプリケーションの機能」を「提供」するから「アプリケーションサーバ」です。そういう意味では、世の中のサーバのほとんどはアプリケーションサーバである、といっても過言ではないでしょう。

ただ、「アプリケーションサーバ」と総称してしまうと、どのサーバがどの機能を担っているかの区別がつきません。ですから、会社内では「会計ソフトが動くから会計サーバ」「給与計算が動くから給与サーバ」といった具合に、個々のアプリケーションサーバに機能名を付けて「○○サーバ」という呼んでいるのです。

## 第2章のまとめ

- 「メールサーバ」は、PCから送信したメールを宛先に届けるときに「中継局」となるサーバである。メールサーバは大きく「送信メールサーバ」と「受信メールサーバ」に分かれる
- 「ファイルサーバ」はファイルを保管する場所を提供するサーバである。保管場所は一般的に「共有フォルダ」と呼ばれる
- 「プリンタサーバ」はプリンタへの印刷指令を受け付け、指定のプリンタに指令を送るサーバである
- 「Webサーバ」はホームページのコンテンツデータを格納するサーバであり、企業にとっては自社PRを24時間行ってくれるインターネット上の場として活用されている
- 「認証サーバ」は、ユーザーの本人確認を実行し、各サーバへのアクセスの可否を決定するサーバである
- 「仮想サーバ」は複数のOSを物理的な1台のコンピュータにインストールし、1台で複数の機能を提供するサーバである
- 「SIPサーバ」はIP電話の交換局の役目を果たすサーバである。昨今はIP-PBXという装置が主流となっている
- 「DHCPサーバ」は、配下の各PCにIPアドレスを自動で割り当ててくれるサーバである
- 「DNSサーバ」は、ホスト名とIPアドレスのマッピング（対応表）を保有し、名前解決をしてくれるサーバである
- 「プロキシサーバ」はPCの代わりにインターネットへアクセス、データをインターネット上で取得してくれるサーバである。「代理サーバ」とも呼ばれる

## 練習問題

**Q1**

**電子メールをやり取りする機能を提供してくれるサーバはどれでしょうか？**

- **A** メールサーバ
- **B** チャットサーバ
- **C** ボイスチャット
- **D** IP-PBX

**Q2**

**送信メールサーバはどれでしょうか？**

- **A** IMAPサーバ
- **B** POPサーバ
- **C** SMTPサーバ
- **D** FTPサーバ

**Q3**

**ファイルサーバは別名どう呼ばれるでしょうか？**

- **A** USBメモリ
- **B** 共有フォルダ
- **C** FTPサーバ
- **D** データベースサーバ

**Q4**

**認証サーバを使う目的はどれでしょうか？**

- **A** パスワードを保存する
- **B** 本人確認を実施する
- **C** 通信を制限する
- **D** 高速化や負荷軽減のためにキャッシュを使う

**Q5**

**DNSサーバにおける名前解決の説明のうち、正しいものはどれでしょうか？**

- **A** IPアドレスからホスト名を検索する
- **B** IPアドレスを貸し出してパソコンに割り当てる
- **C** IPアドレスを認証してパスワードを発行する
- **D** データを代わりに取得する代理サーバの別名

Q1. A　Q2. C　Q3. B　Q4. B　Q5. A

Chapter

# 03

## サーバを支えるハードウェア

### ～クライアントPCと何が違う？～

本章では、「ハードウェア」という観点から、サーバを構成する部品やサーバ機能を支える技術を解説していきます。そもそもサーバはクライアントPCとハードウェア的にどう異なるのか、その理由は何なのかを知ることで、サーバへの理解がさらに深まるはずです。

【3-1】

# コンピュータのハードウェアを見てみよう

私たちは日常的にコンピュータを使っていますが、実際にその中身を見てみたことがある人は少ないと思います。ここでは、身近にあるコンピュータの中身を少しのぞいてみることにしましょう。

## Step1 ▷ PCの蓋を開けてみよう

**PCをシャットダウンし、全てのケーブルを抜いた状態で、PCを開いてみましょう。以下は、筆者のデスクトップPCの蓋を開けたところです*。PCを開けると、内部の配線が各部品に接続されています。**

* 蓋の開け方は機種によって異なります。詳しくは説明書などをご確認ください。また、PCを分解することでメーカー保証が失われる可能性があるので、分解は自己責任で行ってください（不安が残る場合、本実習は行わなくても構いません）。

## Step2 ▷ PCの部品を見てみよう①

開いた自分のPCと、ここで紹介する部品の写真を見比べて、どの部品が何という名称かを確認してみましょう。まず、PCはケースとマザーボードに分離できます。ケースには電源ユニットがあり、マザーボードにはCPU、PCIスロット、メモリスロットなどが付属しています。メモリスロットには、メモリ（メモリモジュール）を装着できるようになっています。

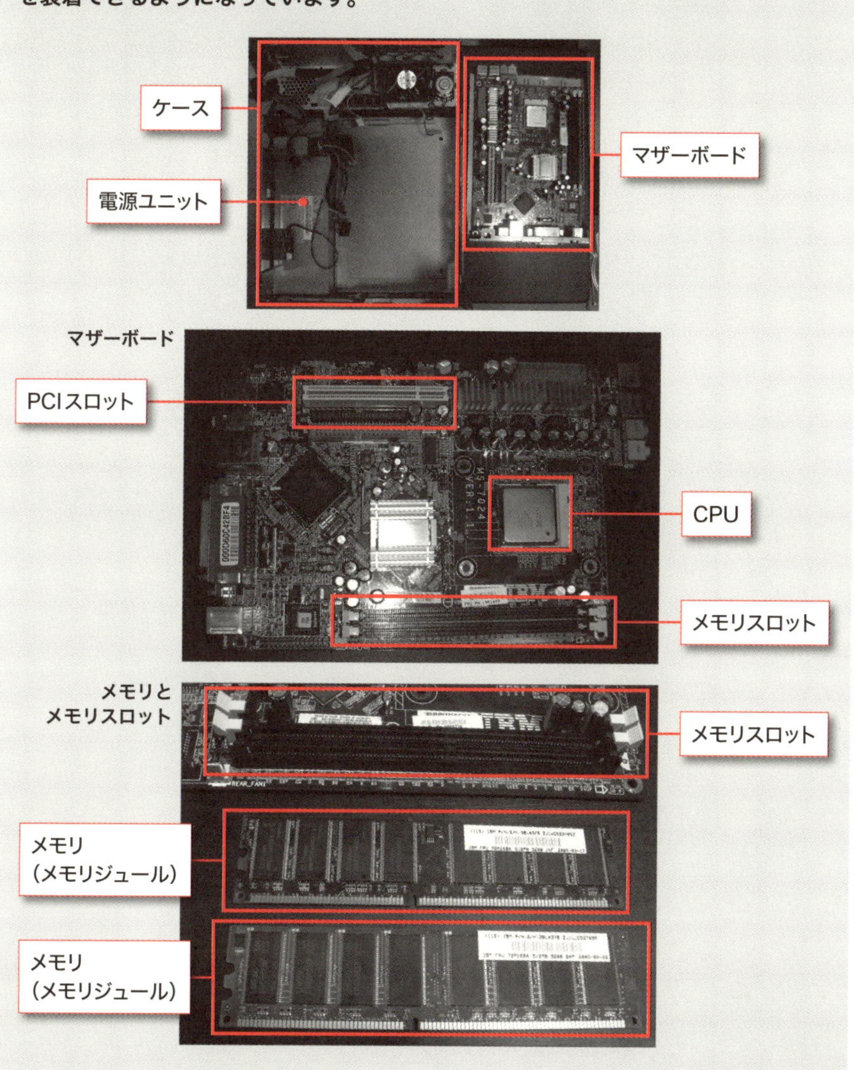

## Step3 ▷ PCの部品を見てみよう②

CPUにも着目してみましょう。CPUは、普段はヒートシンクの下に隠れており、外側からは見えません。ヒートシンクを外すとCPUがあり、取り外すことができます（クライアントPCのCPUはマザーボードから外せるタイプと外せないタイプがあります）。よく見るとCPUには刻印があり、製品名が印字されています。

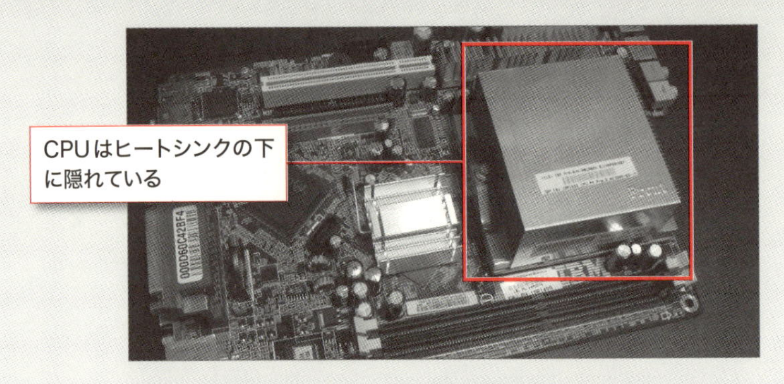


CPUの取り外し

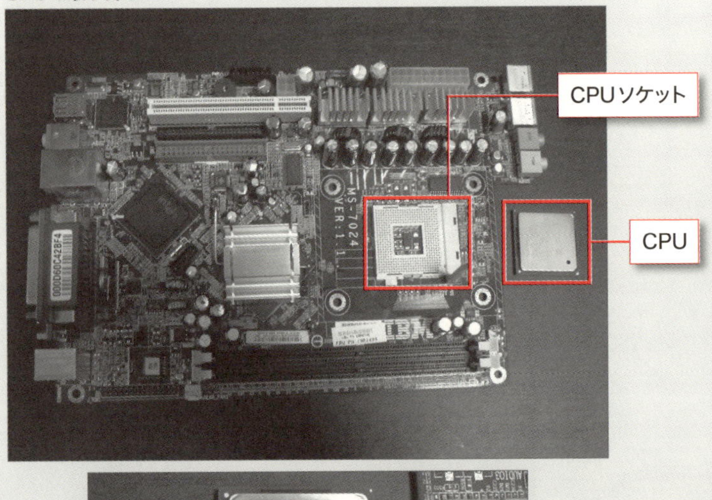

## Step4 ▷ PCの部品を見てみよう③

**クライアントPCであればハードディスクにはSATA端子が使われており、SATAケーブルで接続できるようになっています。ハードディスクは取り外したり、直接マザーボードに接続したりすることも可能です。また、一部クライアントPCのモデル（ワークステーションモデルなど）は、本来はサーバ用のパーツである「RAIDコントローラ」が搭載されていることもあります*。RAIDコントローラは、P.97にも出てきたPCIスロットに接続します。**

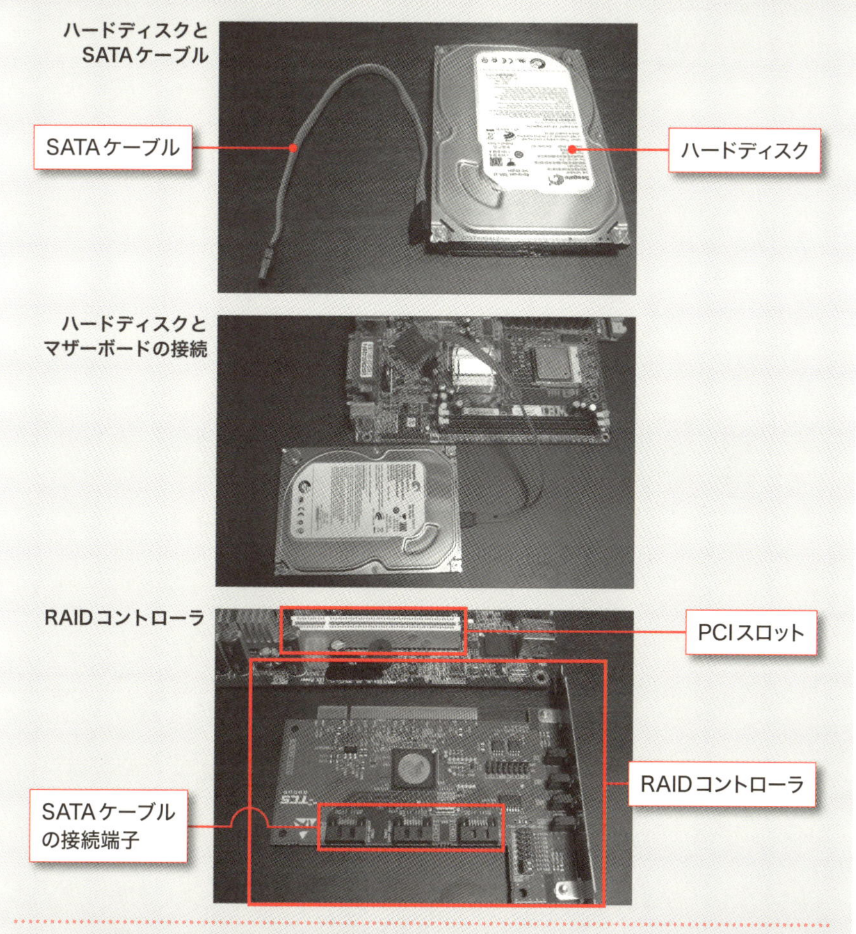


* ここに掲載したRAIDコントローラはマザーボードのSATAポートにケーブルで接続する仕様ですが、PCIスロットのみに装着しマザーボードのSATAポートとは接続しないモデルも存在します。サーバでは、RAIDコントローラとハードディスクの接続のみであることが多いです。

〔3-1-1〕
サーバレシピ①
# CPU ／マザーボード／メモリ／ハードディスク

## ◇サーバとクライアントPCの違い

ここからは、サーバの構成要素を「ハードウェア」という視点から解説します。どのようなハードウェアで成り立っているかを知ることで、サーバへの理解がさらに深まるはずです。

まず、サーバとクライアントPCの用途の違いから考えてみましょう。サーバとクライアントPCは同じ「コンピュータ」として会社に導入されますが、その使われ方は全く異なります。

まず、クライアントPCは1人1台環境で利用するのが基本です（図1）。みなさんも、会社では1人ずつ自分のPCを割り当てられていることでしょう。つまり、会社では「利用する人」のぶんだけクライアントPCを用意することになります。

またクライアントPCは多機能で、文書の作成やWebサイトの閲覧、印刷など、様々な用途に利用できます。

一方、サーバは「複数の人が同時に利用する」という使い方が一般的です（図2）。また、様々な機能を有するクライアントPCと違い、1台のサーバは基本的に単機能で、1つの機能を粛々と実行します。つまり、「必要な機能」のぶんだけ、サーバを用意することになります。また、1人1台を利用するクライアントPCと違い、「1台のサーバを何人くらいが快適に利用できるか」という、全く別の考え方が要求されます。

クライアントPCとサーバの違いは他にもあります。例えば、電源を切る・切らないの違いです。クライアントPCは利用するときに電源を入れ、使い終わったら電源を切ります。つまり個々人の業務中のみ電源が入っている、という前提で稼働します。

一方のサーバは、一度導入されたら、原則として24時間365日、電源が入った状態で利用します。そのサーバの機能がいつ必要とされるかわからないので、常に連続稼働して、PCからの要望を待ち受けているわけです。

図1 クライアントPCの使われ方

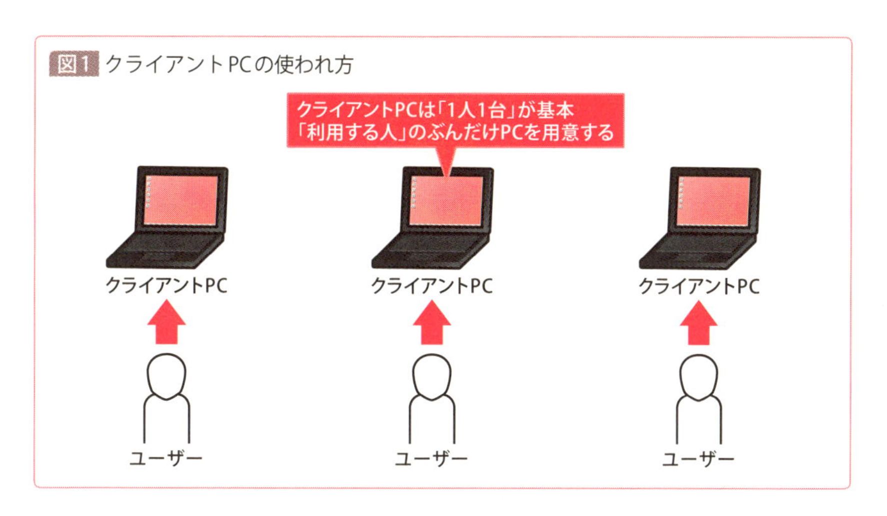


図2 サーバの使われ方

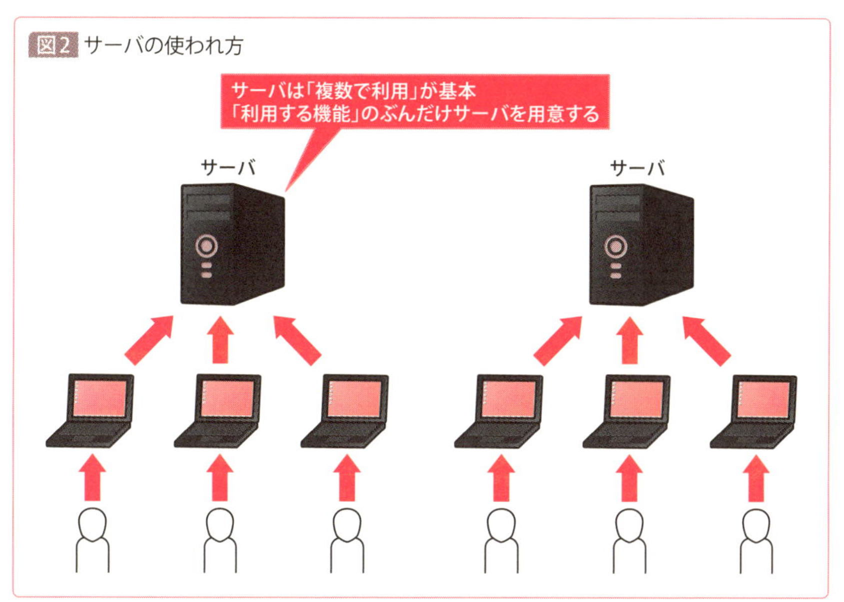

## ◈サーバでもPCと同じ名称の部品

では、「ハードウェア」という視点で両者を見てみましょう。同じ「コンピュータ」なので、クライアントPCとサーバで共通する部品も当然ありますし、サーバにしかないハードウェアもあります。

まずはクライアントPCとサーバで共通するハードウェアから見ていきましょう。共通のハードウェアとして代表的なものに、「CPU」「マザーボード」「メモリ」「ハードディスク」などがあります。例えば「Webブラウザを起動する」という操作を行う場合、これらのハードウェアがどのように働くかを示したのが 図3 です。これを踏まえ、それぞれのパーツについて解説していきましょう。

なお、「共通する」といっても、クライアントPCとサーバで全く同じ部品を使っているという意味ではありません。「名称」や「技術の基盤となるつくり」が同じというだけで、実際に使う部品としてはサーバ専用に開発された部品を使うことになります。

図3 各部品の働き

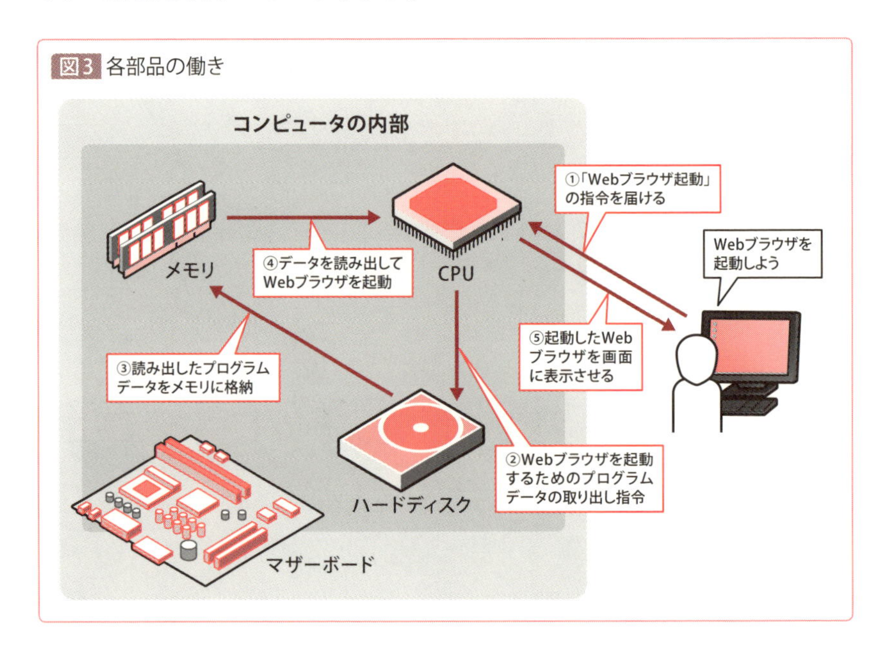

## ◇共通部品① CPU

CPUは「中央処理装置」と呼ばれ、コンピュータの頭脳ともいえる部分です（図4）。ファイルの実行など、PCで何らかの操作をした場合、そのファイルをディスクやメモリから読み取って出力したり、出力される結果を画面に表示させたり、データを生成したりなど、コンピュータの動作は全てこのCPUからの指令を受けて実行されます。

ちなみにアプリケーションを開く、文字を入力する、文書を印刷するなど、人間からの命令を実行することを、コンピュータでは「処理」といいます。またコンピュータにおける「処理」とは、すなわち「計算」のことです(コンピュータから見ると、「処理する」という作業は全て「計算している」と言い換えることができます)。

つまり人間の命令を理解して「処理＝計算」を実行することがコンピュータの役割であり、その処理・計算を全てこの「CPU」という部品で実行されているのです。また、CPUはサーバとしての用途を想定された専用の製品群が用意されていますから、ある程度の規模を想定したサーバのハードウェアでは、サーバ用CPUを利用することが一般的です。

なおCPUで一番のシェアを持つのはインテルですが、インテルのCPUはクライアントPC用が「Core iシリーズ」、サーバ用は「Xeon ～シリーズ」という名称で製品展開されています。競合のAMD社も同様に、クライアントPC用は「FXシリーズ」や「Athlon シリーズ」、サーバ用は「Opteron シリーズ」という名称でラインナップされています。

図4 CPU

## ◇共通部品② マザーボード

マザーボードは、コンピュータの「体」ともいえる部品です（図5）。CPUやメモリ、ハードディスクといった部品が相互に協力し合って1つのコンピュータを形成できるのは、このマザーボードによって部品同士がつなげられているからです。

何か要求が来れば、マザーボードからCPUにその要求が引き渡されますし、CPUからの命令が下れば、命令された部品に対して何をやるのかをマザーボードが伝えることになります。

さらに、マザーボードには、そのコンピュータの識別情報が記憶されています。コンピュータの識別番号とは、例えば「シリアル番号」が代表的です。他にも、「System Unit Serial Number」や「System Board Serial Number」、マザーボードGUID（UUID）というマザーボードを表す一意の番号が英数字で割り当てられています。このような、PC1台1台を識別できる一意性のある番号は、マザーボードに記録されているのです。

よって、たとえCPUやメモリを交換したとしても、そのPCを示す識別情報はマザーボードで記録されている情報を参照するため、問題なくPCを識別することが可能になっています。

このようにマザーボードはコンピュータそのものを表す情報を記録していることが多いため、実質的なコンピュータの本体であるといえます。

図5 マザーボード

## CoffeeBreak　PCI拡張スロット

「PCI拡張スロット」も、クライアントPCとサーバで共通するハードウェアの1つです。PCI拡張スロットは、厳密にはマザーボードの一部で、マザーボードが標準で備えている機能の性能不足や、機能そのものの不足について、追加したい機能を備えた「拡張カード（ボード）」を装填することで、性能向上や機能追加を実現するものです。

ただし拡張スロットには様々な種類があり、スロットと規格が合致する拡張カードを用意する必要があります。またサーバ用の拡張スロットはクライアントPC用とは規格も一部異なり、PC用の拡張カードがそのまま使えないケースもあるので、注意が必要です。

## ◈共通部品③ メモリ

メモリは「記憶」という意味ですが、文字通りデータやプログラムを一時的に記憶しておく場所です（図6）。詳しくは後述しますが、全てのデータをハードディスクに記録すると、読み書きに多大な時間がかかり、PCの処理速度が遅くなります。そこで、メモリに一時的にデータを記憶させることで、より素早い処理を実現するわけです。脳でいえば「短期記憶」を司る機能だと考えてください。

図6 メモリ

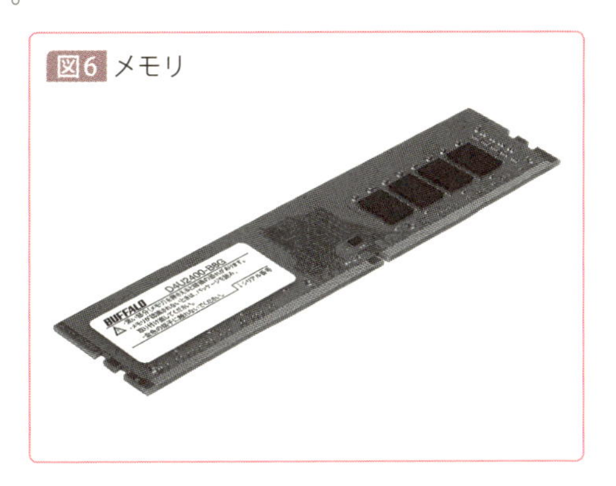


メモリは、電源が入っている間だけ情報を記録してくれ、電源が切れると内容は紛失してしまうことから、「揮発性メモリ」とも呼ばれます。

また、メモリには接続規格があり、「DDRx-xxxx（xには数字が入る）」と表示されます。例えばDDR4-3200、DDR3-

1600、といった具合に表記されています。またこのDDRx表記以外に「PCx-xxxxx（xには数字が入る）」と表記されていることもあります。

これらはDDRxの数字と対応しており、例えばDDR4-3200であればPC4-25600、DDR3-1600であればPC3-12800、といった具合に、2つの表記があります。いずれにせよ、この表記によって規格を判別し、利用するマザーボードではどの規格のメモリが適合するかを確認することになります。

### CoffeeBreak USBメモリは全く別の部品

USBメモリにも「メモリ」という言葉が使われていますが、両者は全く別の製品ですので注意が必要です。例えば、メモリは「電源が切れると記録された情報は保持されない」と解説しましたが、USBメモリは電源を切っても情報が保持されます（このようなメモリは「不揮発性メモリ」と呼ばれます）。当然ですが、USBメモリにはDDRという呼び方もなければ、PCx-xxxxという名称も付けられていません。

## 共通部品④ ハードディスク

「ハードディスク」は、メモリでは覚えきれない情報、電源を切ってからも保持し続ける必要がある情報を記憶する装置です（図7）。脳でいえば長期記憶を司る機能です。

電源が入っているかどうかにかかわらず、いったんハードディスクに記憶された情報は勝手に消えることがありません。ハードディスクが故障するか、人間の手で消去するまで、データは記憶されたままで保管することが可能になります。

クライアントPCでは、その昔「IDE」という規格が使われていましたが、近年では「Serial ATA（シリアルATA、SATAと呼称）」という規格が使われています。一方サーバ用では、「Serial Attached SCSI（シリアルアタッチドSCSI、SASと呼称）」という規格のハードディスクが使われています。

図7 ハードディスク

## CoffeeBreak　SSDの時代

近年では、サーバのハードディスクにも、読み書きの速度に優れる「SSD」が積極採用されるケースが増えてきました。

SSDとはSolid State Drive（ソリッドステートドライブ）の略で、従来のハードディスクよりも高速な読み書きを実現する記憶装置です。内蔵ハードディスクの置き換えとして開発され、その高速な動作が人気を博しています。本書では、これ以降でもハードディスクと表記している個所が出てきますが、特別に使い分けるような記述がなければSSDとハードディスクは同義に捉えてもらって構いません。

## ◇メモリとハードディスクの違い

サーバに限らず、コンピュータ全般の話になりますが、メモリもハードディスクも、「記憶装置」という意味では同じです。では、なぜ記憶装置が2つあるのでしょうか。

メモリは「短期記憶」、ハードディスクは「長期記憶」と解説しましたが、より噛み砕いていえば、短期／長期の違いは、「電源を切っても記憶しておくかどうか」です。電源が切られても記憶しておかなければいけない情報は、原則としてハードディスクに記憶されます。

「だったら、全ての情報をハードディスクに保存すればいいじゃないか」とも思えますが、なぜメモリを利用するのかといえば「メモリは読み書きがとても速い」という特徴を持っているからです。

メモリの解説で、「PCの処理速度を上げるためにメモリを利用している」と述べましたが、例えば現状で一番速いDDR4のメモリでは、34100MB/s＝34GB/sの速度でデータの出し入れが可能です。一方ハードディスクでは、現在一番速度が出るシリアルATA規格の「シリアルATA Revision 3.0」（俗にいうSATA3）の規格で6Gb/s（600MB/s）とされています。つまり、メモリはハードディスクの50倍～60倍程度の速度でデータを読み書きできるわけです。このどうにも埋まらない速度の差があるために、コンピュータではメモリの短期記憶とハードディスクの長期記憶を使い分けているのです。

よって、短期記憶であるメモリは、とにかくデータの一番速い読み書きをするための「一時領域」として利用され、長期記憶であるハードディスクは、ほどほどの処理速度でありつつも、電源を切ってもデータを記憶でき、かつメモリとは比べ物にならないほど広大な記憶領域として利用されています。これらの相関関係をまとめると、図8のようになります。

図8 ハードディスク、メモリ、CPUの関係

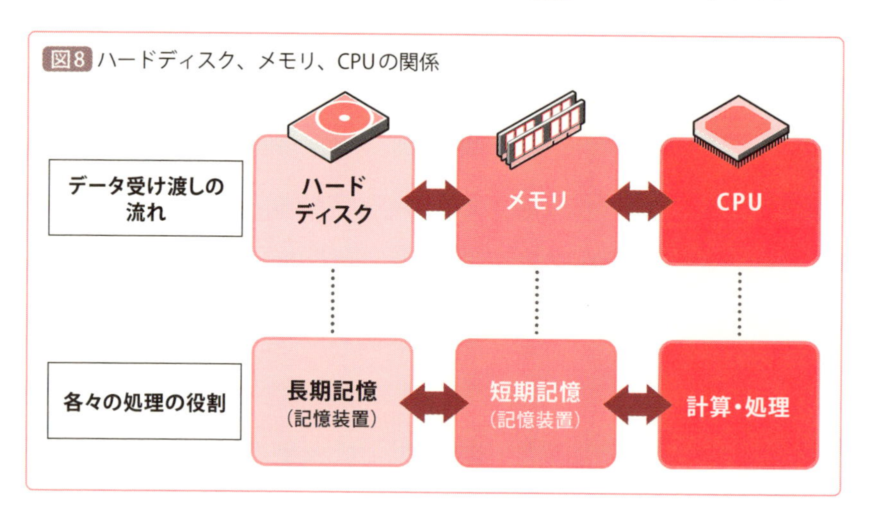

# [3-1-2] サーバレシピ② RAID その1

## ◇RAIDとは

クライアントPCにはなく、サーバ用のハードディスクのみに使われる技術に「RAID（レイド）」があります。RAIDはサーバに用いられる技術の代表格であり、具体的にはハードディスクを複数台用意し、1台が故障してもサーバの稼働を止めないようにする技術です。

PCを利用している際、「ハードディスクが故障してデータが消失してしまった」という経験はないでしょうか（筆者は何度か経験しています）。

クライアントPCでも相当なダメージですが、これがサーバのデータ消失となると、そのダメージはクライアントPCの比ではありません。

サーバは複数の人が利用していますから、ハードディスクの故障でデータが消失したり、サーバがダウンしたりすると、会社の業務が停止してしまうことすら考えられます。

そこで、RAID技術によって複数台のハードディスクを準備しておき、1台が故障してもデータを消失せず、サーバを継続稼働させることが大事なのです。このように、安全性の向上のために機器を多重化しておくことを「冗長化」と呼びます。「冗長化」という言葉は以降も出てくるので、ぜひ覚えておいてください。

## ◇複数ハードディスクを用意するメリット

昨今のRAIDは主に「安全性の向上（故障対策）」として用いられますが、複数のハードディスクを組み合わせることのメリットは「安全性の向上」だけではありません。「容量の向上（大容量化）」「速度の向上（高速化）」というメリットもあります。

まず「大容量化」についてですが、1台のハードディスクの容量には限界があります。その点、RAID技術によってハードディスクを複数台連結して1つに束ねれば、容量を増やすことができます。

一方「高速化（速度の向上）」についてですが、RAIDの一部技術を採用すれば、データの読み書きを分散できるため（詳しくは後述します）、処理速度を向上させることができます。

例えば、1台に1～9までの数字を書き込むのに9秒かかる、というハードディスクを使っている場合、それぞれ1-3、4-6、7-9というように、3台のハードディスクに分散して書き込めば、必要な時間は3秒で済むことになります（図9）。このように、データを複数台に分散して読み書きを同時実行し、処理速度を上げられるのもRAIDの利点です。

図9 分散書き込みのイメージ

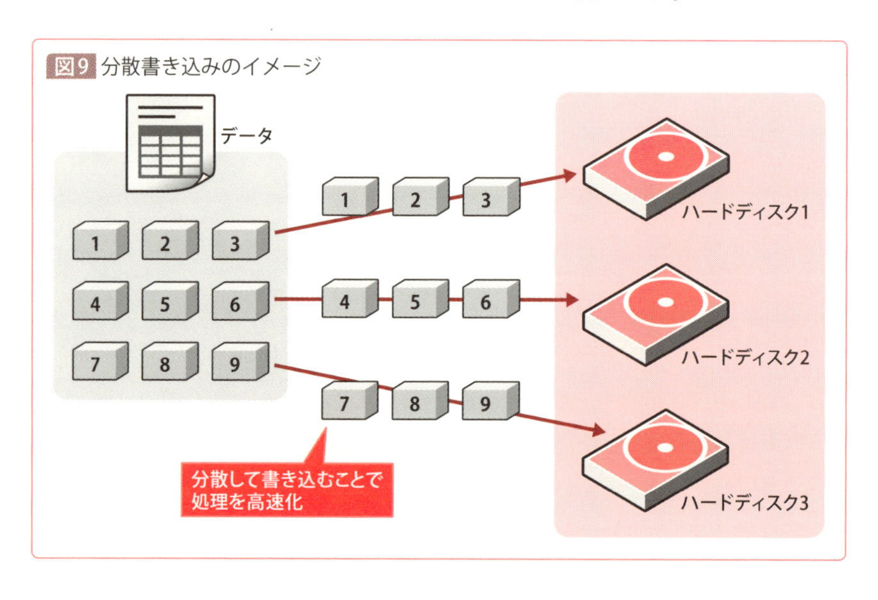


## RAIDコントローラによる制御

具体的にRAIDをどのように実現するかも紹介しておきましょう。

RAIDを実現するには、「RAIDコントローラ」と呼ばれる専用のカードを用います。クライアントPCの場合は、ハードディスクはマザーボードに直接接続しますが、RAIDを用いる場合は、ハードディスクとマザーボードの間にRAIDコントローラを挟み、RAIDコントローラを経由してハードディスクを接続することになります（図10）*1。そしてこのRAIDカードを通じて、ハードディスクの読み書きを制御するわけです。

なお、一言で「RAIDによる制御」といってもいくつかの種類があり、それぞれ「RAID X（※Xには数字が入る）」のように分類されます。では、ここからは、各RAIDの種類を紹介していきます。

図10 RAID構成の場合の接続図

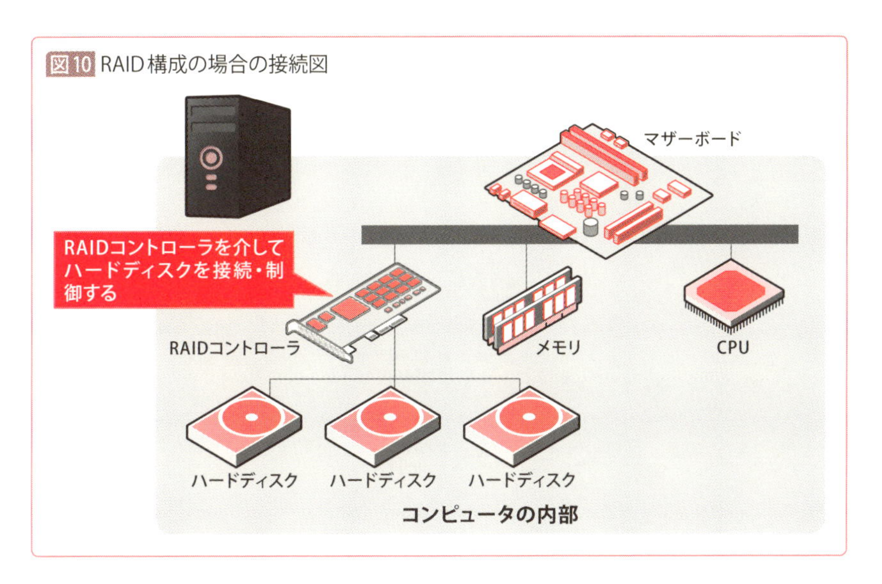


## ①RAID 0（ストライピング）

RAID 0は、高速化と大容量化に特化したRAIDです（図11）。

RAID 0では、複数台のハードディスクをRAIDコントローラで束ね、1台のハードディスクのように見せることで、データの読み書きを分散して高速化します。このように、データを分散して複数台のハードディスクに書き込む動作を「ストライピング」と呼びます。また、複数台のハードディスクを連結して1台のように扱うため、1台の容量×ハードディスク台数＝合計容量として利用することが可能になります。

＊1　近年ではマザーボードに直接RAID機能が搭載されていることもあります。この場合、マザーボードというハードウェアの中にRAIDカードと同等の機能が搭載されていることになります。

ただしRAID 0では、複数台のハードディスクのうち1台でも故障すると、全てのデータが失われることになる点に注意が必要です。その代わり、他のRAIDで「故障対策」として消費されるハードディスク容量がRAID 0では全く使われないため、大容量化・高速化は他のどのRAIDよりも大きい効果を出すことができます。

図11 RAID 0

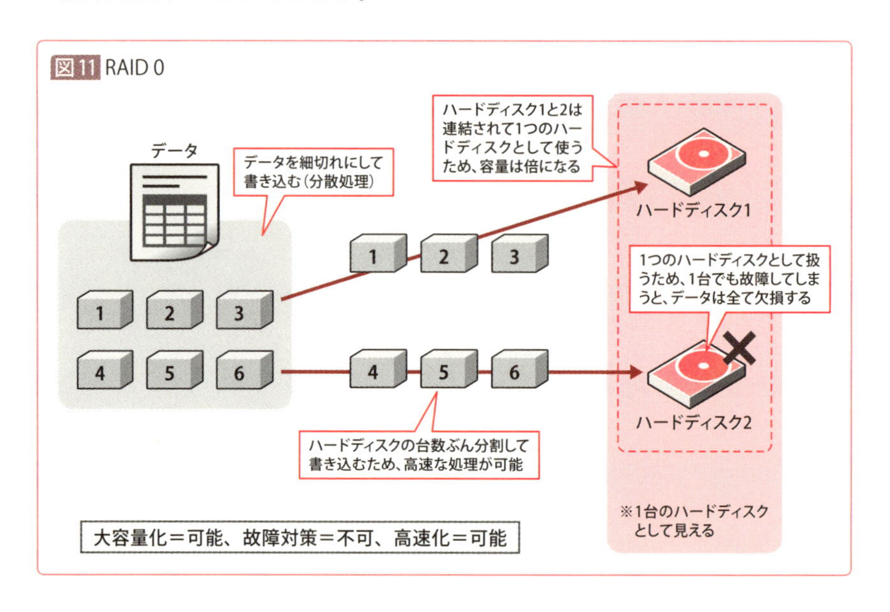


## ②RAID 1(ミラーリング)

RAID 1はとにかく安全にデータを保管できるようにするための手段として使われるRAIDです(図12)。

2台以上のハードディスクを必要としますが、実際に人間が使うのは1台だけです。そのため、容量も速度も1台のハードディスクで利用するのと全く変わることがありません。

ただし、1台のハードディスクの複製を丸ごともう1台(または複数台)用意することで、1台が壊れてもデータが消失することはありません。このように、データを対のディスクに複写する動作を、鏡になぞらえて「ミラーリング」と呼びます。

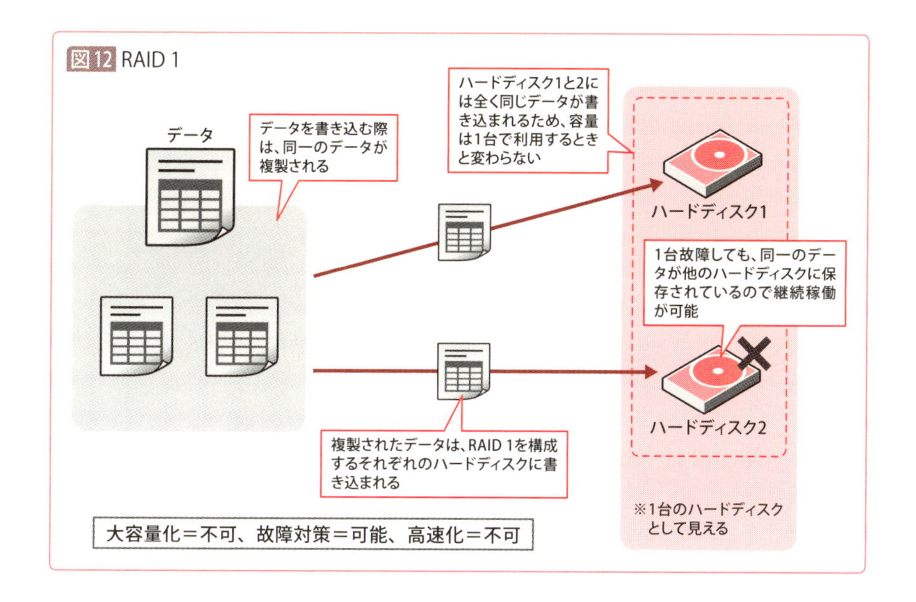


RAID 1は、複数のハードディスクを使うにもかかわらず、大容量化も高速化もせず、ただただ信頼性を上げることに注力したRAIDだといえるでしょう。実際、復旧の容易さから、信頼性を上げたいデータにはRAID 1が使われることが多いです。

## ③RAID 5（パリティ付きストライピング）

RAID 5は1台のハードディスクを使うよりも速度を上げ、かつ複数台のハードディスクを連結することで大容量化も実現しつつ、最低限の故障対策を備えたRAIDです（図13）。いわば、RAIDの真ん中に位置しています。

RAID 0やRAID 1が最低2台のハードディスクで構成できるのに対して、RAID 5を構成するには最低3台のハードディスクが必要です。

3台のうち、1台までは故障してもデータは損失せず、稼働することができます（2台目の故障でデータが全損し、稼働停止となります）。ある程度の高速化や故障対策が可能になることから、RAID 5が採用されるケースが非常に多いです。「人気のRAID」といってもよいでしょう。

なおRAID 5では、ハードディスクが故障した場合に、故障したハードディスクのデータを修復するための「パリティ」という符号データをディスクごとに持ち合うことから、「パリティ付きストライピング」とも呼ばれます。

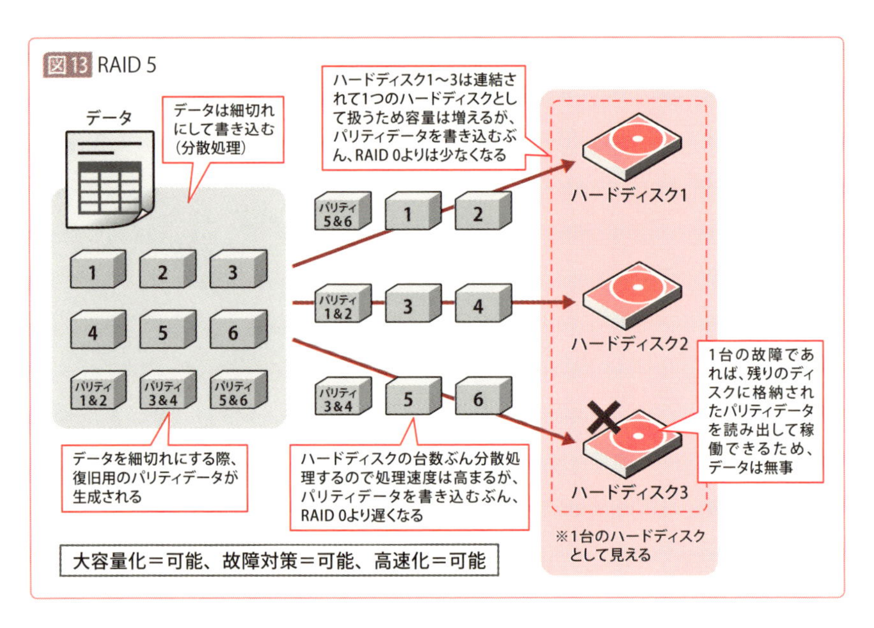


## ④RAID 6（ダブルパリティ）

RAID 5の信頼性をさらに向上させたのがRAID 6です（図14）。

RAID5がハードディスク3台で構成できるのに対して、RAID6は最低でも4台のハードディスクを必要とします。また4台のうち、2台が故障してもデータは損失せず、稼働し続けることができます（3台目が故障するとデータが全損し、稼働停止となります）。

このため、安全性はRAID 5を上回りますが、安全対策にディスクの容量をより多く使ってしまうぶん、人間が使えるハードディスク容量はRAID 5よりも少なくなってしまいます。

RAID5の純粋な進化型といえますので、従来RAID 5を利用していた環境では、RAID 6が採用されるケースも多いです。またRAID 6は、パリティを2セットで生成することから、「ダブルパリティ」とも呼ばれます。

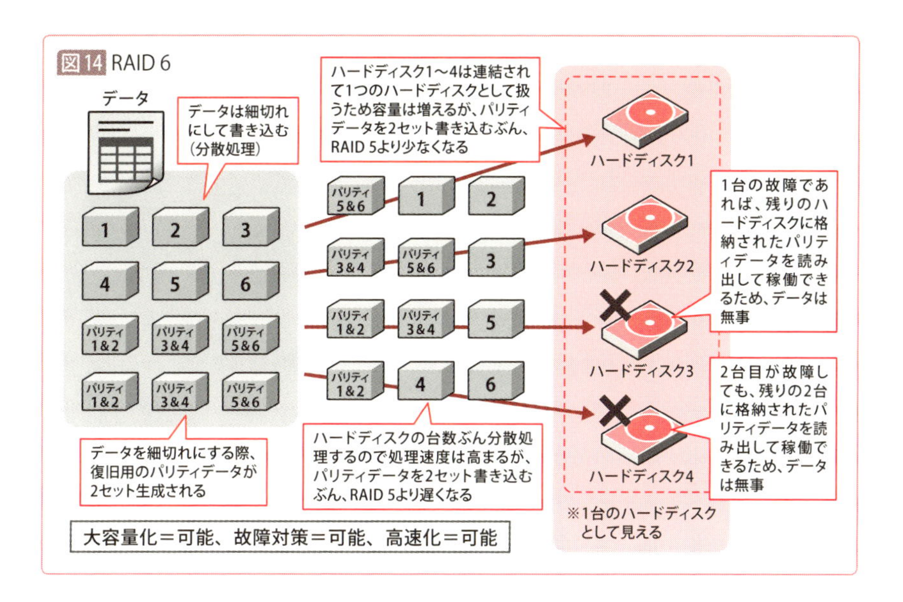


## ⑤RAID 10（RAID 01）

RAID1とRAID0を組み合わせたのがRAID 10(RAID 01)です(図15)。

RAID 10は最低4台のハードディスクを必要とし、そのうち2台ずつを1つのペアにしてRAID 1でミラーリングします。つまり2組のペアができることになりますが、この2つのペアをRAID 0の技術でストライピングすることで、高信頼性と高速化を両立させています。言い方を変えると、RAID 0をミラーリング(RAID1)しているともいえます。このため、容量はどれだけ台数を増やしてもRAID 0の半分となります。

ディスクは各々のペアの中で1台ずつ、計2台が故障してもデータは損失せず稼働が許容されますが、1つのペア内の2台が故障してしまうとデータは全損し、稼働停止となってしまいます。

安全性はRAID 5を上回りますが、RAID 6が「どのディスクでも」2台の故障までは耐えきれるのと違い、RAID 10は故障するディスクを選ぶことから、RAID 6よりは安全性が多少低いといえます。

容量も安全性もRAID 6に劣るように思えますが、それでもこのRAID10が採用される理由は、主に復旧動作にあります(詳しくは後述します)。

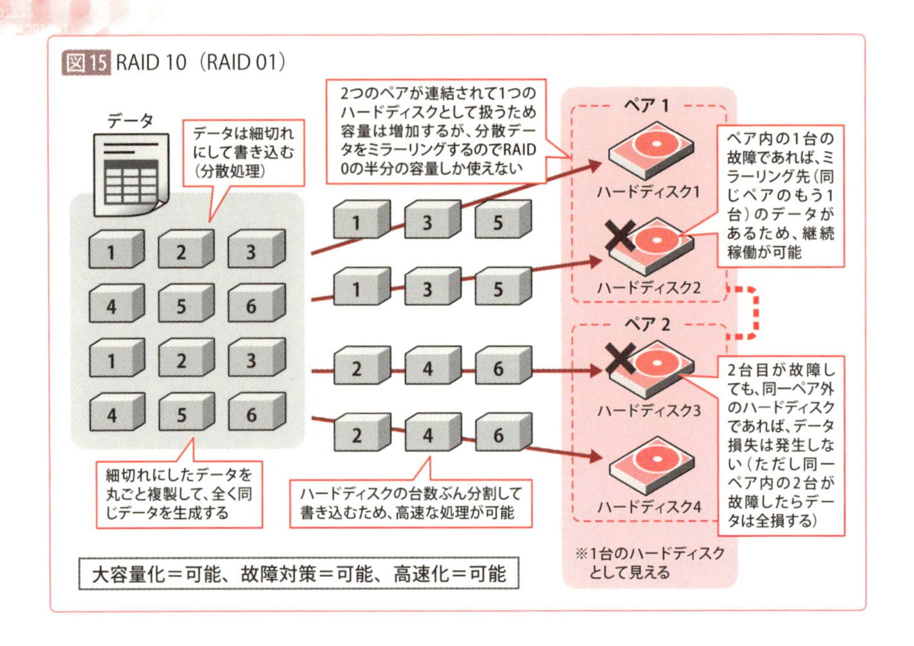


## CoffeeBreak　消えたRAID規格

本文でRAID 0/1/5/6/10（01）を解説しましたが、RAIDの2～4がないことに気づくと思います。

規格としてはRAID 2～4も存在するのですが、なぜ解説しなかったかというと、これらの規格は廃れてしまい、現在では使われることがないからです。

RAIDが0～5までの技術が存在していた時代では、RAIDは0～5のどのレベルを選択するかを自分で決定する必要がありました（その時代にはRAID 6もRAID 10も存在しませんでした）。

ただ、当時は高速、容量、信頼性の全てを備えた「RAID 5」が採用されるケースがほとんどで、局地的にRAID 1が使われる感じでした。「RAIDといえばRAID 5」という時期が続いたことが、RAID2/3/4が消える要因となったと思います。

ただし昨今はハードディスクの進化もあり、今度はRAID 5が消え、RAID 6やRAID 10に取って代わられそうな気配があります。

## CoffeeBreak　RAID技術の実情

様々なRAIDを紹介しましたが、基本となるRAID技術は「RAID 0」「RAID 1」「RAID 5」の3つです。言い方を変えれば、この3種類をしっかり覚えていれば、RAIDの基礎は押さえたと考えてよいでしょう。

他のRAIDは、これらの進化形や組み合わせ（合体）です。RAID 6はRAID 5の進化形で、基本構造や基本的な動作はRAID 5と同様です。またRAID 10（RAID 01）はRAID 0とRAID 1の組み合わせ（合体）に過ぎません（RAIDの「10」という技術があるわけではありません）。

ですから、RAID 5が理解できていればRAID 6を理解するのはそれほど難しくありませんし、RAID 0とRAID 1を理解していれば、RAID 10も大よそは理解できることになります。ただ、近年ではRAID 5とRAID 0を合体した「RAID 50」や、RAID 6とRAID 0を合体した「RAID 60」という規格もあり、より複雑になってきています。

また、ハードディスクの技術革新に伴い、RAIDに「高速化＆大容量化」を求める需要が落ち、昨今は故障対策（安全性向上）のためにRAIDを採用することが多くなっています。

この流れから、サーバにRAID 0が採用されるケースは少なくなり、やがてRAID 1とRAID 5を指して「RAID」と呼ぶことが一般的になりました。最近ではさらに変化して、RAID 1とRAID 5に加え、発展形のRAID 6とRAID 10を加えた4つを「RAID」と称することが増えています。

# [3-1-3] サーバレシピ③ RAID その2

## ◇RAIDの安全性を高めるために

ここからは、RAIDを実際の「サーバ管理」という視点でも解説しておきましょう。

高価なRAIDコントローラはバッテリを装備しており、RAIDの書き込み中に何らかの事情でコンピュータの電源が落ちてしまった場合でも、書き込みが完了するまでは電源を保てるようになっています。安価なRAIDコントローラにはこの保護機能がないため、書き込み処理中に電源が落ちると、データが欠損してしまう恐れがあるので注意が必要です。

また、実際のRAID構成では「ホットスペア」(予備のハードディスク)を用意しておくことも重要です(図16)。

例えばRAID 5では、3台のハードディスクのうち1台が故障しても、サーバは稼働できるようになっています。

図16 ホットスペア

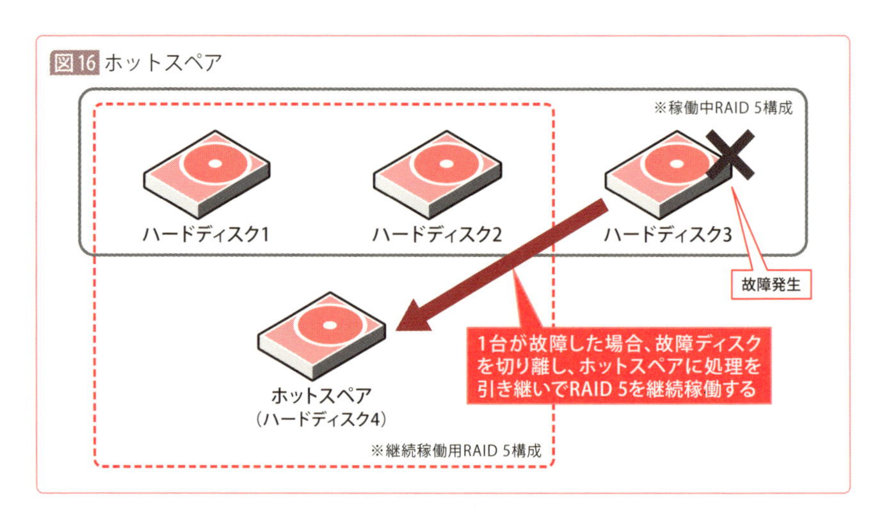

ただ、これまで3台で賄ってきた処理を2台で賄うことになるため、他のハードディスクに負荷がかかり、新たな故障を引き起こすケースが少なくありません。あらかじめホットスペアを用意しておき、故障したハードディスクの処理を引き継げるようにしておけば、より安定的な運用が可能になります。

## ◇RAID構成はお金がかかる

どのRAIDを選択したとしても、RAID構成にはそれなりの費用を要します。なぜなら、通常は1台のハードディスクを用意すればよいところを、最低2台〜4台以上のハードディスクを用意することになるからです。

サーバのハードディスクは1台10万円程度の価格であることも珍しくありません。ハードディスクの台数を増やせば増やすほど、雪だるま式に費用も増えていくことになります。

それでもRAIDを利用するのは「費用をかけてでも守るべきデータを安全に保護するため」ですが、見方を変えれば、費用に見合わないデータにRAIDを用意する必然性は低いということです。

## ◇復旧にかかる負荷

RAID構成のハードディスクが1台故障した場合に、故障したハードディスクを交換してRAIDを復旧させることを「リビルド」といいます。選択しているRAIDによって、リビルドにかかる負荷と完了までの時間も変わってくるので、目安を紹介しておきましょう。

**RAID 0＝復旧できない**
**RAID 1＝負荷：少ない／復旧時間：短い**
**RAID 5＝負荷：多い／復旧時間：長い**
**RAID 6＝負荷：多い／復旧時間：長い**
**RAID 10＝負荷：少ない／復旧時間：短い**

P.115で「RAID 10が採用される理由は主に復旧動作にある」と述べましたが、実際RAID 10は、RAID 5やRAID 6よりも早くリビルドが完了する傾向があります。またリビルドが実行されている際、RAID 5やRAID 6ではサーバの動作が遅くなることがありますが、RAID 10ではこのサーバの動作の遅延が比較的少ないといえます。

その理由は「パリティデータ」にあります。RAID 5やRAID 6はパリティデータを利用しますが、RAID 10（およびその原型であるRAID 1）はパリティデータを使いません。

パリティデータはデータそのものではなく、RAIDによって生成された復旧用のデータです。パリティデータを取り扱う際は「パリティ計算」という作業を行って復旧データを書き戻すのですが、このパリティ計算がサーバやハードディスクの負荷となるのです。

平常時はパリティデータを取り扱うRAID 5やRAID 6のほうが利用できる容量面で勝るのですが、いざ復旧が必要になると、このパリティデータが負担となるわけです。

つまり、ハードディスク故障からの復旧を考慮するなら、RAID10はかなり有力な選択肢になるといえるでしょう。

## どのRAIDを選択するか

では、ここまでの解説を踏まえ、どのRAIDを選択すべきかの目安を紹介しておきましょう。まず、大よそのニーズ別に大別すると、図17のようになります。

また、RAIDの容量計算の例も2つ示しておきます（図18、図19）。図18の例では、RAID 0と比較してRAID 10は使える容量が半分（RAID 0は4TB、RAID 10は2TB）、RAID 5と比較してRAID 6は、使える容量が2/3になっていることが特徴的です（RAID 5は3TB、RAID 6は2TB）*2。一方図19の例では、図18ではともに「2TB」で同じだったRAID 6とRAID 10の容量に差が付いていますね（RAID 6は4TB、RAID 10は3TB）。つ

*2 RAID 1は台数を増やしても容量も安全性もそれほど変化しないことから、3台以上のハードディスクで構成することはまずありませんが、参考までに掲載しています。

まりハードディスクの台数が増えると、RAID 10よりRAID 6のほうが利用できる容量が増えることがわかります。

図17 RAIDの選択イメージ

| | |
|---|---|
| RAID 1 | それほど費用はかけられないが、とにかく信頼性を上げたい。速度には妥協できる |
| RAID 5 | それほど費用はかけられないが、ほどほどに信頼性を確保しつつ、ある程度の速度もほしい |
| RAID 6 | 速度はRAID 5でよいが、もっと信頼性は上げておきたい |
| RAID 10 | 費用をかけることができるので、信頼性も速度も確保しておきたい |

図18 RAIDの容量計算例①

ハードディスク容量＝1台あたり1TB
ハードディスク台数＝4台

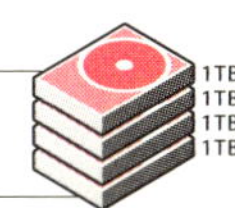


| RAID構成 | 利用可能容量 | 壊れていい台数 | 速度 |
|---|---|---|---|
| RAID 0 | 4TB | 0台（故障厳禁） | 最速 |
| RAID 1 | 1TB | 3台 | 低（1台利用と同じ） |
| RAID 5 | 3TB | 1台 | 高 |
| RAID 6 | 2TB | 2台 | 中 |
| RAID 10 | 2TB | 2台（ペア内で各1台） | 中 |

図19 RAIDの容量計算例②

ハードディスク容量＝1台あたり1TB
ハードディスク台数＝6台

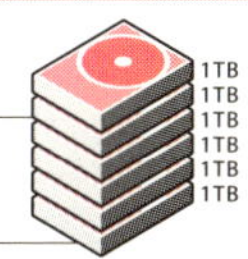


| RAID構成 | 利用可能容量 | 壊れていい台数 | 速度 |
|---|---|---|---|
| RAID 0 | 6TB | 0台（故障厳禁） | 最速 |
| RAID 1 | 1TB | 5台 | 低（1台利用と同じ） |
| RAID 5 | 5TB | 1台 | 高 |
| RAID 6 | 4TB | 2台 | 中 |
| RAID 10 | 3TB | 3台（ペア内で各1台） | 中 |

## ◇RAIDは2アウトまで？

昨今はRAID 6やRAID 10の採用が増えているのですが、その理由の1つに、これらは「2台目の故障にも耐えうる」という点も挙げられます。1台ではなく2台の故障までを許容するのは、「リビルド時」の追加トラブルを防止するためです。

リビルドの最中に「正常だったはずの別のハードディスクが故障する」というケースは少なくありません。理由の1つは、本節の冒頭で触れたように、「故障したハードウェアのぶんの負荷が、正常なハードディスクにかかるから」です。また他の理由として、RAIDを構成するには同じ規格のハードディスクが必要、という点も挙げられます。すなわち、同じ時期に製造されたハードディスクを同じ期間使っているので、必然的に故障するタイミングも同じようなものになるわけです。

1台の故障にしか耐えられない環境では、リビルド中に2台目のハードディスクが故障すると、データが全損してしまうことになります。これを避けるために、2台目の故障にも耐えるRAID 6やRAID 10が採用されるケースが増えているわけです。

2台目までは大丈夫、3台目まで故障したらデータ消失というのは、野球のアウトカウントの考え方に似ているかもしれませんね。

### CoffeeBreak　安価なNASのRAIDは要注意

NASのような、性能は低いが安価なサーバを用いてRAIDを構成することも可能です。ただ、NASのような安価なサーバでは、復旧が早いRAID 10は利用できないことが多く、主にRAID 5(使えてもRAID 6)を利用することになります。しかし、復旧に多大な時間がかかることも少なくありません。下手に大容量のハードディスクを利用していたりすると、RAID 5の復旧に数日～1週間程度かかることもあります。ですから、もし安価なサーバでRAIDを構成する場合は、復旧にかかる時間がどれくらいなのかを、リハーサルとして確認しておくことをおすすめします。

# 〔3-1-4〕 サーバレシピ③ UPS(無停電電源装置)

## UPSの役割

サーバを支えるハードウェアとして欠かせないのが「UPS(無停電電源装置)」です。UPSは、一言でいえば巨大なバッテリです。

ノートPCは、コンセントを抜くと即座に「バッテリ」からの電源供給に切り替わりますが、UPSのイメージもこれに似ています。

実際にサーバを設置する際は、コンセントにはサーバ本体ではなくUPSを接続します(図20)。UPSにはコンセントの差込口が用意されており、ここにサーバの電源ケーブルを接続することになります。

これによってUPSは平常時でも停電時でも、接続されたサーバに対して電源を供給してくれるようになります。

図20 UPSの接続イメージ

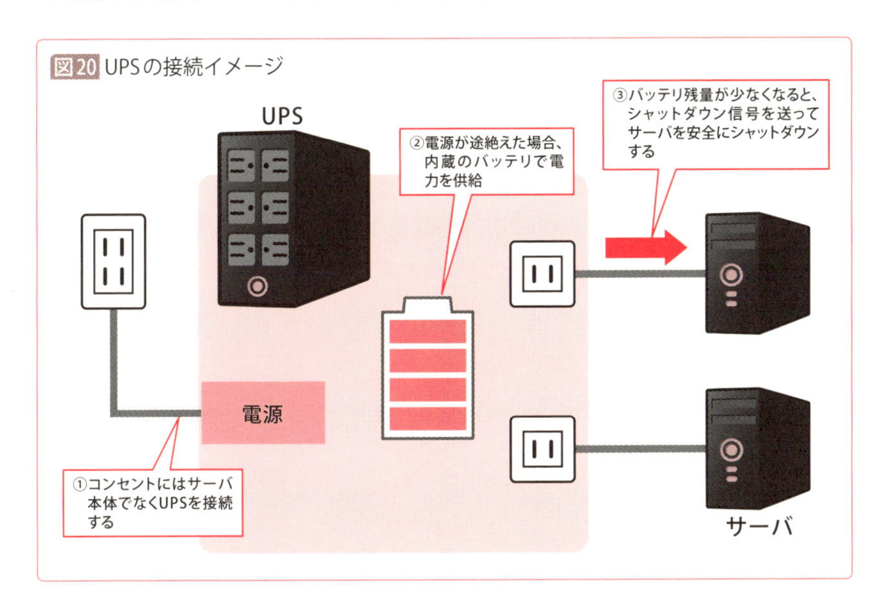

また、詳しくは後述しますが、UPSは「電源供給」だけではなく、「安全なシャットダウンを実現する」という役割も担っています。停電などによって突然シャットダウンされると、サーバ内のデータが破損する恐れがあります。このような場合も、UPSによって適切にシャットダウンすることで、データを保全できるようになるのです。

## ◇UPSの必要性

「UPSはノートPCのバッテリに似ている」といいましたが、注意しなければならない点もあります。

ノートPCのバッテリは数時間持ちますが、UPSを設置したサーバがバッテリ駆動で稼働できる時間は、概ね5分〜30分程度だということです。なぜそんなに駆動時間が短いかといえば、UPSは、「外出時でも利用するため」というノートPCのバッテリとは、そもそも存在意義が異なるからです。「うちはUPSを導入してるから、サーバの電源は心配ありません」と胸を張っていわれることもありますが、数時間規模の停電が発生する場合、UPSは残念ながら連続稼働を保証してはくれません。

こう書くと、「じゃあUPSは意味がないじゃないか」と思う人もいるかもしれませんが、UPSが導入されることには理由があります。それぞれを見ていきましょう。

### ①落雷や法令点検などの瞬断に備える

建物の近くに落雷があった場合、過電圧によって一瞬停電することがあります。雷の日に、電灯やテレビが一瞬切れてまたついた、といった経験がある人もいるのではないでしょうか。コンピュータはこのような瞬断で大きなダメージを受けます(筆者もWordファイルを編集中に瞬断に遭遇し、データが一瞬でパーになったことがあります)。サーバが重要なデータを書き込んでいる最中に雷で瞬断してしまえば、サーバがダウンしてしまい、データが破損してしまいます。

UPSを設置していれば、瞬断が発生してもバッテリが電力供給をしてくれるため、このようなデータ破損を防ぐことができます。

またオフィスビルであれば、法令による電源設備点検などで、一時的に停電せざるをえないケースもあります。その際はビル側が準備している予備電源を使うことがありますが、予備電源に切り替える際に瞬断が発生するケースが少なくありません。

UPSのバッテリでこの数秒を耐えることができれば、サーバは一切シャットダウンすることなく稼働し続けることができます。このように、UPSは「瞬断」への対策として非常に有効です。

### ②人手を介さず安全にシャットダウンできる

電源供給が「瞬断」ではなく長時間の電源断であった場合、前述のようにUPSはサーバを安全にシャットダウンしてくれます。一般的なサーバエンジニアの認識では、これがUPS導入の一番の目的だと思います。

「電源が突然途絶える事態」というと「停電」が真っ先に思い浮かびますが、それ以外にも誰かが誤って電源を落としてしまったり、何らかの理由でコンセントが抜けてしまったり、大元のブレーカーが落ちてしまったりなど、不測の事態はいろいろと考えられます。

このようなとき、UPSが導入されてれば安全にシャットダウンできるので、被害を最小限にとどめることができます。

## UPSの大元「電源設備」も重要

ここまで解説したように、サーバに必要な電力を供給したり、シャットダウンを実行したりすることがUPSの役目です。

ただ、UPSを導入する際は、電源の大元となる「建物の電源設備」を確認することも重要です。せっかくUPSを導入していたのに、「いざというときにUPSが充電されていなくて安全に動作しなかった」とか、「UPSがバッテリ駆動しようとしたらブレーカーが落ちた」というケースも散見されるからです。

これらは、利用する電源設備がUPSにマッチしていないがゆえに発生する事象です。つまりUPSが要求する電気量が、使用可能な電気量を超えているため、「いざというときに充電されていない」「使おうとしたらブレーカーが落ちた」という事態が発生するのです。

ですからUPSの設置には電気に関する知識が少々必要なのですが、これら電源設備の確認が「サーバ管理者の仕事」となることは少なくありません（サーバ管理者がなし崩し的に請け負うケースは多いです）。

少し実務的な話になってしまいますが、UPSを導入するなら、少なくとも次の3点は押さえておくとよいでしょう。

**①そのコンセントから使う機器の消費電力を合計する**
**②どのコンセントがどのブレーカーにつながっているか調べる**
**③1つのブレーカー容量と、その配下コンセントから使う消費電力を比較する**

①の「機器の消費電力」は、メーカーのホームページや製品カタログを見れば確認できます。全ての機器の消費電力を合算すれば、「そのコンセントからどれくらいの電気が使われているか」がわかるはずです。

②の「どのコンセントにどのブレーカーがつながっているか」は、経験上、ブレーカーに図面を記した紙が収納されているケースが多いです。わからない場合は、ビルの管理会社に聞いてみてもよいでしょう。

③についてですが、ブレーカーの容量を超える電気を使おうとすると、ブレーカーが落ちてしまいます。ブレーカーは、特殊な設備でなければ、家庭用の電源と同じ「100V／20A」という表記であることがほとんどです。これは、概算で「100V×20A＝2000VA（≒2000W）」までの電力を供給できることを示します*3。すなわち、そのブレーカーの配下のコンセントにつなげる機器の消費電力の合計は、この2000Wに満たないようにする必要があります（図21）。

もしブレーカー1基での容量を超える場合には、別のブレーカー配下のコンセントを利用するなどしなければなりません。

＊3　正確には2000VAはそのまま2000Wにはならず、若干少なくなります。

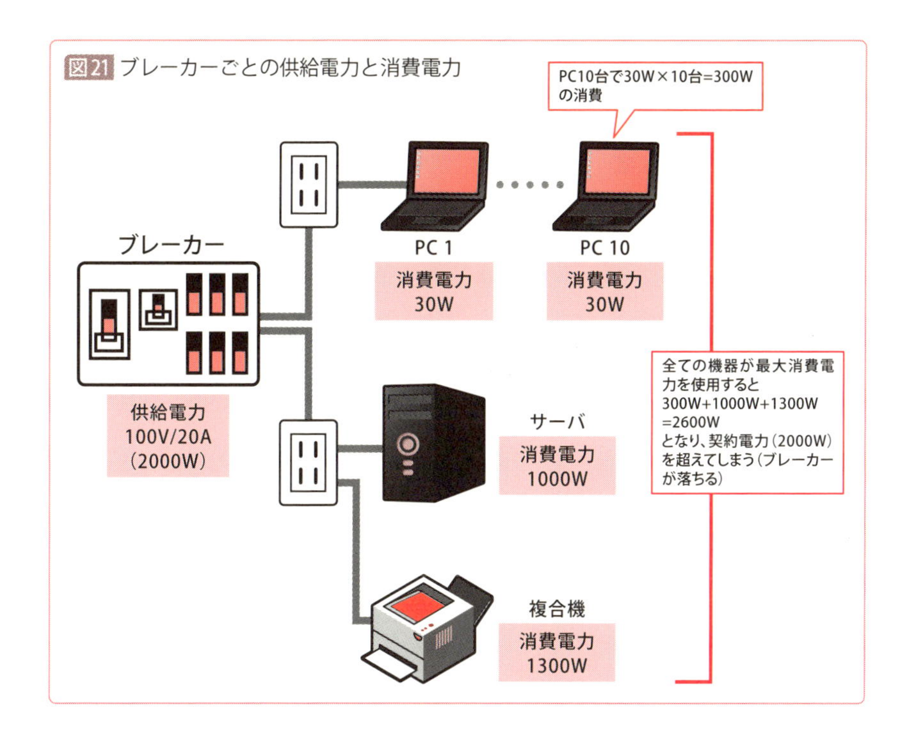

図21 ブレーカーごとの供給電力と消費電力

## ◇レーザープリンタや複合機に注意？

少々蛇足になりますが、コンセントの割り振りの際には、レーザープリンタや複合機の配置に注意してください。これらの機器は、電力消費量が多いからです。

家庭でも、エアコンのコンセントは壁の上部に別途用意されていることが多いですよね。その理由は、エアコンは消費電力が大きいからです。つまり他の機器と兼用しないよう、ブレーカーが分けられているのです（ちなみに洗濯機も同様のことがいえます）。

不用意にUPSと複合機を同じコンセントにつないでしまうと、ブレーカーの容量を超えてしまい、思わぬトラブルにつながりかねません。

このように、「UPSを接続するコンセント」は、その建物の電源設備をある程度調べたうえで決定するようにしてください。

# 〔3-1-5〕
# サーバレシピ④
# リモート管理アダプタ

## ◇BIOS（UEFI）の働き

私たちが普段PCで利用する様々なソフトウェアは、OSの上で動作します。逆にいえば、OSなしではソフトウェアは何1つ起動しません。

ここで考えてほしいのは、その「OS」もソフトウェアの1つだということです。PCの電源を入れると当たり前のようにOSが起動しますが、OSはどうやって起動しているのでしょう。

その問いの答えが「BIOS (UEFI)」です（図22）。BIOSは「Basic Input Output System」の略称で、「バイオス」と読みます（近年ではUEFI（Unified Extensible Firmware Interface：ユーイーエフアイ）に置き換えられていますが、本書ではBIOSとUEFIは同義として読み進めてください）。

ソフトウェアは直接ハードウェアを操作することはできないのですが、唯一例外なのがこのBIOSです。サーバに限らず、コンピュータはBIOSを基盤とし、そのうえで動作するOSを起動して動作させています。つまり、BIOSはソフトウェアとハードウェアの仲介という役割を果たしているわけです（図23）。

図22 BIOS（UEFI）のセットアップ画面

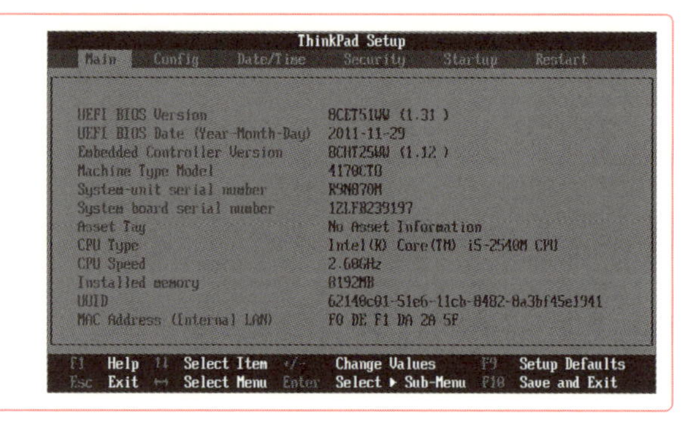

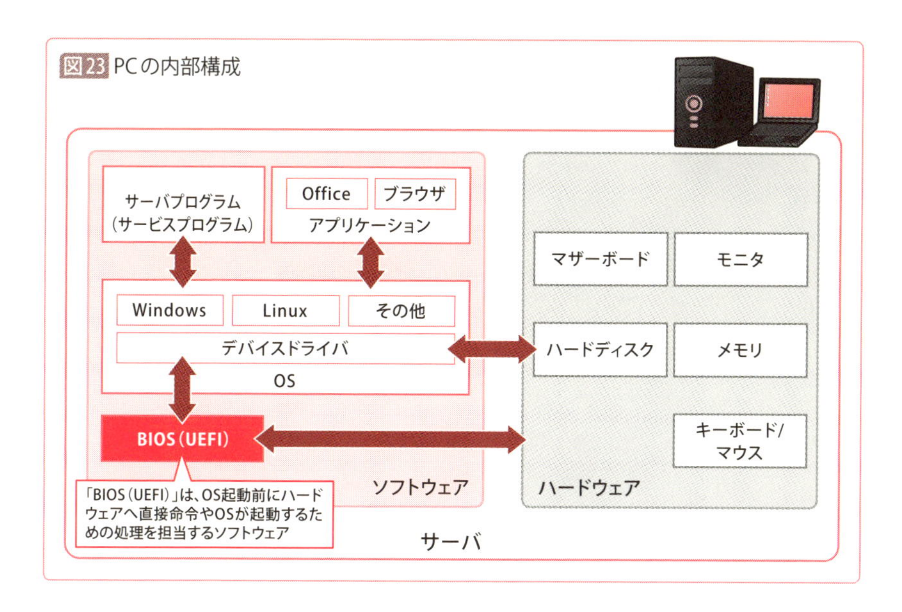

図23 PCの内部構成

PCの電源を入れて最初に起動するのは、実はOSではなくBIOSです。起動したBIOSは、「モニタがつながっているな」「○GBのハードディスクがつながっているな」というように、接続されているコンピュータの部品を把握し、OSの起動に必要なデータを読み出すよう、関係する部品に命令を出します。こうしてOSが起動し、あとはOSを司令塔として、様々なソフトウェアを実行しているわけです。

## ◇障害時もBIOSだけは起動可能

原則的に、コンピュータが動作するためのソフトウェア(OSを含む)は、全てハードディスクにインストールして利用します。

BIOSもソフトウェアではありますが、BIOSだけは「マザーボードのチップ(ROM=Read Only Memory)」に記憶されています(図24)。

これが何を意味するかというと、「ハードディスクがなくても、コンピュータはBIOSだけは起動できる」ということです。ここは重要なのでぜひ覚えておいてください。

図24 BIOSの立ち位置

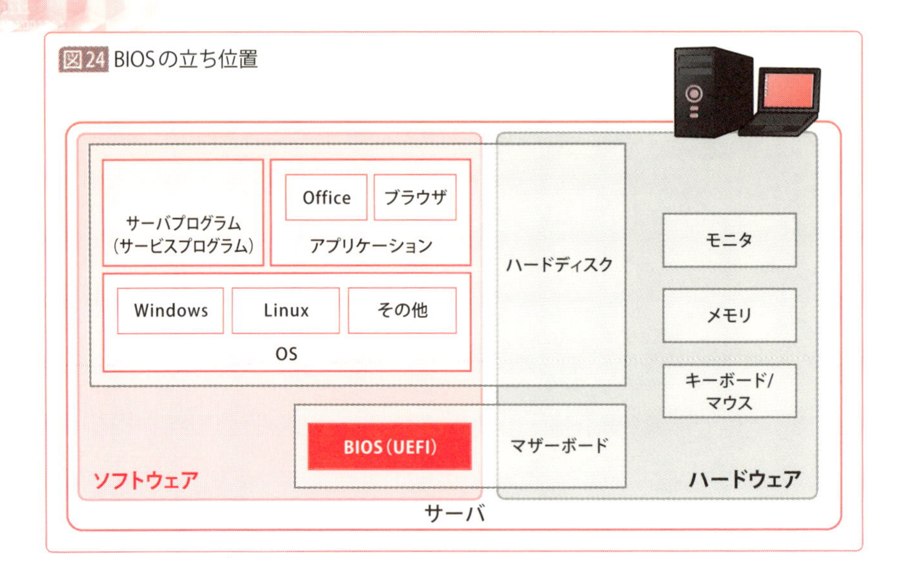


## CoffeeBreak　BIOS(UEFI)はファームウェア

本稿では単純に「ソフトウェアとハードウェア」の2つに分類しましたが、各ハードウェアには「ファームウェア」と呼ばれる、より機械に近いプログラムが搭載されています。例えばPCにDVDを挿入すると内部でディスクが回転しますが、これは「DVD再生という信号を受け取ったら、ディスクを回転させる」という制御プログラムがDVDに組み込まれているためです。このプログラムコードを「ファームウェア」と呼ぶのです。

そういう意味では、BIOS(UEFI)も「マザーボードに組み込まれたファームウェア」と表現するほうが、より正確だといえるでしょう。

ファームウェアは「ハードウェアと一体となっていて分離できないソフトウェアである」という特徴から、ハードウェアと同一視する場合もありますし、ハードウェアに組み込まれたプログラム・コードという意味で、ソフトウェアとして分類する場合もあります。

本書ではソフトウェア側に分類しましたが、ファームウェアがソフトウェアかハードウェアかは、解説によって分類が異なります。

## ◇サーバのリモート管理

ここまでの解説が理解できたところでようやく、サーバ管理の話に移ります。

前述のようにハードウェアとソフトウェアの仲介役であるBIOSは極めて重要ですが、このBIOSと直結して、サーバをリモート操作するための部品があります。それが「リモート管理アダプタ」です。

リモート管理アダプタを搭載したサーバは、ネットワーク経由での電源制御やリモート操作、状態の確認などを実施することができます。サーバメーカーによって呼称が違いますが、IBMなら「IMM/AMM」、HPなら「iLO」などの名称が付いています。

なぜサーバのリモート管理が必要なのかというと、近年は安全性の確保という目的から、サーバを外部のデータセンターに配置するケースが増えているからです。この場合、サーバが設置されたデータセンターと、業務を行うオフィス内をネットワークで接続し、ネットワーク経由でサーバを利用することになります（図25）。

ただこの場合も、何らかの事情で管理者がサーバを操作しなければならないケースもあるでしょう。かといって、何かトラブルが起こるたびに、いちいち管理者がデータセンターまで足を運ぶのは面倒です。

だからこそ、サーバのリモート管理が有用になるのです。

図25 遠隔地のサーバ利用

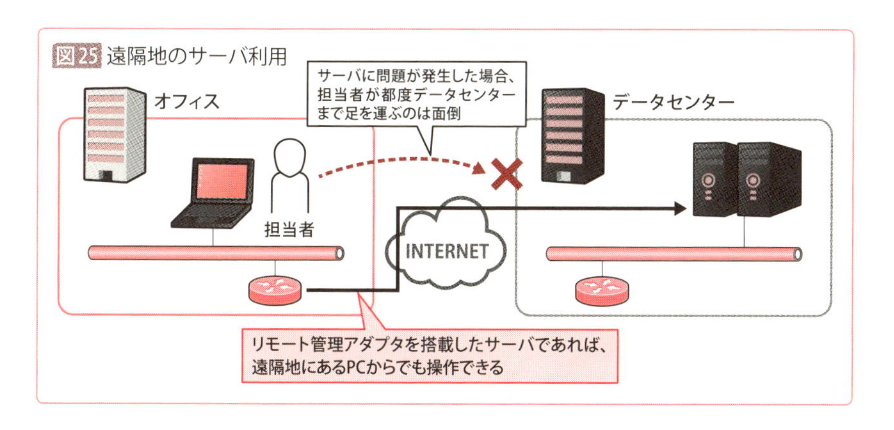

## ◇OSが動作しなくても対策できる

サーバのリモート管理機能を使えば、単純な電源のオン／オフ、サーバの情報収集、イベントログの採取などを行うことができます。また、Webブラウザで管理画面を表示すれば、まるで目の前のサーバを管理しているかのようにサーバを操作することが可能です。

昨今はWindowsのリモートデスクトップなど、クライアントPCのリモート機能が充実しているため、上記のような機能を見てもそれほど魅力的には感じないかもしれません。

しかし、今回の肝心なところは「OSが動作しなくてもこれらの機能を利用できる」という点です（図26）。

図26 2つのリモート操作

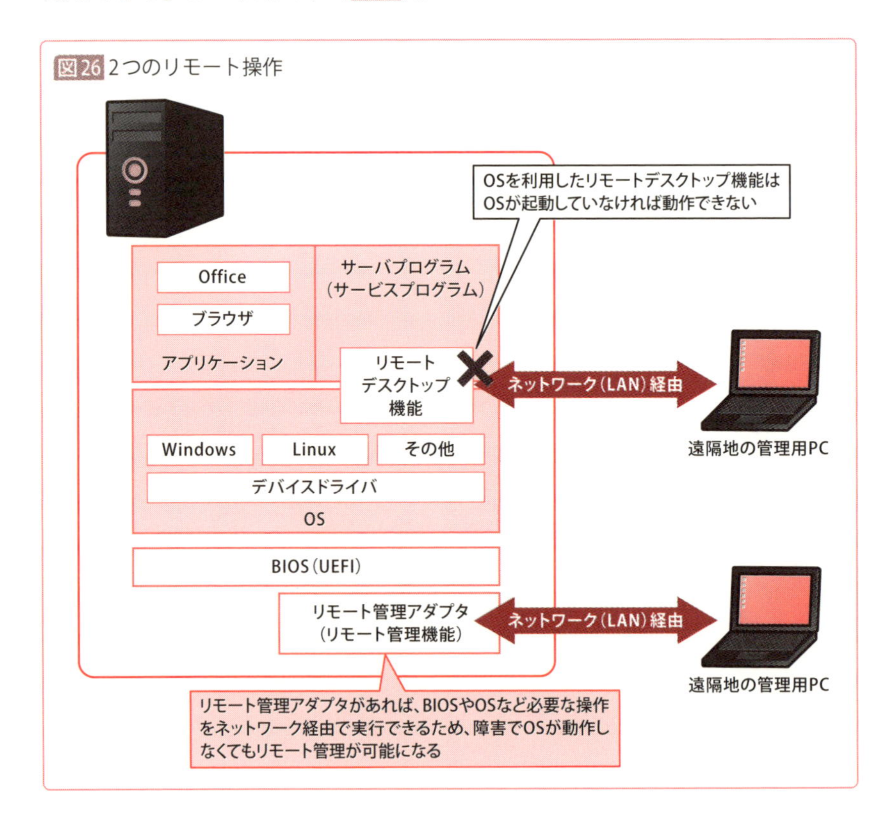

ありそうな事例としては、「サーバOSにブルースクリーンエラーなどの障害が発生し、動作しなくなった場合」が考えられます。この場合、OSの機能の一部として提供されているリモートデスクトップは利用できなくなるため、手も足も出なくなってしまいます。

図26を見ればわかるように、リモートデスクトップはOSの機能の一部として動作をしているので、OSが動作しない状況では当然リモートデスクトップは動作しません。

他のリモート操作ソフトウェアを使おうとしても、それが「OSにインストールして利用するリモート操作機能」であれば、OSの停止とともにリモート操作の入り口は閉ざされてしまうことになります。

その点、OSに依存せず、ハードウェアに組み込まれているリモート管理機能であれば、他のハードウェアが故障して停止していたとしても、リモート操作によってその状態を確認し、例えば電源オフからオンなどの動作を遠隔地から行うことができます。

## 強固なサーバの管理機能

ブルースクリーンの障害以外でも、例えば「ハードディスクが故障してOSが起動しなくなった」「メモリにエラーが発生してサーバが停止し、起動しなくなった」という事態が起こっても、リモート管理アダプタが正常に動作しているのであれば、サーバにアクセスしてネットワーク経由で遠隔地からその故障を知ることができます。

それがわかるのであれば、あとは故障交換の手配をし、現地で故障した部品を交換するだけで済みます。

このように、サーバ専用の機能は、PCと相違して「より停止しにくく、かつ停止後の復旧が迅速にできるよう」管理機能が個別に用意されています。その象徴的な管理機能がこのリモート管理アダプタなのです。

# 〔3-1-6〕サーバレシピ⑤ ラック&コンソールスイッチ

## ◇ラックを設置する意味

サーバ周りのハードウェアで、地味ですが大変重要な2点を最後に紹介しておきましょう。それが「ラック」と「コンソールスイッチ」です。

まずラックから紹介しましょう。多くの企業では、サーバはラックに格納されています。ラックを設置する意味は、「物理的なセキュリティ」という点が一番大きいです。

サーバ本体をむき出しで設置していると、何かの拍子に壊れたり、悪意ある人間にデータを抜き取られたりする恐れがあります。その点、サーバや周辺機器をラックに格納し、扉を施錠しておけば、物理的に触れることは不可能になり、サーバを守ることが可能になります（図27）。 また、ラックはサーバの放熱に寄与することもあります。サーバの多くは前面から吸気し、CPUやメモリ、ハードディスクといった発熱する部品を冷やして、後ろから熱を含んだ空気を排出することによって放熱しています。このとき、「場所がないから」とサーバを前後にまとめて配置していると、あるサーバが排出した熱い空気を別のサーバが吸気することになり、動作時の温度が上がってしまいます（図28）。

このような事態を防ぐために、ラックを用意して垂直に全てのサーバを格納し、適切に放熱させているわけです（図29）。

図27 ラック

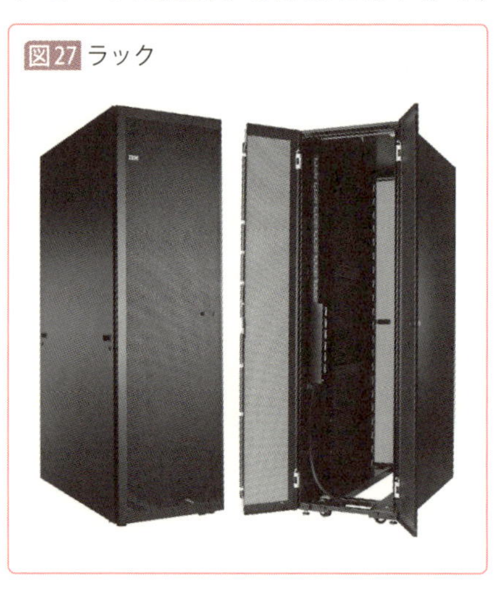

図28 ラックを設置していない場合

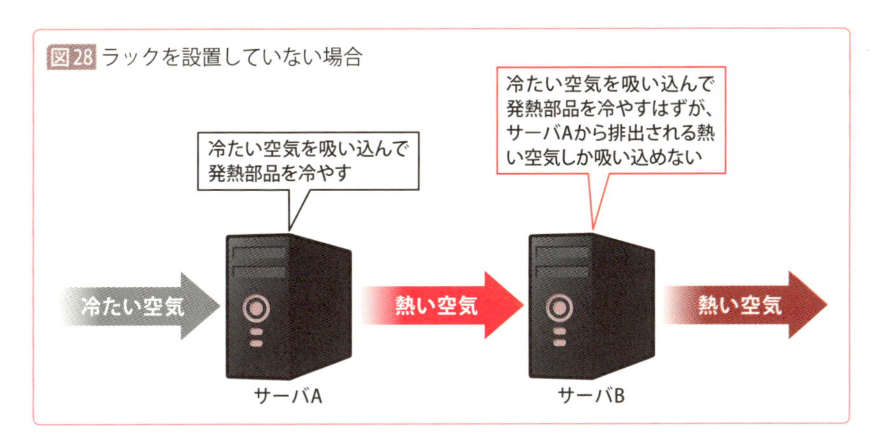


図29 ラックを設置した場合

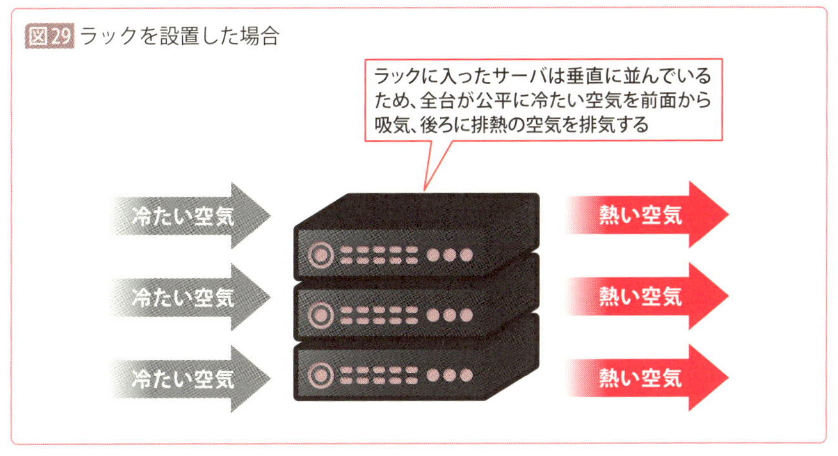


## コンソールスイッチの意義

コンソールスイッチの意義についても説明しておきましょう。

サーバの台数が増えてくると、操作に必要なキーボードやマウス、モニタなどの周辺機器も増えていきます。これらの周辺機器をサーバの台数ぶん用意するとなると、いくら場所があっても足りません。

このとき「コンソールスイッチ」と呼ばれる機器を用いれば、一組のキーボード、マウス、モニタで全てのサーバを操作できるようになります（図30）。

具体的には、各サーバからの接続端子は、いったん全てコンソールスイッチに接続します。

そしてコンソールスイッチ上で「操作したいサーバ」を切り替えることで、複数台のサーバを一組のキーボード、マウス、モニタで全てのサーバを操作できるようになるわけです（図31）。

こうすることによって、サーバの台数が増えたとしても、キーボード・マウス、モニタを設置する場所が節約できるようになります。

なお、ラックの設置場所さえ空いていればサーバを増設することができるため、ラック1基につきコンソールスイッチを1台用意して集線することが多いです。

こうなると、そのラック1基に何台のサーバを設置して稼働させるのか、という点について事前に考慮しておく必要が出てきます。例えばサーバが10台収容可能なラック1基に対して、コンソールスイッチが4台のサーバしかつなげられないようなら、残りの6台に対して別途コンソールスイッチと周辺機器を用意しなければなりません。

このようなことがないように、10台収容できるラックを使うのなら、コンソールスイッチも10台のサーバが接続可能な製品を選ぶ必要があります。

サーバとクライアントPCは、例えばキーボードとマウスでモニタを見ながら操作する、という意味では同じですが、クライアントPCと違い、購入時に上記のような物理的な考慮も要求されるのです。

図30 コンソールスイッチ

図31 コンソールスイッチの利用イメージ

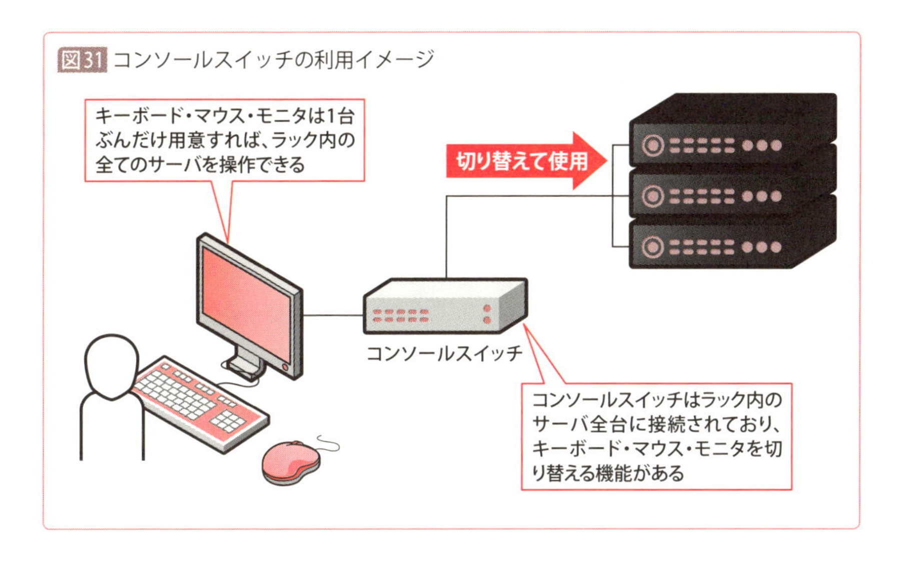


## 第3章のまとめ

- クライアントPCと同じ名称で呼ばれるハードウェアの代表的なものにCPU/マザーボード/メモリ/ハードディスクなどがある
- クライアントPCにはなく、サーバにだけある技術の代表格が「RAID」によるデータ保護技術である
- 連続稼働や安全なシャットダウンを実現するため、サーバにはUPS(無停電電源装置)を接続するのが一般的である
- BIOS(UEFI)と直結し、サーバをリモート操作するために有用に働く部品が「管理アダプタ(リモート管理アダプタ)」である
- サーバはラックに格納することで、物理的なセキュリティを担保できる
- コンソールスイッチを利用すれば、サーバ1台1台に操作用の周辺機器を用意する必要がなくなる

# 練習問題

**Q1**

**次の説明のうち正しい説明はどれか選びましょう。**

**A** CPUには、コンピュータそのものを特定するためのシリアル番号が記録されている

**B** マザーボードは、電源が入っている間だけ情報を記録してくれる装置である

**C** メモリに記憶された情報は、電源が入っているかどうかにかかわらず、勝手に消えることはない

**D** ハードディスクにはSerial ATA（SATA）やSerial Attached SCSI（SAS）などの複数の規格が存在する

**次のうちRAIDの目的でないものを選びましょう。**

**A** 1台が故障した場合でも、故障していない残りのハードディスクで連続稼働を確保する

**B** ハードディスクを何台も連結して1つに束ねることで、容量を増やす

**C** ECCによってパリティビットを用意し、エラー検出および訂正機能を持たせてデータの安全性を向上させる

**D** 複数のハードディスクに分散して読み書きを同時実行することで、処理速度を高速化する

**1台のハードディスクの複製を丸ごともう1台（ないし複数台）に用意する、別名「ミラーリング」と呼ばれるRAIDレベルはどれか選びましょう。**

**A** RAID 0　**B** RAID 1

**C** RAID 5　**D** RAID 6

**リモート操作について、間違っている説明を全て選びましょう。**

**A** リモートデスクトップに代表されるOSにインストールするリモート操作機能は、OSの障害が発生すると使えなくなる

**B** 最近のリモート管理アダプタは、Webブラウザから電源のON/OFFが実行できるものもある

**C** BIOS（UEFI）はコンピュータの基盤なので、遠隔地からのリモート操作はできない

**D** ハードディスクやメモリが故障してしまうと、サーバを操作することは一切できなくなってしまう

**500GBのハードディスク3台でRAIDを構成した場合、正しい説明を全て選びましょう。**

**A** 3台のハードディスクではRAID 10が構成できない

**B** 3台でRAID 1を構成すると容量は半分になるので、250GBしか使えない

**C** RAID 5で構成すると容量は1TBしか利用できない

**D** RAID 6で構成すると容量は1.5TB利用することができる

**次のRAIDのうち、ハードディスクが1台でも故障してしまうとデータが損失してしまうRAIDを選びましょう。**

**A** RAID 0　**B** RAID 1

**C** RAID 5　**D** RAID 10

Q1. D　Q2. C　Q3. B　Q4. CとD　Q5. AとC　Q6. A

# サーバを支えるソフトウェア
## ～ OSとサービスプログラム～

前章でハードウェアについて解説しましたが、サーバが動作するためにはソフトウェアの力も必要になります。本章で、そのソフトウェア部分であるOS（オペレーティングシステム）とOS上で動作するサービスプログラムについて確認していきましょう。

やってみよう！

## 〔4-1〕

# サーバOSとクライアントOSの違いを調べよう

サーバには、サーバ用のOSが搭載されています。では、サーバOSはクライアントOSに比べて何が異なるのでしょう。Microsoftの「Windows」は、サーバ用とクライアント用と両方のOSを提供しています。それぞれの情報をWebサイトで確認してみましょう。

### Step1 ▷ Windows Serverの情報を調べよう

**Windows Serverの製品ページ（https://www.microsoft.com/ja-jp/cloud-platform/windows-server）にアクセスし、どのような機能が搭載されているか、また価格はいくらくらいかを確認してみましょう。**

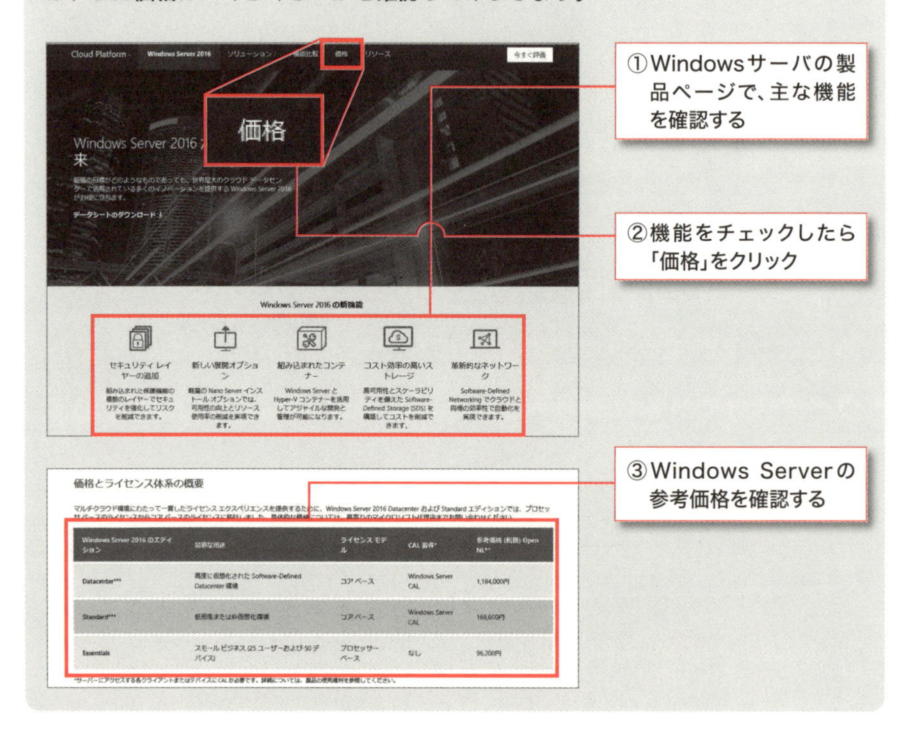

## Step2 ▷ Windows 10の情報を調べよう

同様に、クライアントOSである「Windows 10」の製品ページ（https://www.microsoft.com/ja-jp/windows/get-windows-10）へアクセスし、機能や価格を確認してみましょう。同じ「Windows」と名乗っていても、搭載している機能やOSの価格が全く異なることがわかるはずです。

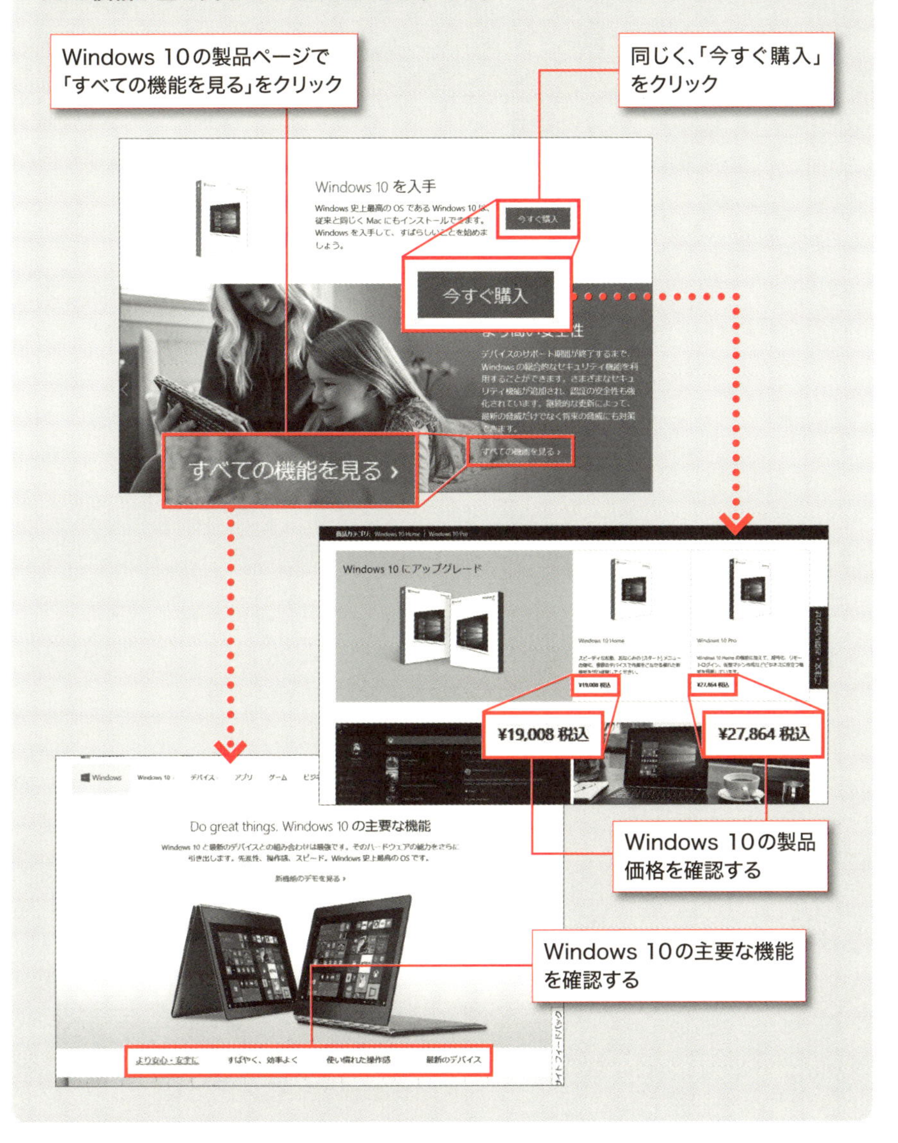

〔4-1-1〕
# OSとUI&カーネル

## ◇全ての処理の中心「OS」

第3章ではサーバを構成するハードウェアを紹介しましたが、当然ながらサーバ(コンピュータ)は、ハードウェアだけでは動きません。ソフトウェアがあって初めて、様々な動作を行ってくれます。

サーバを動かすソフトウェアを語るうえで、最初に説明しなければならないのが「OS (オペレーティングシステム)」です。

私たちは、普段様々な操作を行ってPCに「指令」を出していますが、この指令を最初に受け取るのがOSです。OSは指令を受け取り、何を実行しなければならないかを解釈し、コンピュータの内部で様々な働きかけをしてくれます。

つまりOSは、コンピュータの全ての処理の中心に据えられている存在だということができます (図1)。

## ◇OSの内部「カーネル」と「UI」

少し話が脇道にそれますが、人間の操作 (指令) をOSに伝える方法は2つあります。1つは、ファイルをダブルクリックして開いたり、テキストエディタで文字入力したりする操作です。このように、デスクトップ画面を操作してウィンドウ別にアプリケーションを起動していく形態を「GUI (グラフィックユーザーインターフェース)」と呼びます。こちらは、いわば私たちが一般に行っている操作です。

一方、コマンドプロンプトやWindows PowerShellを起動し、コマンドを入力してPCを操作することもあります。このように、キーボードによる文字入力でコマンドを入力し、命令を実行する形態を「CUI (キャラクターユーザーインターフェース)」と呼びます。

コンピュータ用語ではこのGUIとCUIの2種類を総称して「ユーザーインターフェース (UI)」と呼びますが、どちらも人間の操作をコンピュー

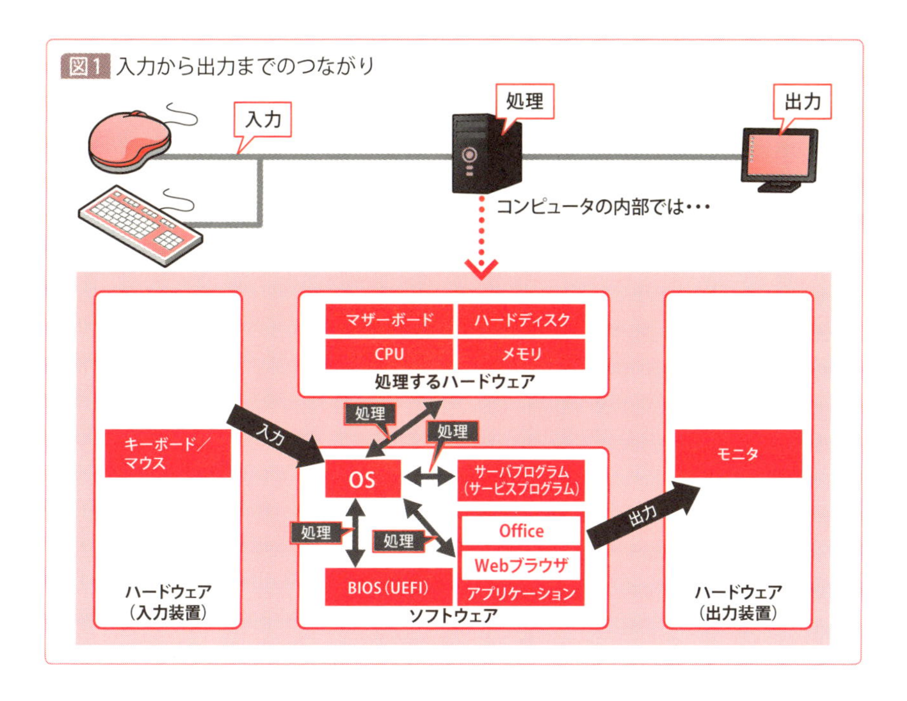


タに伝えているための「入り口」に過ぎず、「ユーザーインターフェース=OS」というわけではありません。では、OSの実体はどこにあるかというと、ユーザーインターフェースの後ろにある「カーネル（OSカーネル）」がそれに該当します。

## カーネルとUIの役割分担

ハードウェアを操作するためには、機械語による指令を発行する必要があります。もちろん人間は機械語がわかりませんから、カーネルが人間に代わって「機械語による指令の発行」という役割を担っているのです。

そして、人間の操作を機械語に訳して伝えるのが、先に触れた「ユーザーインターフェース」ということになります（図2）。

Windowsにおいてはカーネルとユーザーインターフェースは一体化しており、各々を分離して捉えることは難しいのですが、原則としては上記のような住み分けであることは覚えておいてください。

図2 カーネルとUI

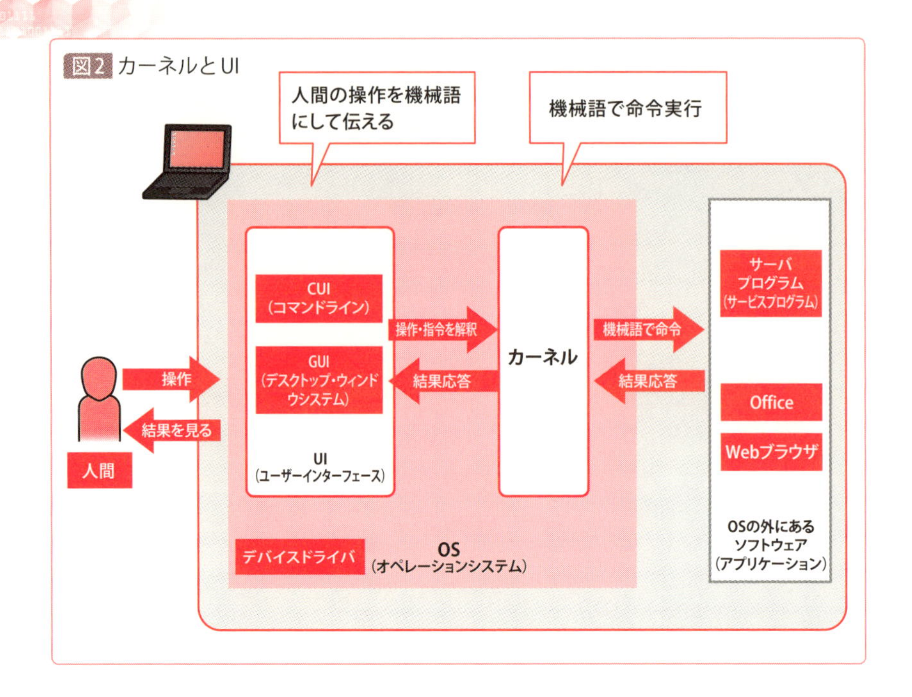


## OSにも様々な種類がある

OSの「中身」は上述の通りですが、そのOSにもいくつかの種類があります。一般的なクライアントPCのOSとして有名なのは、WindowsやMac OSでしょう。昨今はそれに加え、iOSやAndroidというスマートフォン用のOSも普及してきました。

しかし、サーバ用のOSとなると、ほぼWindowsとLinuxに限られます。またWindowsとLinuxにもそれぞれ種類があり、WindowsはMicrosoftが機能別に「エディション」という種類を用意しています。

一方Linuxでは、提供する会社や団体ごとに、「ディストリビューション」という区分けで異なるOSが世の中に提供されています。

ここでは単純にWindowsとLinuxという表現にしましたが、実は種類別にすると星の数ほどの選択肢があるのが昨今のOS事情です。

そこで次項以降で、各OSについて詳しく解説することにしましょう。

## CoffeeBreak　サーバの「利便性」と「安定性」

クライアントPCは1人1台が基本ですから、その1人の利用者にとっての利便性が優先されます。つまり、使いやすいソフトはどんどんインストール、使いやすい周辺機器はどんどん接続して利便性を高める傾向があります。

一方、サーバは全く逆の傾向になります。つまりソフトは極力インストールせず、周辺機器も極力接続しない、というのが基本です。つまり、「必要最小限で動作させる」というスタンスが推奨される傾向にあります。

なぜなら、あれこれ導入すればするほど、サーバ自身の安定性を損なうことになるからです。例えば、OSを含め、ソフトウェアにはセキュリティやバグ修正などのアップデート適用&バージョンアップ作業は避けて通れません。

サーバにインストールされているソフトウェアが多ければ多いほど、このアップデート適用&バージョンアップ作業の回数が増えることになります。また、これらの作業を行うと「再起動」が必要になることも多々ありますが、再起動中はサーバを利用できなくなってしまいます（加えて、インストールされているソフトウェアが多いと、不具合が起こる可能性も高まります）。

個人のPCであれば、再起動などで数分利用できなくても大きな問題とはならないでしょうが、同じネットワーク上のみんなが使うサーバにおいて、「利用できない期間がある」というのは大きな悪影響を及ぼします。

サーバは、「ユーザーが必要なときに必要な機能をいつでも利用できる」という要件がとても大切です。にもかかわらず、「利用できない」という状況が何度も続くと、「せっかくコストをかけてサーバを用意したのに誰も使わない」という残念な状況になりかねません。

一方で、サーバには利便性も重要ですから、「ソフトウェアは一切入れない・周辺機器も一切接続しない」というわけにもいかず、利便性と安定性のバランスを考慮しなければなりません。

サーバへのソフトウェアや周辺機器導入の判断は「あったほうがいいが、なくてもよいのならインストール・接続しない」「どうしてもなくてはならない（サーバが存在する目的が達成できない）のであればインストール・接続する」という基準で行われることが多いです。

# 〔4-1-2〕 Windows Serverと Windows 10の違い

## ◇Windows Serverとは?

ここでは、冒頭の実習でも触れた「Windows Server」と「Windows 10」の違いについて解説しましょう。Windows Serverは「サーバOS」、Windows 10は「クライアントOS」ということはわかると思いますが、「じゃあ、具体的に何が違うのか?」と聞かれると、回答に困る人もいるのではないでしょうか。

Windows Serverは、「WindowsというOSに、みんな(大人数)で使える機能を盛り込んだOS」だと考えてください。

実は、最近のWindows ServerはPC用のWindowsと同じソースコードから作られており、基盤となる部分は同一です。

では、クライアントPC用のOSと何が違うのかといえば、「サーバ機能を追加できる」という点が大きく異なります。

第2章で様々なサーバの機能を紹介しましたが、Windows Serverではそれらのほとんどを、OS標準の機能として追加できます(図3)。

メールサーバとしてSMTPサーバが追加できますし、ファイルサーバは「ファイルサービス」という名称で役割を追加できます。

またWebサーバならば「IIS (Internet Information Services)」という名称で追加できますし、認証サーバとしては有名な「Active Directoryドメインサービス」という管理機能を利用できます。

さらに仮想サーバには「Hyper-V」というプラットフォームがあり、DHCPサーバは「動的ホスト構成プロトコル」、DNSサーバはそのままの「DNSサーバ」という名称の役割を追加できます。

追加投資の必要もなく、簡単な動作で機能を追加できるのが、Windows Serverの特徴です*1。一方、クライアントOSであるWindows 10では、これらの機能を追加することはできません*2。

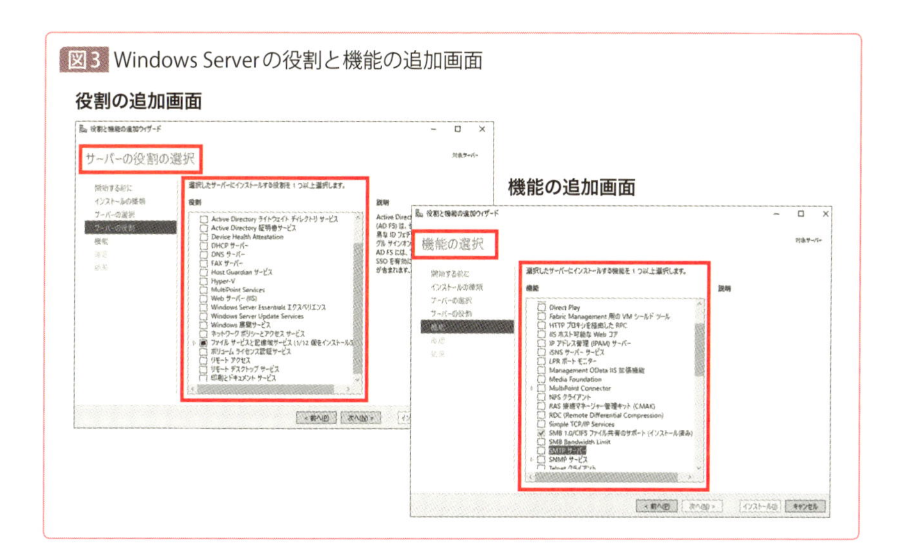


図3 Windows Serverの役割と機能の追加画面

## ◇Windows10とのその他の違い

Windows ServerとWindows 10の機能が異なるのは、1人が満足すればよいWindows 10と、多数の人が同時に利用するWindows Serverで、強化されるべきポイントが異なるためです。その他のわかりやすい違いについても、いくつか紹介しておきましょう。

### ①ハードウェアの限界値が違う

コンピュータにどれだけ高性能なハードウェアが搭載されていても、そのリソースを使い切れるかどうかは、搭載するWindows OSによって決まります。代表的なWindowsでサポートされるCPUとメモリの上限値を比べてみましょう（図4）。

なお、OSは全て64ビットOSを対象とした数値となります。またPC用のWindows7/8/10はProfessional Edition、サーバ用のWindows ServerはOS名称欄に記載したエディションを対象としています。

＊1　SIPサーバとプロキシサーバについては、別のMicrosoft製品を購入する必要があります。

＊2　IISやHyper-Vについては、動作条件を満たすことによってWindows10にも機能を追加することが可能です。

図4 Windowsでサポートされているメモリの上限

| OS名 | 最大CPU数 | 最大メモリサイズ |
| --- | --- | --- |
| Windows 7 | 2 | 192GB |
| Windows 8 | 2 | 512GB |
| Windows 10 | 2 | 2TB |
| Windows Server 2008(R2)Standard Edition | 4 | 32GB |
| Windows Server 2008(R2)Enterprise Edition | 8 | 2TB |
| Windows Server 2008(R2)Datacenter Edition | 64 | 2TB |
| Windows Server 2012 Standard Edition | 64 | 4TB |
| Windows Server 2012 Datacenter Edition | 64 | 4TB |

実際にはハードウェアの限界値が存在しますので、上記よりも少ない搭載量となりますが、PCのOSであるWindows7/8/10に比べ、Windows Serverは搭載可能なCPU数もメモリサイズも概ね大きいことがわかるでしょう。

大人数で利用することが前提となっているからこそ、大規模な環境に対応できるように、あらかじめWindowsそのものが設計されているのです。

## ②最大ユーザー数が違う

管理者コマンドプロンプトを開き、「net config server」というコマンドを入力すると、そのOSの最大ユーザー数を確認できます。実際に調べてみると、Windows10では最大ユーザー数が「20」となっているのに対して、Windows Server 2016では最大ユーザー数が「16777216」と記載されています（図5）。

ちなみにここでいう「ユーザー数」とは、「ネットワーク経由でアクセス可能なユーザー数」という意味です。Windows 10には、ネットワーク経由で相互にアクセスし合う構成でも、最大20人しかアクセスできません（図6）。一方Windows Serverは、1600万人以上のアクセスが可能になっています（あくまで最大数であり、後述するライセンスは考慮しなければなりません）。Windows Serverは大人数で利用することが前提となっているため、利用する人数が増えても仕様上耐えられるよう設計されていることがわかります。

図5 最大ユーザー数の違い

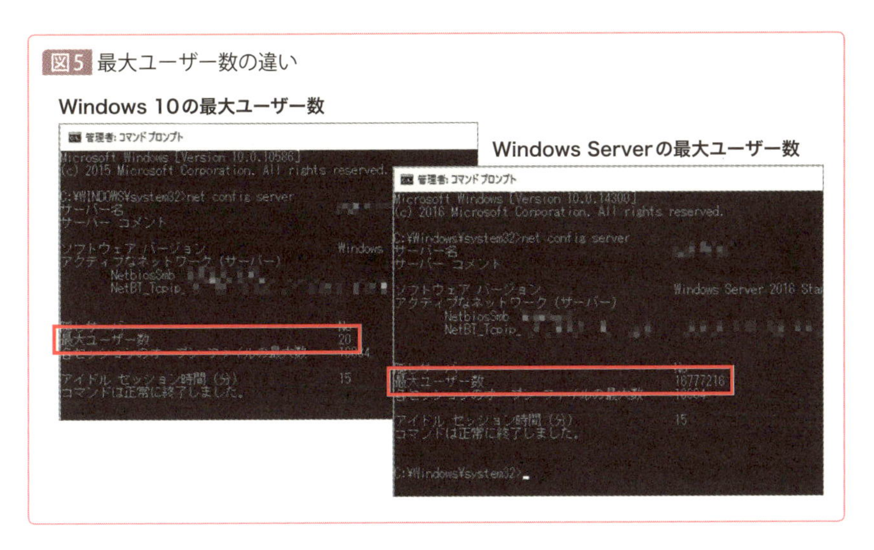


図6 Windows 10だけのネットワーク

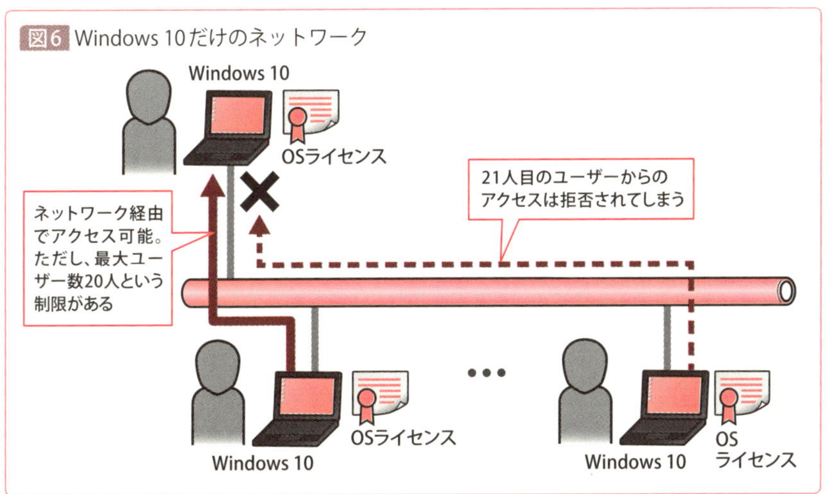


## ③CALの購入が必要

Windows Serverを利用する際は、Windows Serverに接続するコンピュータの台数ぶん、もしくは利用するユーザーの人数ぶん、CAL（キャル：Client Access License）を購入しなければならない、と決められています。

サーバ、クライアントを問わず、OSそのものの利用にもOSライセンスが必要ですが、Windows Serverを利用するなら、別途Windows Serverにアクセスするためのライセンス（＝CAL）も必要になるということです（図7）。

先にWindows 10は最大「20人」までしかアクセスできないと述べましたが、Windows Serverへは、CALを用意してある数のぶんだけ、何人でも何台でもアクセスすることが可能です。

ここまでで、簡単にクライアントPC用Windowsとサーバ用Windows Serverという2つのOSの違いを見てきましたが、両者の相違点は他にも多々あり、ここで書ききれるものではありません。しかしながら、サーバ用OSとして最適化されているWindows Serverは、PC用のWindowsとは「全く別のOSである」ということは理解できたのではないでしょうか。

図7 サーバアクセスのネットワーク

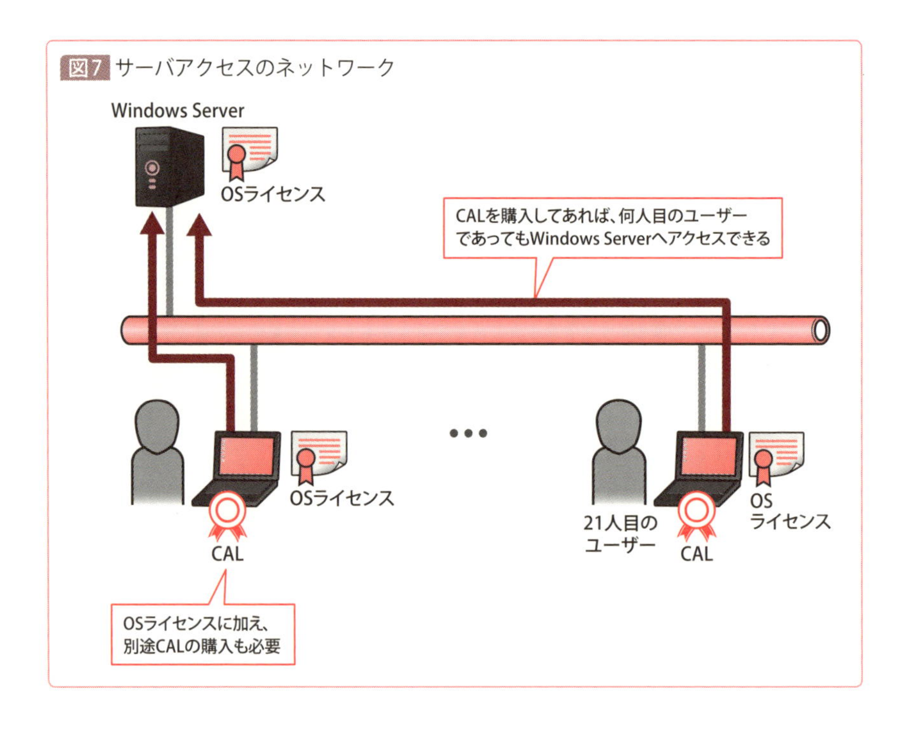

# [4-2] Linuxと思われるOSを挙げてみよう

Windowsと並ぶ代表的なサーバOSがLinuxです。ただ、Linuxはサーバに限らず、私たちの身近にある様々なシーンで活躍しています。そこでクイズです。「これはLinuxでは?」と思えるOSを挙げてみてください。

## Step1 ▷クイズ! 次の中でLinuxはどれ?

**次のOSの中で、Linuxに分類されるものはどれでしょうか? 調べて挙げてみましょう。**

| | | |
|---|---|---|
| Android | Arch Linux | CentOS |
| Chromium OS | Debian GNU/Linux | Fedora Core |
| FreeBSD | iOS | KNOPPIX |
| LASER5 | Linux Mint | Mac OS |
| MS-DOS | NetWare | Open SUSE |
| OS X | OS/2 | PC-DOS |
| Red Hat Linux | Slackware | Solaris |
| SunOS | Symbian OS | Turbolinux |
| Ubuntu | Vine Linux | Windows NT |
| Windows Server | Windows 2000 | Windows 95 |
| Windows CE | Windows Me | |

解答 Android、Arch Linux、CentOS、Chromium OS、Debian GNU/Linux、Fedora Core、KNOPPIX、LASER5、Linux Mint、Open SUSE、Red Hat Linux、Slackware、Turbolinux、Ubuntu、Vine Linux

※ AndroidとChromium OSはGoogleが開発した独自OSですが、Linuxカーネルを使用しているため、ここではLinuxに含めています。

【4-2-1】

# Windowsではない OSの中心「Linux」の基礎知識

## ◇普及が進むLinux

Windows Serverと並ぶ代表的なサーバOSが「Linux」です。初心者にとっては、「WindowsじゃないほうのOS」という認識かもしれませんが、それはあくまでコンピュータ用OSの話。実はLinuxは、私たちの身近にある生活必需品のOSとして、様々な機器で動作しています。

例えばスマートフォン用OSとして普及している「Android」はLinuxがベースになっていますし、ハードディスクレコーダーやカーナビなどに搭載される組み込み用OSにLinuxを利用した製品も増えています。

近年のLinuxの普及は特に目覚ましいものがあり、ちょっとした機器にもLinuxが搭載されるケースが増えてきました。

## ◇Linuxの２つの特徴

Linuxが普及している理由の1つは、Linuxが「オープンソース」だからです。オープンソースとは、世間一般に公開されて、誰もが自由に改変して配布できるソースコードのことです。

機器の開発企業が「この機器にOSを使いたい」と思っても、ゼロからOSを開発するとなると、膨大な時間とコストがかかります。

その点、オープンソースであるLinuxであれば、すでにOSの基盤はできており、かつ自社の開発する製品に合わせて改変することができます。このような理由から、独自の組み込み用OSを、Linuxを基盤として作り込むという開発手法がよく採用されています。

また、Linuxのもう1つの特長は、「フリーソフトウェアとして提供されている」ことが多い点です。フリーソフトウェアであるLinuxはどのような形態であっても、利用したり配布したりする行為に対して費用がかかりません。この点も、Linuxが採用される大きな理由になっています。

## ◇OSの名称が指す実態

Linuxには「ディストリビューション」という区分けがあり、ディストリビューションごとに提供者が存在します。

WindowsがMicrosoftの1社提供であるのに対し、Linuxはディストリビューションごとに複数のOSが提供されるため、Linuxの種類は星の数ほど存在します。また、LinuxというOSはあくまでも「総称」であり、Windowsのように「Linux」という名称そのもののOSが存在するわけではありません。様々な提供者がリリースするディストリビューション別に、「Debian GNU/Linux」「Ubuntu」「Red Hat Enterprise Linux」などのOSが存在しています（図8）。

また、各々のOSは、ディストリビューションごとに特徴があります。Windowsのようにクライアント PC用とサーバ用で分かれているUbuntuのような提供形態もあれば、DebianのようにPC用とサーバ用の区別がなく、どちらにも利用できるよう提供されていることもあります。また、Red Hat Enterprise Linuxは、サーバに特化したOSとして提供されています。ですから、「Linuxを使おう」といっても、どのディストリビューションを選択すべきかは、しっかり考えておかなければなりません。

図8 OSの分類

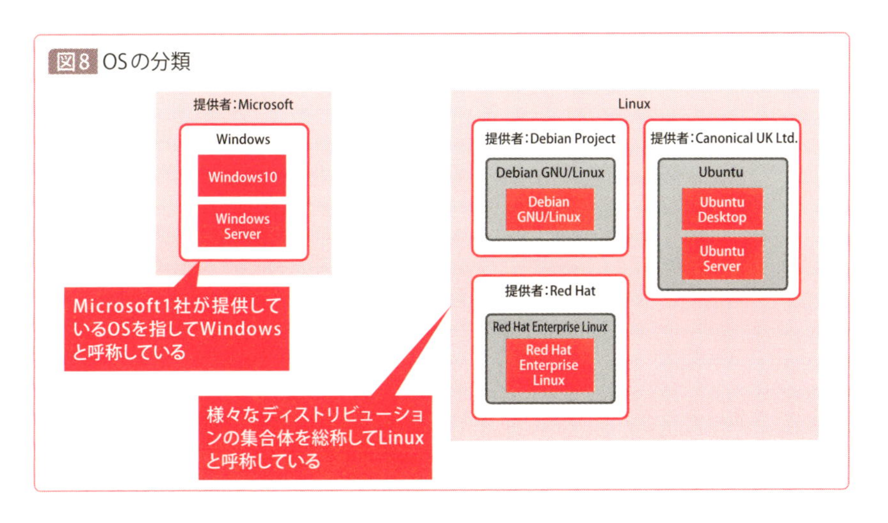

## ◇選べる操作方法

P.142でGUIとCUIについて説明しましたが、Linuxも同様に、GUIとCUIという両方のインターフェースを持っています（図9）。ただ、LinuxはWindowsと違い、複数のGUI（デスクトップ画面）が用意されており、利用者が自由に選択することができます。

また、Linuxを用いたサーバ環境では、CUIのみを利用するケースも少なくありません。その理由は、GUIを利用する場合に比べ、「動作に要求されるスペックが低いから」です。Windowsでも、古いPCで最新のOSを動作させるのは難しいですよね。その点、CUIのみとしたLinuxを動作させるのであれば、要求される性能がぐっと低くなります。

特にサーバであれば、ネットワーク経由で提供される機能が使えれば事足りることが多いために、サーバ用OSをCUIのみでインストールして構築する、ということが少なくありません。

また、あとからデスクトップ環境がどうしても欲しくなった場合には、コマンド実行によってデスクトップ環境を新たにインストールすることも可能です。このように、小さく作って徐々に大きく（多機能に）したり、使う人の好みによって機能や操作方法を選択したりすることができる自由さも、Linuxの特徴の1つです。

図9 LinuxのGUIとCUI

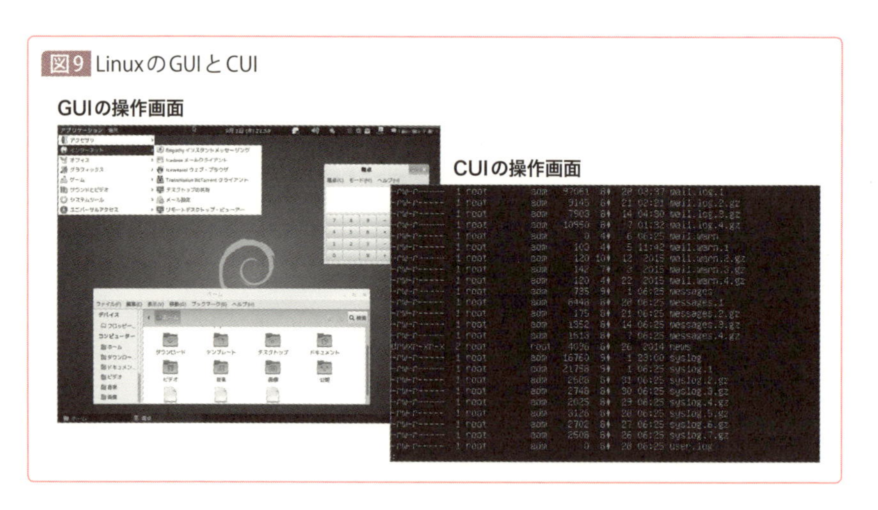

## CoffeeBreak Linuxは、正確にはUNIX

本節で「WindowsではないOSの中心がLinux」と述べましたが、より正確にいうなら、「WindowsではないOSの中心がUNIX」と表記すべきです。UNIXは、1968年に米国AT&T社のベル研究所が開発したOSで、実はLinuxはUNIXをベースに作られた互換OSです。P.153の図8も、より正確に記述するなら下図のようになります。

Linuxに限らず、Windowsを除くほぼ全てのOSは、UNIXが基盤となって作られています。Windowsと並ぶクライアントOSの双璧であるMac OSの「OS X」も、基盤にはUNIXが使われています。

では、同じUNIX系OSで、Linuxに分類されるOSとそうでないOSの差がどこにあるかといえば、「カーネル部分にLinuxを利用しているかどうか」です。Linuxの各ディストリビューションは、オープンソースとして公開されているLinuxという名のカーネル（OSカーネル部分）を基盤として、その上に独自のOSを開発しています。これら各ディストリビューションの名称が、一般的に呼称されているLinuxのOS名となっています。

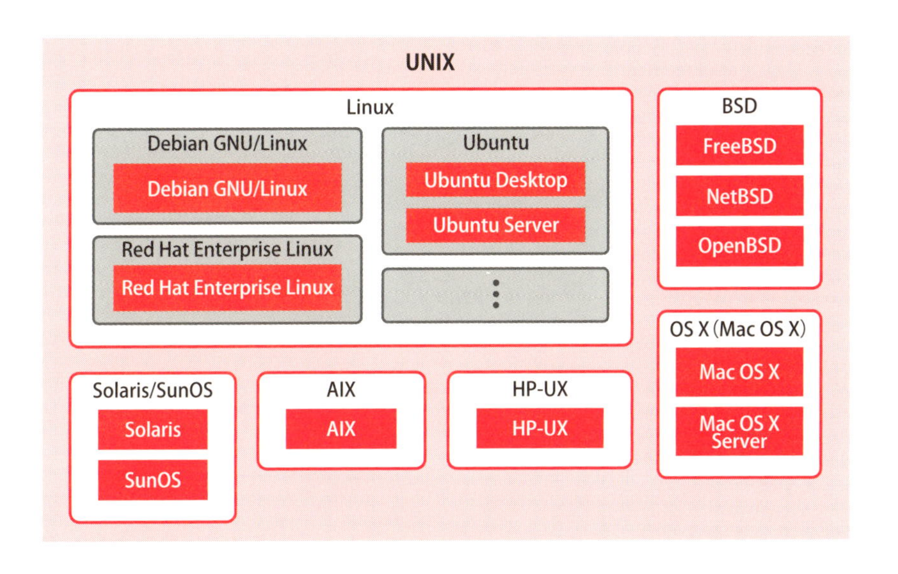

# 〔4-2-2〕
# サーバ用OSとしてLinuxが選択される理由

## ◇なぜLinuxを使うのか

Linuxの基本が理解できたところで、サーバOSとしてLinuxが採用される理由や、Windows Serverとの違いについても確認しておきましょう。

サーバ用のOSにLinuxが選ばれる理由には、次のようなものが挙げられます。

**①使い始めてから廃止するまで費用を必要としない（無料で使える）**
**②目的に合わせてOSを選択できる（豊富なディストリビューション）**
**③サーバソフトウェアが豊富（大抵のサーバが構築可能）**

特に①の「コストを抑えられる」というのは、一番大きな要因でしょう。③の「サーバソフトウェアが豊富」という点についていえば、Linuxでしか動作しないサーバソフトウェアも多数存在します。それらのソフトウェアを利用する場合、自ずとLinuxを選択せざるをえない、という理由もあるかもしれません。

また、コスト絡みで付け加えると、「サポート期限」の問題があります。Windowsにはサポート期限があり、有名なところではWindows XPが2014年4月9日にサポート終了となり、これ以降はセキュリティアップデートが提供されなくなりました。その翌年2015年7月15日にWindows Server 2003がサポート終了となっています。同様に2020年にはWindows 7とWindows Server 2008のサポートも終了する予定です。

つまりWindowsを利用していると、どれだけ頑張って延命したとしても、サポート終了後には新しいバージョンのWindowsを買い直す必要があるということです（場合によってはハードウェアごと買い直す必要があります）。

Linuxにもサポート期限はありますが、Linuxの場合はOSのサポートが終了したとしても、新バージョンのLinuxもまた無料ですので、OSを入れ替えるだけで済みます。Windowsと違い、定期的な「買い直しの費用がない」という点は、Linux導入の大きなメリットだといえます。

## ◇商用Linuxとフリーの Linux

ここまでは「Linuxは無料」という前提で解説してきましたが、中には有償、つまり費用が必要なLinuxもあります（図10）。

代表的なところでは、「Red Hat Enterprise Linux」や、「SUSE Linux Enterprise Server」や「Turbolinux」「Oracle Enterprise Linux」など、企業向けのサーバ用OSを強く意識した製品が有償となっています。

無料で提供されているLinuxがあるのに、なぜわざわざ有償の商用Linuxを導入するのかといえば、「提供元からのサポートを受けられるから」「導入したいシステムのOSにLinuxが採用されているから」という動機が多いです。例えばOSのバグが顕在化して障害の原因になっているとき、フリーのLinuxを使っていると、開発コミュニティに申し出ても迅速に対応してもらえるとは限りません。なぜなら、フリーのLinuxは無保証

図10 商用Linuxとフリーの Linux

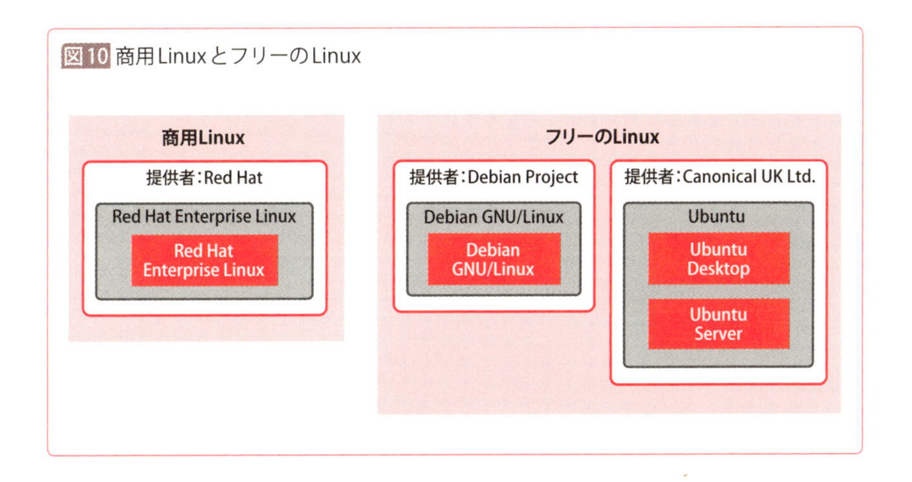

であり、自己責任での利用が原則だからです。

フリーのLinuxはあくまで有志の手によるものであり、彼らはユーザーのサポートを仕事としているわけではありません。有償OSではないぶん、「いつまでにバグを修正してくれないと困る」という道理は通じないのです。「迅速なサポートを受けられる」と「費用がかからない」はトレードオフの関係にあると考えればよいでしょう。

一方、商用のLinuxを導入し、有償サポートサービスを申し込めば、費用はかかりますが、バグがあれば迅速に修正してくれますし、製品についての質問に回答をもらうこともできます。

企業のサーバは安全かつ安定的に運用できることが大事なので、OSにLinuxを採用するとしても商用を導入し、同時に有償サポートを契約して安全性を確保する、というケースが多いです。

## LinuxとWindowsの比較

ここまでの解説で、サーバOSとして登場したのは「Windows Server」「フリーのLinux」「商用Linux」の3つです。では、それぞれを簡単に比較してみましょう（図11）。

「初期投資」という面では、Windowsはやはり分が悪いです。OSのライセンス料に加え、クライアントまたはユーザー数ぶんのCALの費用がばかになりません。

一方、商用Linuxは、サーバライセンスの料金が必要とはいえ、年間サ

図11 サーバOS比較

| | Windows Server | 商用Linux | フリーのLinux |
|---|---|---|---|
| 初期投資 | × | △ | ○ |
| 運用の手間 | ○ | △ | × |
| ネットでの情報の探しやすさ | △ | △ | ○ |

ポートの保守料金を加えてもWindowsほどではないことが多いです。中にはサーバライセンス料金は費用がかからず有償サポートだけ、という商用Linuxもあります。

フリーのLinuxは、「全てが自由」を目指しているので、初期投資は必要なく、腕1本で始められることが魅力です。

次の「運用の手間」は、初期投資とほぼ反比例します。

Windows Serverは使い慣れたWindowsベースで作業できますし、運用が比較的容易であることが多いです。

また商用Linuxも、有償サポートの契約をしていれば、運用にそれほど困ることはないでしょう。

フリーのLinuxは自己責任で利用するOSなので、基本的には何が起きても自力で解決することが求められます。問題発生時にはそれなりの手間がかかりますから、人件費などの観点から見ても、運用には一定の手間とコストが必要でしょう。

最後の「ネットでの情報の探しやすさ」という面では、フリーのLinuxが強みを発揮します。無償で利用できるぶん様々なユーザーが活用しており、みんなの知見を容易に探し出せるという利点があります。

Windows Serverも、Microsoftが提供している膨大なMSDNやTech NETというドキュメントライブラリを参照できますので、フリーのLinuxほどではないにせよ、それなりの情報量を確保できます。

商用Linuxについては、OSの提供元であるディストリビュータの情報はそれほど多くないですが、フリーのLinuxユーザーの知見もある程度参考になることから、Windows Serverと同じ程度と評価してよいでしょう。

# 〔4-2-3〕 Linuxの歴史とその他のサーバOS

## なぜLinuxは種類が多いのか？

Linuxの概要を解説しましたが、最後にLinuxの歴史を少し紹介しておきましょう。

Linux初心者が最初に感じる疑問は、「Linuxってなんでこんなに種類が多いの？」ということだと思います（筆者もそうでした）。

なぜ、Linuxはこんなに種類が多いのでしょう。その理由を一言でいえば、「全世界の開発者が公開されているオープンソースを使い、理想のOSを求めて開発にいそしんでいるから」です。

## Linuxの変遷？

Linuxはオープンソースですから、誰もが自由に開発を進めることができます。また、誰かが開発したOSがコミュニティに提供され、そのOSを基盤としてさらに新しいOSが開発されるというサイクルが連綿と続いています。

2000年代に入ると、クオリティの高いLinux OSが多数提供されるようになり、もはや「UNIX互換OS」などといわれることはなく、Linuxという1つのOSジャンルとして扱われるようになりました。

ともあれ、このように様々なLinuxが生まれては消え、また生まれてを繰り返しながら、現在に至っているのです。

今でも、自分の理想とするOSが世界の片隅で開発されているかもしれません。そう考えると、選ぶ余地のないWindowsとはまた違った価値があるように感じられるのではないでしょうか。

参考までに、UNIXとLinux、およびWindowsの歴史・成り立ちをP.164

の図12にまとめていますので、ご覧ください。様々な変遷を経て、今日のOSがあることが理解できると思います。

## ◇その他のサーバOS

ここまで、LinuxおよびWindows Serverの概要を解説してきましたが、これら以外のサーバOSについても簡単に紹介しておきましょう。

### NetWare

MicrosoftがMS-DOSとWindows3.1をリリースし販売していたころ、つまり80年代～90年代前半までは、ネットワーク経由でサーバを利用するという機能はまだ一般的ではありませんでした。

その時代から、ネットワーク利用が可能なクライアントサーバ型の機能を提供していたOSが「NetWare」です。通信にはTCP/IPではなく、独自のIPX/SPXプロトコルを利用していました。

その後90年代前半になると、サーバ専用OSであるWindows NT Serverが登場し、徐々に主役の座を奪われていきます。

また、Windows 95とインターネットの普及に伴い、プロトコルの標準がTCP/IPになったことも相まって、NetWareは徐々にシェアを落として市場から消えていくことになりました。

### Mac OS X Server

Appleが開発するMacintoshのサーバ用OSが「OS X Server」です。Windows ServerのMac版と考えるとよいでしょう。

DNSサーバ、メールサーバ（POP/SMTP）、Webサーバ、ファイルサーバ、DHCPサーバ、認証サーバなど、主要なサーバ機能のほとんどはOSの標準機能として提供されています。2016年現在でも最新のバージョンがリリースされていますが、筆者自身は現場でお目にかかったことがなく、シェアが大きいサーバOSとはいえないようです。

## SunOS/Solaris

サン・マイクロシステムズ（現オラクル）が開発したUNIXのOSが「SunOS」です。SunOSはもともと「BSD」という名のUNIXのOSから派生し、その後継OSの「Solaris」に移行しました。SunOSはWindowsと同じくソースコードが公開されていませんでしたが、後継のSolarisになってからオープンソース化されています。

主にSPARCプロセッサを搭載したコンピュータにOSがインストールされて出荷されることが多く、企業内で主にSolarisインストール済みSPARCコンピュータが導入されていた時代もあります。

時系列でいうとSunOSが1980年代に生まれ、1990年代にSolarisに移行したのですが、2016年現在でも最新バージョンがメンテナンスされ続けています。SolarisはLinuxの台頭によって主流から傍流に追いやられたイメージがあり、しかも開発元のサン・マイクロシステムズがオラクルに買収されてからバージョンアップの頻度も落ちていますが、引き続きOSのバージョンアップが提供され続けています。

## FreeBSD/NetBSD

BSDというUNIXからオープンソースとして派生したOSの中で、最も有名なのが「FreeBSD」です。

同じBSDから派生したSunOSは、前述の通りソースコードが公開されませんでしたが、FreeBSDはオープンソースのOSとして、現在に至っても開発が継続されています。FreeBSDは現存するUNIXの中ではかなり歴史が古く、1993年のリリースから2016年現在に至るまで頓挫することなく開発が継続されている稀有なOSです。

以上、その他のサーバOSを紹介しましたが、これらはWindows ServerやLinuxに比べるとあまり見かけない印象があります。どのOSも使いどころが限定されているため、特殊な理由でもない限り、積極的に採用する理由がないのかもしれません。

## CoffeeBreak 無償評価版OSでサーバを学ぶ

サーバを学ぶには実際にサーバOSに触れるのが一番ですが、勉強のためだけに高価なサーバOSを購入するのはもったいない話です。

そこでおすすめしたいのが、無償評価版を手に入れる方法です。

例えばWindows Serverであれば、Microsoftが提供している「TechNet Evaluation Center」で、180日間利用可能なOSのインストールイメージ（ISOファイル）をダウンロードできます。

執筆時点で（2016年11月現在）、「Windows Server 2016（執筆現在Technical Preview版）」と一世代前の「Windows Server 2012 R2」が公開されていますので、確認してみるとよいでしょう（ただし、評価版といっても使用許諾条件がありますので、ライセンス違反とならないようにご注意ください）。

また、商用版Linuxを使いたい場合も、Windows Serverと同様に、各ディストリビュータが提供する評価版を利用できます。

例えば「Red Hat Enterprise Linux」の評価版や、「SUSE Linux Enterprise Server」の評価版は、各ディストリビュータのWebサイトからダウンロードが可能です（ダウンロードには個人情報の登録が必要となることがあります）。

また、Red Hatには「Red Hat Enterprise Linux Developer Suite」という開発者向けサブスクリプションが無料で提供されており、Red Hat Enterprise Linuxのフル機能を「自己サポート、非実運用」を条件として利用できるプログラムが用意されています。

もしくは、各々のディストリビュータが支援するコミュニティが開発しているオープンソース版のLinux OSを利用する、という選択肢もあります。Red Hat Enterprise Linuxの場合、有名な「CentOS」がオープンソース版となります。SUSE Linux Enterprise Serverの場合には、「Open SUSE」という無償のOSディストリビューションが提供されています。

「個人情報を登録したくない」という場合には、このオープンソース版のOS利用を検討するのも1つの選択肢です。これであれば各製品のエンタープライズ契約や使用許諾条件などに縛られることもなく、自由に利用することができます。

図12 OSの系図

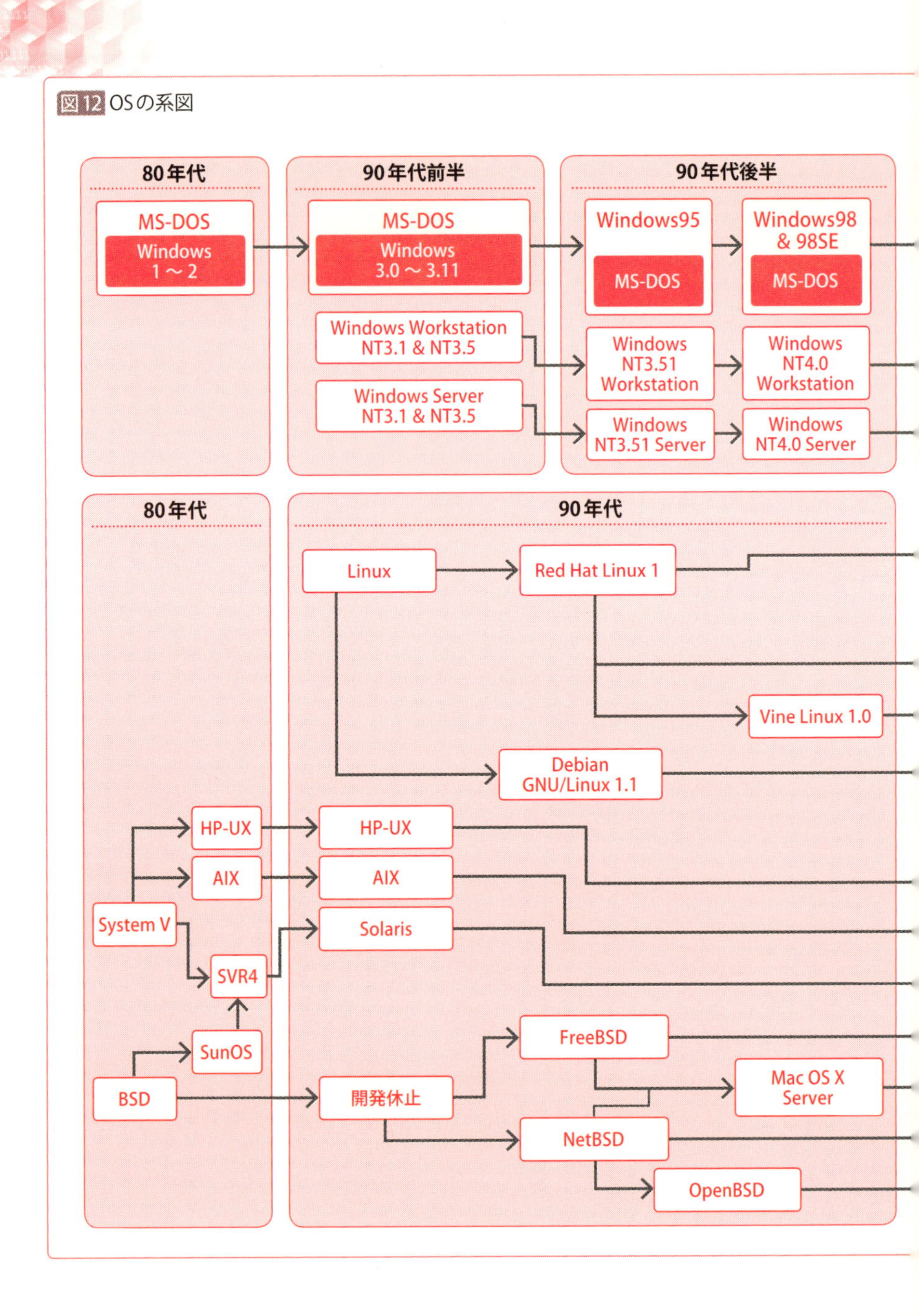

80年代
MS-DOS
Windows 1～2
90年代前半
MS-DOS
Windows 3.0～3.11
Windows Workstation NT3.1 & NT3.5
Windows Server NT3.1 & NT3.5
90年代後半
Windows95
MS-DOS
Windows98 & 98SE
MS-DOS
Windows NT3.51 Workstation
Windows NT4.0 Workstation
Windows NT3.51 Server
Windows NT4.0 Server
80年代
90年代
Linux
Red Hat Linux 1
Vine Linux 1.0
Debian GNU/Linux 1.1
HP-UX
HP-UX
AIX
AIX
System V
Solaris
SVR4
SunOS
BSD
開発休止
FreeBSD
Mac OS X Server
NetBSD
OpenBSD

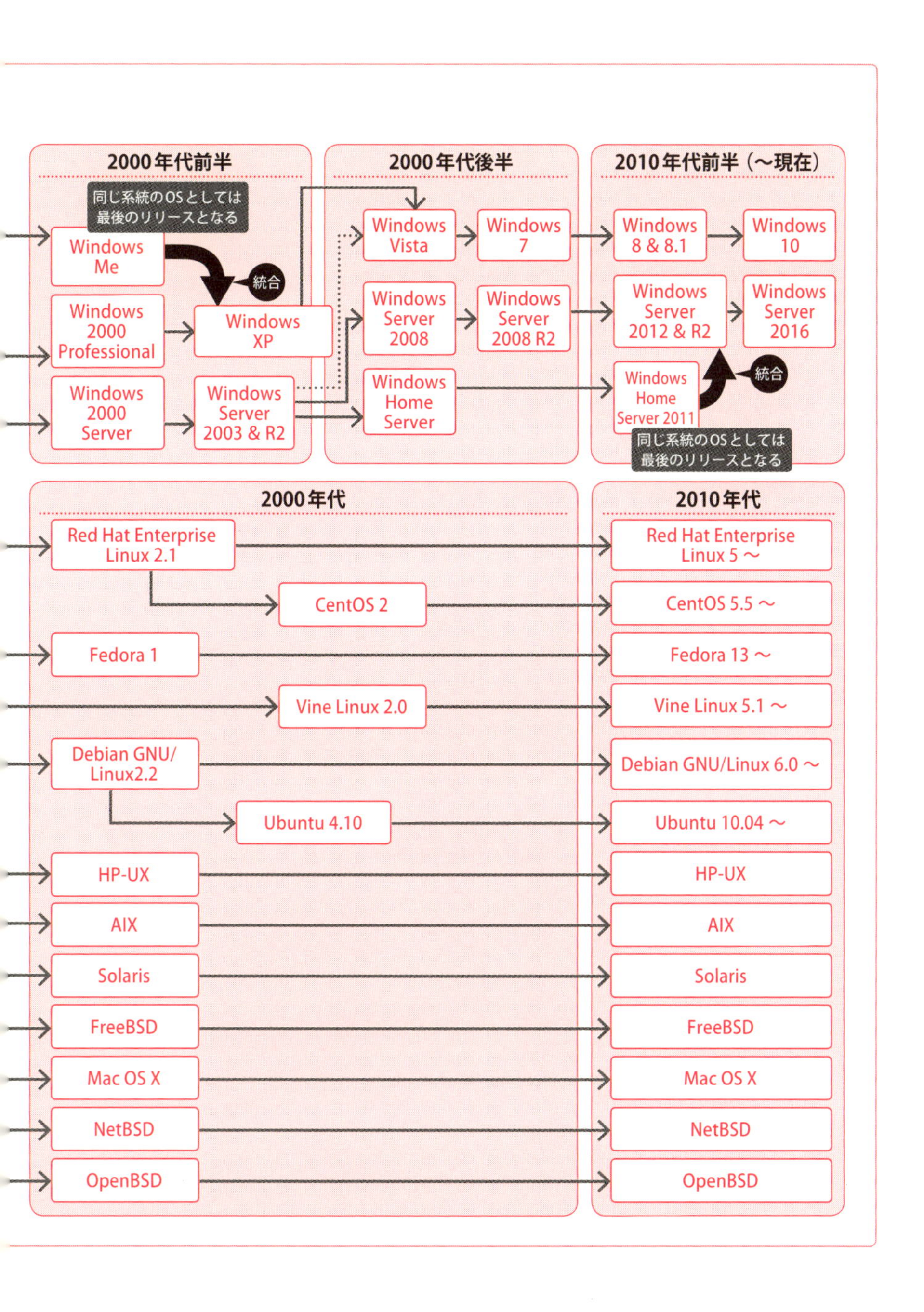

2000年代前半
同じ系統のOSとしては最後のリリースとなる
Windows Me
統合
Windows 2000 Professional
Windows XP
Windows 2000 Server
Windows Server 2003 & R2
2000年代後半
Windows Vista
Windows 7
Windows Server 2008
Windows Server 2008 R2
Windows Home Server
2010年代前半（〜現在）
Windows 8 & 8.1
Windows 10
Windows Server 2012 & R2
Windows Server 2016
Windows Home Server 2011
統合
同じ系統のOSとしては最後のリリースとなる
2000年代
Red Hat Enterprise Linux 2.1
CentOS 2
Fedora 1
Vine Linux 2.0
Debian GNU/Linux2.2
Ubuntu 4.10
HP-UX
AIX
Solaris
FreeBSD
Mac OS X
NetBSD
OpenBSD
2010年代
Red Hat Enterprise Linux 5 〜
CentOS 5.5 〜
Fedora 13 〜
Vine Linux 5.1 〜
Debian GNU/Linux 6.0 〜
Ubuntu 10.04 〜
HP-UX
AIX
Solaris
FreeBSD
Mac OS X
NetBSD
OpenBSD

[4-3]

# サービスプログラムを確認してみよう

OSの中には、人間が起動して利用する「目に見えるプログラム」以外に、裏側で動作する「サービスプログラム」が存在します。サービスプログラムは普段人間の目に触れることはありませんが、コンピュータが稼働していれば確実に動作しています。ここでは、Windowsで動作しているサービスプログラムを実際に見てみましょう。

## Step1 ▷サービス一覧画面を開こう

**コントロールパネルを開き、「管理ツール」→「サービス」とクリックします。サービス画面が開き、現在動作しているサービスプログラムの一覧を見ることができます。**

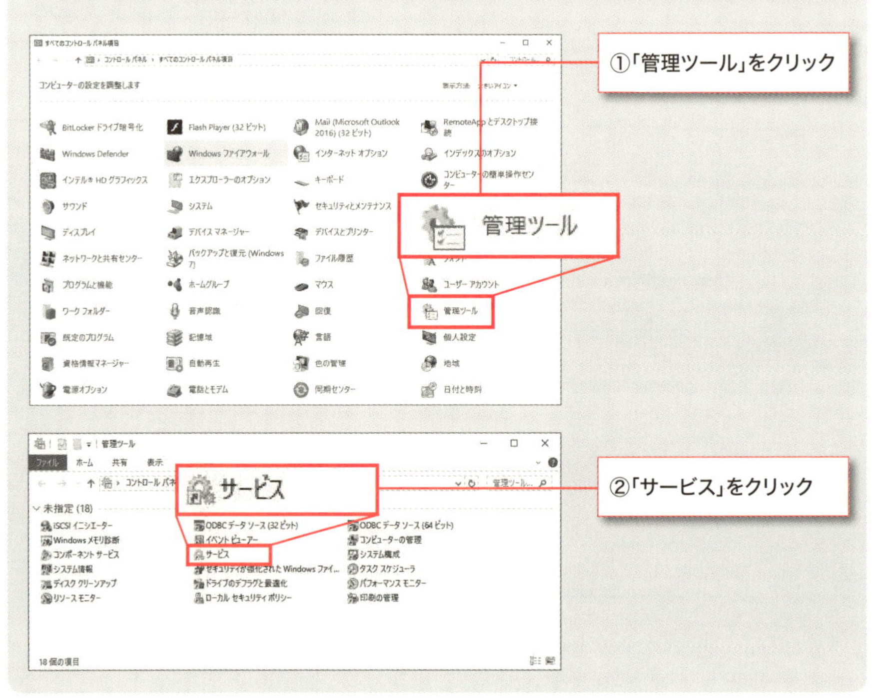

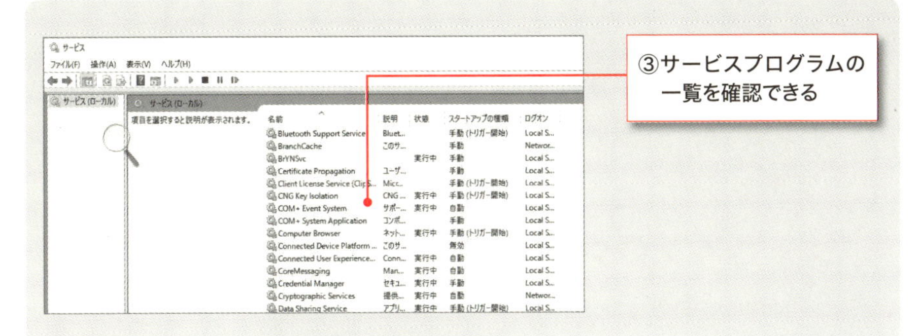


## Step2 ▷サービスの状態を見てみよう

表示されたサービス一覧の中から任意の項目をダブルクリックすると、詳細なプロパティ画面を開くことができます。ここでは、「Windows Firewall」「Windows Event Log」「Windows Time」「Windows Update」のプロパティ画面を開き、サービス名とサービスの状態を確認してみましょう。また確認した内容を表に記載してください。

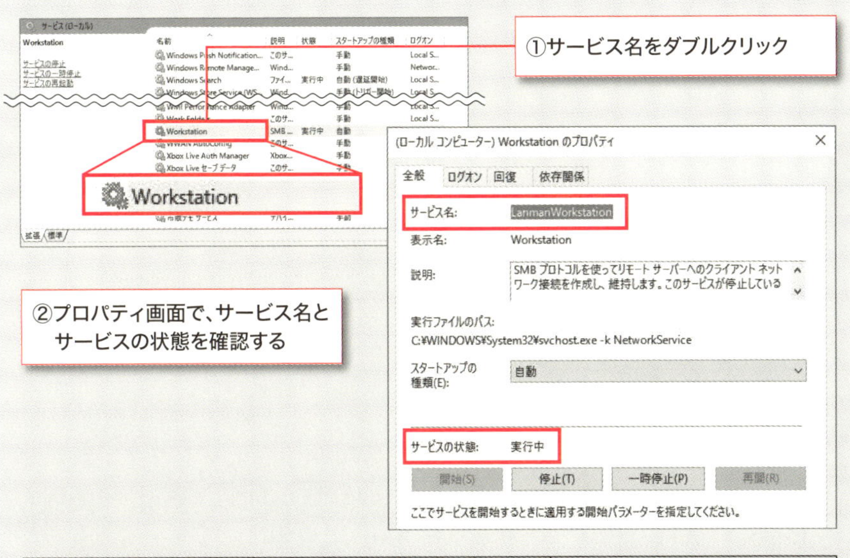


| サービスの表示名 | サービス名 | サービスの状態 |
|---|---|---|
| Windows Firewall | | |
| Windows Event Log | | |
| Windows Time | | |
| Windows Update | | |

学ぼう！

[4-3-1]
# 「サービスプログラム」って何？

## ◇サービスプログラムとは？

これまでハードウェアを動作させるためのOSについて解説してきました。ただ、コンピュータが「サーバ」としての機能を提供するためには、OSだけでは不十分で、「サービスプログラム（サーバプログラム）」が必要となります。サーバの機能そのものは、サービスプログラムによって提供されるからです。

サービスプログラムは、OSにインストールして利用します。インストール後はバックグラウンドプロセスとしてOSに常駐し、ネットワーク経由で処理の要求を受け取ると、このサービスプログラムがサーバとしての機能を提供します。つまり、サーバ機能の実体はサーバOSにインストールされたサービスプログラムにあるといえるでしょう。

サーバ機能を提供するサービスプログラムの働きは、クライアントPCの動作と比較するとわかりやすいかもしれません。

例えばクライアントPCで手元のExcelファイルを操作する場合、まずはOS（Windows）に指令を出し、OSを経由して専用のアプリケーション（Microsoft Office）を起動して、Excelファイルを操作することになります（図13）。

一方、ファイルサーバに格納されたExcelファイルを操作したい場合はどうでしょう。

データを取り扱うために、手元のOS（Windows）とアプリケーション（Microsoft Office）を利用するところまでは同じです。しかし今回は、データは手元のPCではなく、ネットワークの向こう側にあるサーバに格納されています。この場合、クライアントPCはデータを取り扱うために、ネットワークを経由してサーバのハードウェアまで「通信」し、「共有フォルダ内のExcelファイルを使いたい」という要求をサーバOSに伝えることになります。要求を受け取ったサーバOSは、「これは『ファイルサーバ』のサービスプログラムの担当だ」と解釈し、PCから来た要求をファイルサーバのサービスプログラムに引き渡します（図14）。

　ここでサーバOS内のファイルサーバ機能（サービスプログラム）が働

図13 クライアントPCのデータ利用

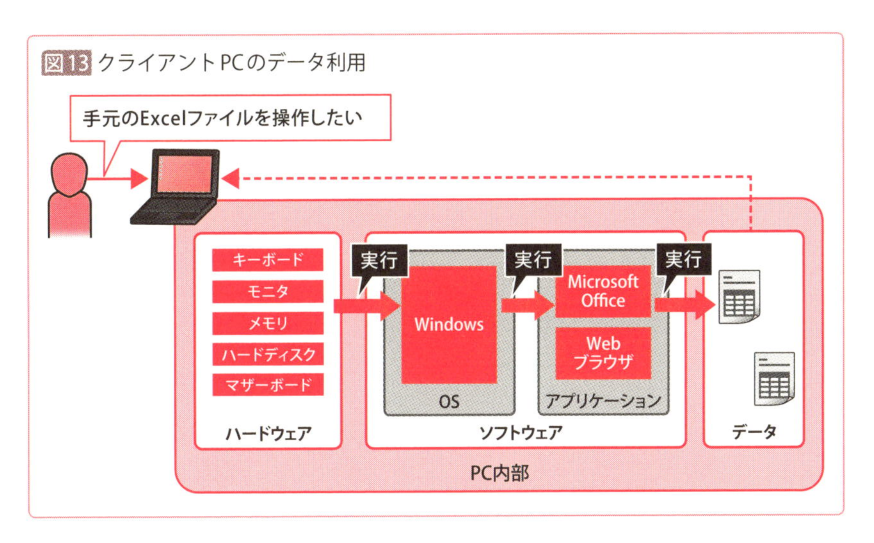


図14 ファイルサーバのデータ利用

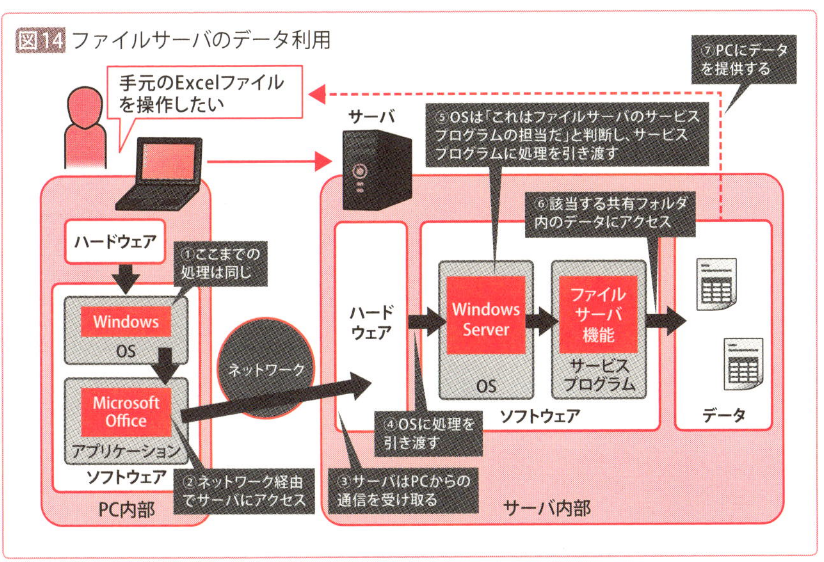

き、該当する共有フォルダ内のExcelファイルをクライアントPCに提供するのです。

## ◇サービスプログラムはサーバの機能

以前も触れましたが、サーバは複数のクライアントPCに向けて、必要な機能を提供するコンピュータです。PCに不足したハードディスク容量を補うのが「ファイルサーバ」、PCから直接送信できないメールデータを集約するのが「メールサーバ」、PCでは公開できないコンテンツを公開するのが「Webサーバ」という具合です。

これらの機能を、サーバ用語で「サービス」と呼びます。例えばファイルサーバはファイルを共有するので「ファイル共有サービス」、メールサーバは電子メールの送受信を受け付けるので「メールサービス」、Webサーバは Webサイトのコンテンツを提供するので「Webサービス」という具合です(一般にはサーバそのものを「○○サーバ」、サーバで提供する機能を「○○サービス」と呼称します)。

これらのサービス(機能)をサーバに搭載するためのプログラムがサービスプログラムだというわけです。

冒頭で「サーバ機能の実体はサーバOSにインストールされたサービスプログラムにある」と述べましたが、ここまでの解説を踏まえると、その意味が理解できるのではないでしょうか。

## ◇サービスプログラムの実体

では、実際にサービスプログラムの中身がどんなものかも解説しておきましょう。ここでは「メールサーバ」のサービスプログラムを紹介します。

一言でサービスプログラムといってもその種類はいくつかあり、例えばメールサーバ機能を提供するサービスプログラムとしては、「sendmail」「qmail」「Postfix」が代表的です。

これらのメールサーバのサービスプログラムは「Mail Transfer Agent」、

図15 メールサーバのサービスプログラム

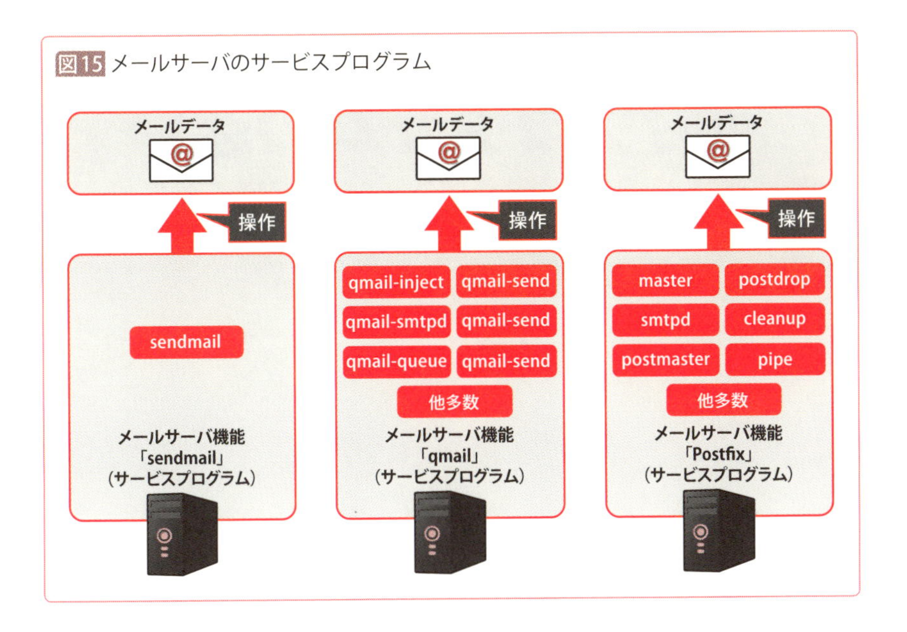


略してMTA（エムティーエー）と呼びます（簡単にいえばメールサーバを実現するサービスプログラムの総称がMTAです）。

図15を見てください。同じメール機能を提供するサービスプログラムでも、違いがあることが見て取れます。

「sendmail」は単一の「sendmail」というプログラムで全てを取り仕切るため、プログラム＝サービスプログラムが1対1となっています。

一方、「qmail」や「Postfix」は、1つのサービスプログラムに対して多数の細かなプログラムがそれぞれ連携し、1つの大きなメールサーバを形成しています。

どれを利用したとしても、「電子メールを送受信できる」という機能に変わりはありません。しかし同じ機能を提供していても、子細に中身を見ると、動作しているプログラムの数、内部での動きは異なるわけです。

このように、サービスプログラムはOSだけでは実現できないサーバ機能を提供してくれるもの、つまり「サーバそのもの」ともいえるプログラムなのです。

# [4-3-2] サービスプログラムと他のプログラムの違い

## ◇サービスプログラムとOSの違い

サーバを知るための一番の近道は「サービスプログラム」を理解することです。では、サービスプログラムとその他のプログラムでは、何が違うのでしょう。

まず、サービスプログラムとOSの違いを考えてみます。近年はOSも多機能化していますが、OSの本質的な立ち位置は「コンピュータが動作するために最低限必要なソフトウェアプログラム」です。

PCで日常的に行う業務はMicrosoft Officeを用いた文書作成であったり、メールの送受信であったりしますが、これはOSの機能ではなく、その他のアプリケーションプログラムによって実現されるものです(昨今はOSの中に機能が統合されていることもありますが、ソフトウェアの分類としてはOSの機能ではありません)。

つまり、PCをより有効に活用するためにはOSだけでは不十分で、Officeソフトやその他のアプリケーションプログラムを能動的にインストールする必要があるわけです。

## ◇アプリケーションとの違い

そういう観点で見ると、サーバのサービスプログラムも、クライアントOSにおける各種アプリケーションプログラムと同じような存在です。サーバのユーザーも、「サーバOS」を使いたいわけではなく、そのOSに搭載される様々なサービスプログラム(メール機能やファイル共有機能など)を利用したいはずです。

つまりOSとハードウェアはあくまで「前提条件」であり、直接人間の

図16 ハードディスクからメモリへ

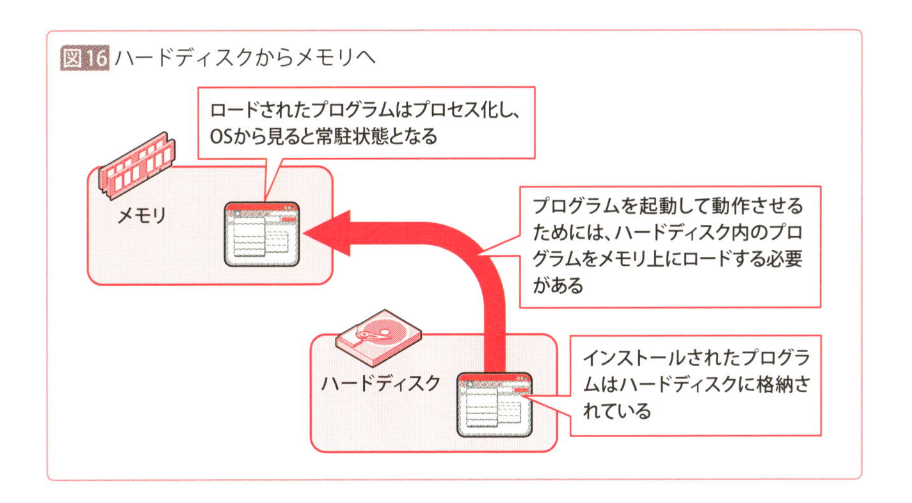


役に立つのはクライアントPCなら各種アプリケーションプログラム、サーバならサービスプログラムということになります。

では、クライアントPCにおけるアプリケーションプログラムと、サービスプログラムでは何が違うのでしょうか。

最も大きな違いは「プロセス」です。「プログラムが起動する」というアクション全般にいえることですが、ハードディスクにインストールされたプログラムは、起動することによって必ずメモリ上にロードされます（図16）。

メモリ上にロードされることによって、OSという環境の中でプログラムは動作することができるようになります。このメモリ上で動作するプログラムを「プロセス」と呼び、プロセス化したプログラムはOSから見ると「常駐」状態になります。

## ユーザープロセスとシステムプロセス

このプロセスは実は2種類あり、「ユーザープロセス」と「システムプロセス」に分けられます。

### ユーザープロセス

「ユーザープロセス」のプログラムは、コンピュータの使用者が能動的に動作させます。Microsoft Officeなど、アプリケーションプログラムはこちらに該当します。またユーザープロセスは、人間の目に見える形でプロセスとしてメモリにロードされることから、「フォアグラウンドプロセス」とも呼ばれます（フォアグラウンドは「前面」を意味します）。

### システムプロセス

一方「システムプロセス」のプログラムは、システムが自動的に動作させるものです。サーバ機能の実体であるサービスプログラムは、このシステムプロセスで動作するのが一般的です。またシステムプロセスで動作するプログラムはOSの起動と同時に起動し、OSの動作中はずっとバックグラウンドで動作し続けるため、「バックグラウンドプロセス」とも呼ばれます。

さらに、システムプロセスはWindowsでは「Windowsサービス」、UNIX系のOSでは「デーモン」と呼ばれたりもします。

## 実際のプロセスを確認する

起動中のプロセスは、タスクマネージャーの「プロセス」タブで確認できます。また、「詳細」タブをクリックすると、全てのプロセスを一覧で確認できます。

図17を見てください。「アプリ」に表示されるプロセスがユーザープロセス（フォアグラウンドプロセス）です。例えばWordを起動すれば「WINWORD.EXE」という名称のプロセスがメモリにロードされることになりますが、実際に「詳細」タブを見てみると、「WINWORD.EXE」が存在していることがわかります。

一方、図17で「バックグラウンドプロセス」に表示されるプロセスは、システムプロセス（バックグラウンドプロセス）であるということになります。

バックグラウンドプロセスの一覧を見ると、自身で能動的に起動した覚えのないプログラムが並んでいることがわかるのではないでしょうか。

このように、実際にコンピュータを使っている人間が対話式でコンピュータを利用することを想定して作られたプログラムは、「ユーザープロセス」としてフォアグラウンドで動作します。そのため、命令された処理を実行し続ける動きをすることもあれば、コンピュータを使っている人間の操作を待つこともあります。

一方、サーバ機能に代表されるサービスプログラムは、関連するバックグラウンドプロセス同士が干渉し合わずに動作することが要求されます。そのため、「システムプロセス」として動作し、実際に使っている人間の目に触れることなく、システムの裏側で処理が実行されることになります。

図17 タスクマネージャー

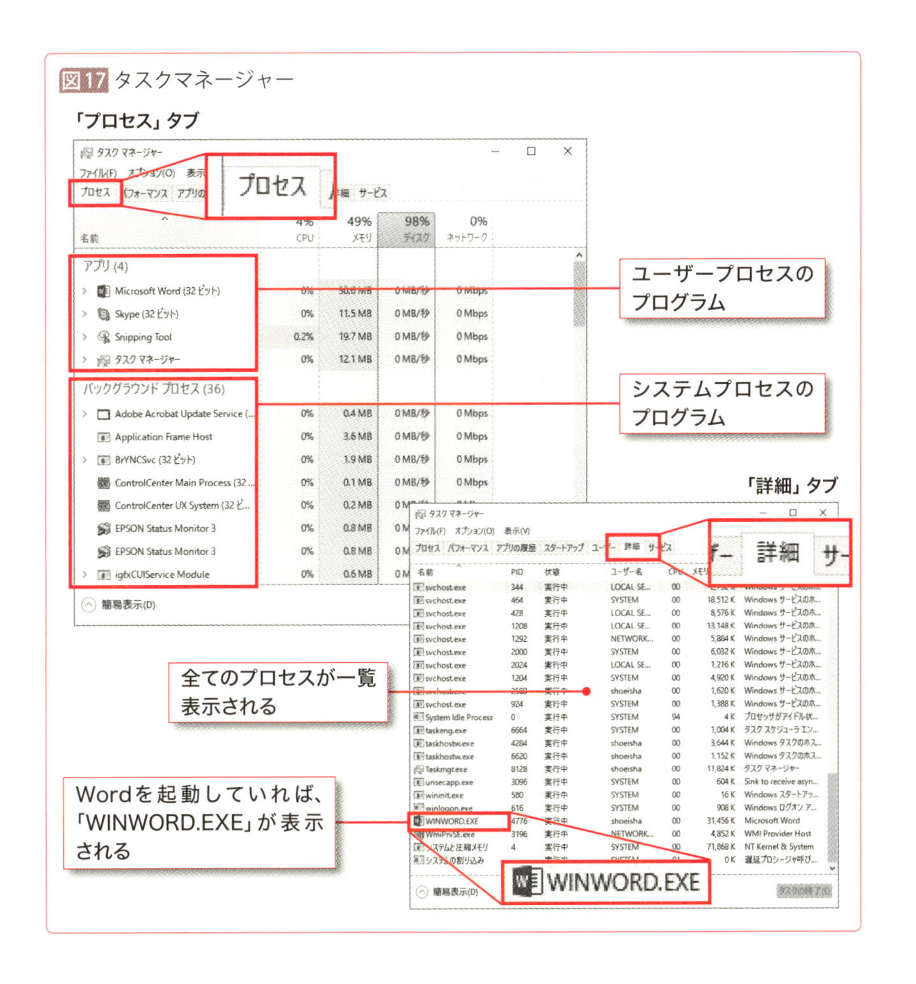

# [4-3-3] クライアントPCでも使えるサービスプログラム

## ◇クライアントPCにも実装できる？

サーバ用のサービスプログラムのいくつかは、クライアントPCでも利用することができます。例えば、Windows Serverが提供するWebサーバ機能に「IIS (Internet Information Services)」がありますが (P.146参照)、コントロールパネルの「プログラムと機能」→「Windowsの機能の有効化または無効化」と選択し、「インターネットインフォメーションサービス」を有効化すれば、この機能をクライアントPCでも利用できます (図18)。それ以外にも、簡易なファイルサーバ／プリントサーバなどの機能は、クライアントPCに実装できます。では、なぜこれらはサーバ機能であるにもかかわらず、クライアントPCに実装できるのでしょうか。

これは、Windows OSはクライアントかサーバかを問わず、「Server」と「Workstation」という名のサービスプログラムを共通して搭載しているからです (図19)。もう少し具体的にいうと、「Server」サービスの力でフォルダやプリンタなどの共有資源をどのWindowsでも利用できるようになり、またそうやってネットワーク内に公開された資源を、「Workstation」サービスでアクセスできるように、Windows自体が設計されているのです (図20)。この2つのサービスが、クライアントPCでサーバ機能を実現させる基盤となっています。

ただし、クライアントPCに搭載できるサーバ機能は、あくまで機能制限版であり、全ての機能を利用できるわけではありません。詳細はマイクロソフトソフトウェアライセンス条項に記載があります。

コントロールパネルで「システム」をクリックすると、「コンピュータの基本的な情報の表示」という画面を表示できます*3。この画面で「マイクロソフトソフトウェアライセンス条項を読む」というリンクをクリックすると、ライセンス条項を読むことができます*4。

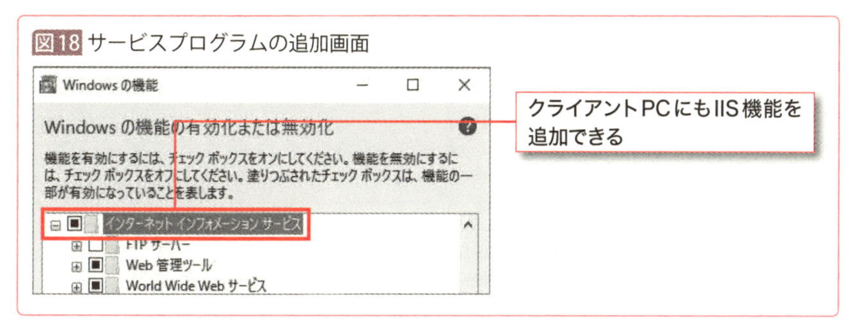


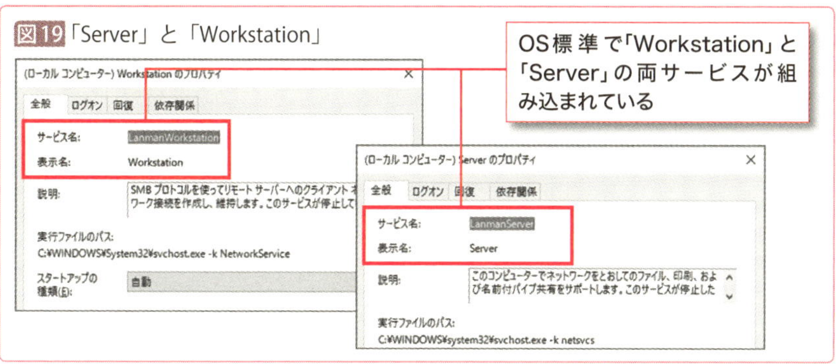


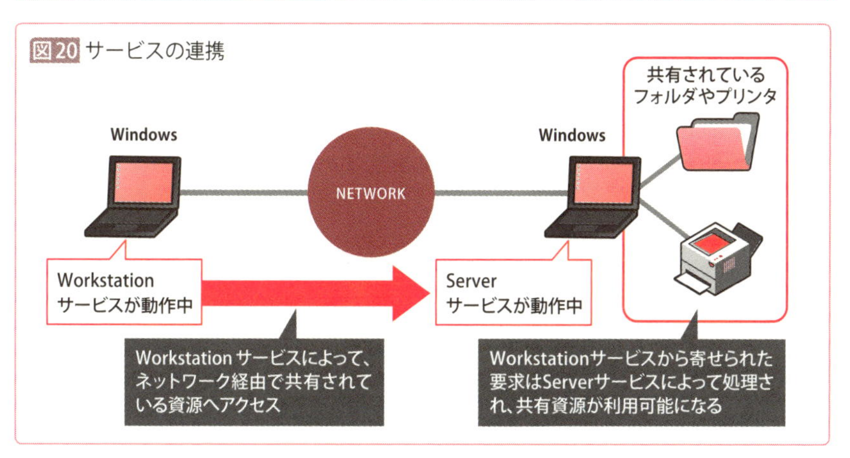


*3 「コンピュータの基本的な情報の表示」画面は、「Windows」キー＋「Pause」キーを押しても表示できます。システム管理者は覚えておくと便利なショートカットキーです。

*4 同じ内容はファイル形式で格納されており、「C:¥Windows¥System32¥license.rtf」を開くことで内容を参照することもできます。

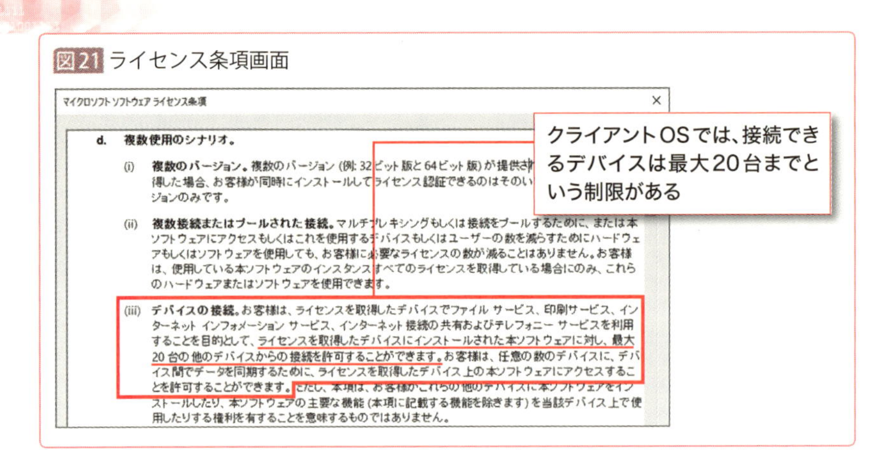


図21 ライセンス条項画面

スクロールすると「デバイスの接続」という項目があり、「最大20台の他のデバイスからの接続を許可することができる」という旨の記載があります（図21）。つまり、クライアント用のWindows OS（例えばWindows10 Proなど）では、接続が許容される台数は20台まで、つまり「20台の他のコンピュータ限定でサーバとして参照されてもよい」と決められているわけです（P.148参照）。

このライセンスに記載されている目的外・制限外の使い方はライセンス違反となります。よって、これ以上の機能が要求される場合には、サーバ用OSであるWindows ServerとCALを購入しなければなりません。

## Linuxには機能制限がない

ここで話がLinuxに移りますが、Linuxが広く使用される理由の１つとして、このような制限がないということが挙げられます。

例えば開発環境を用意する場合を考えてみると、昨今は内部統制やセキュリティなどの観点から、「開発環境」と「実運用の環境」は分離されていることが望ましいとされています。

この場合、Windowsであれば、同一の環境を開発環境と本番環境として二重で用意する必要があり、２倍の費用がかかります。

このとき、「経費削減のため、テスト環境はクライアントOSで」というのは誰もが思い付く解決策ですが、前述のようにクライアントOSのサーバ機能は利用台数に制限があることに加え、あくまで機能制限版ですから、本番環境と全く同じ動作ができるとは限りません。

その点Linuxでは、サーバ用とPC用のOSに同じパッケージが提供される傾向があります。また、そもそもサーバとPC用の区分けすら存在しないLinuxがあるくらいなので、Windowsに比べて、テストと実運用で同じ環境を用意しやすいといえます。実際、「開発環境」「実運用環境」「検証環境」というようにいくつもの環境を準備しても、費用はそれほど大きくならないのが一般的です。

Linuxが選択されるのは、この辺にも理由があることは間違いなさそうです。

## CoffeeBreak 開発専用ライセンス「MSDN」

Microsoftは、「開発専用ライセンス」として、「MSDN」を用意しています。MSDNは「Microsoft Developers Network」の略で、Microsoft製品に関わる開発者を支援するサービスとして歴史のあるサービスです。このサービスを購入すると、契約期間内であれば、主要なMicrosoftのソフトウェアをほぼ全て利用することができます。

つまりこのライセンスがあれば、Windows ServerなどのMicrosoft製品をわざわざ購入しなくても、開発・検証環境を自社内に構築することが可能になるということです。

ただし、環境を利用する1名の開発者につき1ライセンスを購入する必要があるので、開発者数によってはかなりの投資額が必要になってしまいます。二重で本番環境と開発・検証環境を購入する場合とどちらが費用を抑えられるかは開発の規模から費用を算出して比較してみないとわかりません。

ただ、開発・テスト・デモンストレーション目的に限られるといえども、多彩なMicrosoft製品を自由に使えるというのは魅力です。もしWindows環境での開発が必要であれば、こういった製品外のライセンス購入も検討する価値があります。

# 〔4-3-3〕サーバとプログラミング

## ◇サーバサイドスクリプトとは？

サービスプログラムについて解説してきましたが、最後にサーバとプログラミングの関係についても簡単に説明しておきます。

サーバのサービスプログラムをさらに便利にするために、開発者の多くが日々プログラミングにいそしんでいます。例えばWebサーバのサービスプログラムだけでは実現できない機能について、簡易なプログラム（＝スクリプト）を作成し、サーバの利便性を高めているのです。

これらのスクリプトは大まかに「サーバサイドスクリプト」と「クライアントサイドスクリプト」に大別できます（図22）。

サーバサイドスクリプトとは、サーバ上で処理を実行し、実行結果のみをクライアントPCに返すプログラムのことです。サーバにプログラムか

図22 サーバサイドスクリプトとクライアントサイドスクリプト

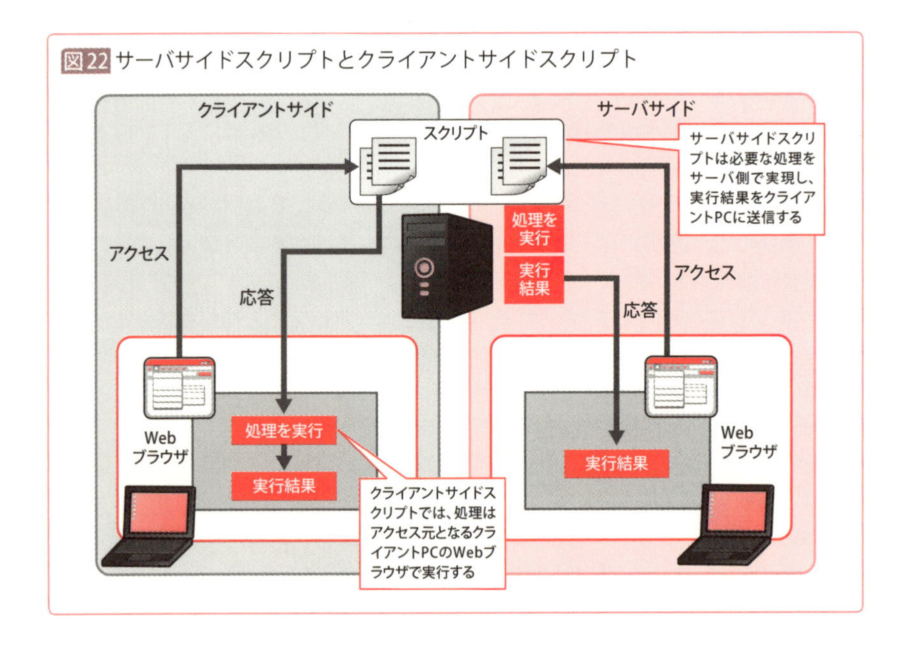

ら実行環境まで全てを格納するのが、サーバサイドスクリプトの特徴です。

一方クライアントサイドスクリプトとは、主にWebブラウザを経由してサーバ上のスクリプトにアクセスし、実際の処理そのものは手元のクライアントPCで行うプログラムを指します。

サーバサイドスクリプトの作成に利用される代表的なスクリプト言語としてPHP、Ruby、Python、Perlなどが挙げられます。一方、クライアントサイドスクリプトに利用される言語としては、JavaScriptが有名です。

ただし、サーバサイドスクリプトを実行するためには、サーバ自体にも実行環境（フレームワーク、ランタイムとも呼ばれます）が用意されている必要がありますし、例えばPHPを利用したスクリプトを利用するなら、PHPもサーバにインストールされていなければなりません。

サーバに配置されるプログラムには様々な種類がありますから、「サーバ向けのプログラミングをしなければならない」となったとき、「どういう処理をさせなければいけないか」「どのスクリプト言語を採用するのが効率的なのか」といった点はしっかりと把握しておく必要があります。

## 第4章のまとめ

- **サーバを稼働させるには、「OS」と「サービスプログラム（サーバプログラム）」というソフトウェアが必要である**
- **ハードウェアやソフトウェアの制御は「カーネル」と呼ばれるOSの一部が機能を担う**
- **代表的なサーバOSには「Windows Server」と「Linux」がある**
- **OSの種類はカーネルによって区分けされる。WindowsのOSカーネルを使っていればWindows、LinuxというOSカーネルを使っていればLinuxに分類される**
- **サーバの機能はサービスプログラムによって提供される**
- **サービスプログラムはOSにインストールして利用し、バックグラウンドプロセスとしてOSに常駐する**

## 練習問題

**Q1** **次のうち、CUIの説明として正しいものを全て選びましょう。**

- **A** Windows PowerShellはCUIの1つである
- **B** Linuxを含む大多数のUNIX環境では、インターフェースとしてCUIが提供されていない
- **C** コマンドプロンプトはWindows環境でMS-DOS互換環境を提供する機能で、人間は表示されているコマンドプロンプト画面にプログラムの名称やコマンドラインを入力する
- **D** CUIではコンピュータグラフィックを画面に表示し、マウスやタッチパッドなどのポインティングデバイスを使って人間は直感的な操作ができる

**Q2** **Windows Serverの説明の中で、正しい説明を1つ選びましょう。**

- **A** Windows Serverは主にWordやExcelなどのデスクトップアプリケーションを実行し、人間がデータを作成・編集するためのOSとして利用されている
- **B** Windows Serverのサーバ機能は、クライアント用のWindows OSでは一切利用できない
- **C** Windows Serverは基盤としてはクライアント用のWindowsと同様だが、サーバ専用として使うための作り込みがされたOSである
- **D** Windows Serverのサーバ機能は、クライアントPCにも実装でき、スペックが許せば無制限に利用することが可能である

**Q3** **次のOSのうち、オープンソースかつフリーで利用できるものを1つ選びましょう。**

- **A** Mac OS X Server
- **B** Windows Server
- **C** Red Hat Enterprise Linux
- **D** Fedora

**Q4** **次のうち、Windowsサービスで動作するプログラムに分類されないものを1つ選びましょう。**

- **A** Windows ファイアウォール
- **B** Windows Event Log
- **C** Microsoft Word
- **D** Workstation

**Q5** **次のうちサーバサイドスクリプトに含まれない言語を1つ選びましょう。**

- **A** PHP
- **B** Perl
- **C** Python
- **D** JavaScript

**Q6** **Windows ServerのOS×1ライセンスとCAL×10ライセンスを購入し、サーバを構築しました。このサーバにアクセスできるのは最大何ユーザー（何台）でしょうか？**

- **A** 5
- **B** 10
- **C** 20
- **D** 16777216

Q1. AとC　Q2. C　Q3. D　Q4. C　Q5. D　Q6. B

Chapter

05

# サーバとネットワークの関係

## ～サーバが正しく機能するために～

サーバはどんなに優れた機能を有していても、単体で存在していては意味がありません。サーバは「ネットワーク」に接続されて、初めて有効に機能します。ということは、サーバを理解するうえで、ネットワークに関する学習も避けては通れないことになります。そこで、本章でネットワークの基礎知識を学んでおきましょう。

やってみよう！

[5-1]

# Webサーバに接続してみよう

普段私たちがWebサイトを閲覧できるのは、Webサーバのおかげです。しかし、Webサーバが正しく稼働しているだけでは、Webサイトを閲覧することはできません。Webサーバに限らず、サーバは「ネットワーク」につながって初めてその価値を持ちます。考えてみれば当たり前のことではありますが、実際の現場では見落とされがちな部分でもあります。ここでは、普段あまり意識しないネットワーク接続を、Webブラウザを使って確認してみましょう。

## Step1 ▷ Webサイトを表示しよう

**Webブラウザを起動し、何でもよいのでWebサイトを表示してみてください。正しくWebサイトが表示されることを確認できるはずです。**

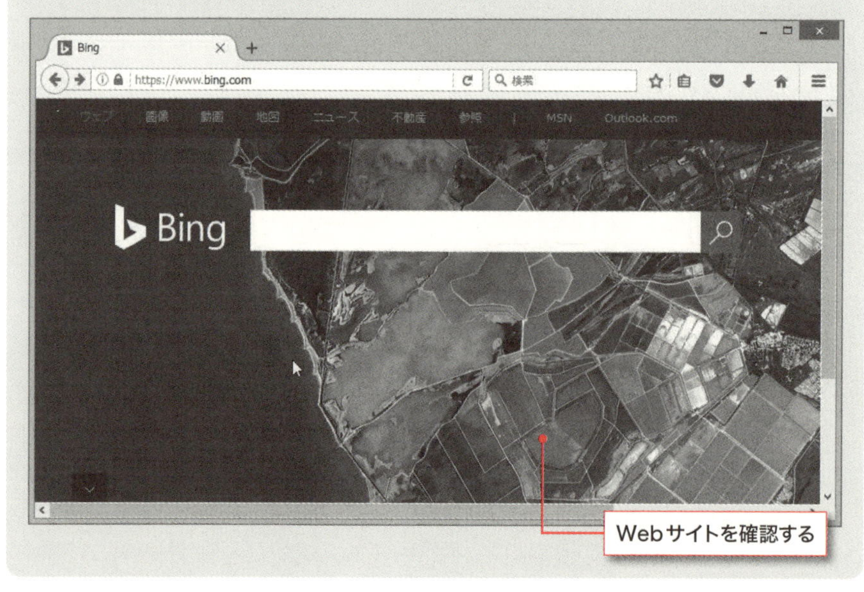

## Step2 ▷ LANケーブルを外して再度アクセスしよう

次にLANケーブルを抜くか、無線LANを利用しているならオフにして、再度Webサイトにアクセスしてみてください。Webサイトが正しく表示されなくなる(＝Webサーバにアクセスできなくなる)ことがわかります。

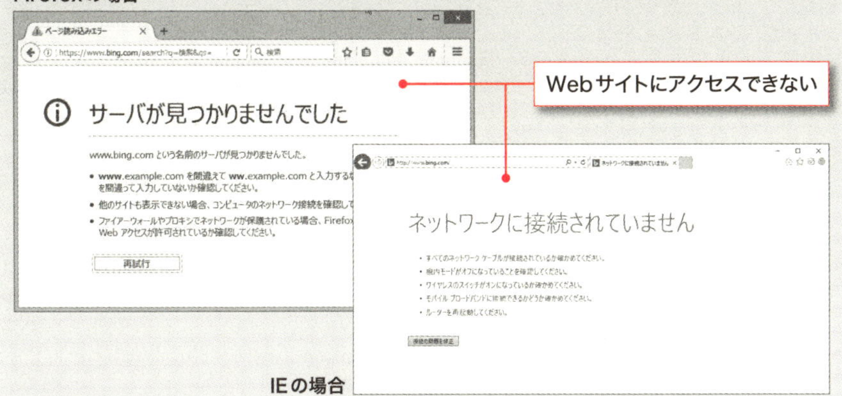


## Step3 ▷ LANケーブルを接続して再度アクセスしよう

抜いたLANケーブルを差し直し(あるいは無線LANを再度オンにし)、Webサイトにアクセスしてください。今度はStep1と同様に、正しくWebサイトが表示される(＝Webサーバにアクセスできる)はずです。

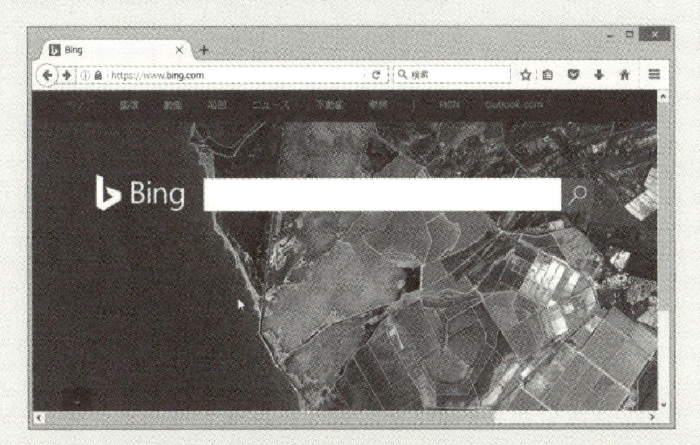


極めてシンプルな、また当たり前の動作ではありますが、「ネットワークに接続していないとサーバの機能が果たせない」ことが確認できるのではないでしょうか。

# [5-1-1] 「孤独なサーバ」は存在価値がない

## 「みんな」が利用できてこそ「サーバ」

サーバは、それ1台で存在していても、あまり意味がありません。「ファイルサーバを作りました」「メールサーバを作りました」といっても、もしそのサーバがネットワークにつながっていなければ、ファイルサーバではファイルを共有できませんし、メールサーバもメールの送受信ができません。

これでは、誰も近寄れない孤島に倉庫や郵便局を作ったようなものです。絶海の孤島に倉庫を作っても荷物を保管できませんし、同じく絶海の孤島に郵便局を作っても、郵便物を送ることはできませんよね。

本書で何度も触れている通り、サーバは「みんな」が参照し、必要な機能を提供するものです。「通信ができないサーバは意味がない」……当たり前といえば当たり前ですが、このことは胸に刻んでおいてください。

## ネットワークの知識は欠かせない

「孤独なサーバは役に立たない」ということは、つまり「サーバはネットワークを介して他のコンピュータと接続されている必要がある」ということです。下世話な言い方をするなら、サーバは「末端が便利に使えてナンボ」です（「末端」とは、人間が使うコンピュータを指します）。

ただ、「ネットワークに接続する」といっても、「LANケーブルをつなげばそれでOK」というわけではありません。つなげたあとに、互いがデータや処理を交換するための共通ルールを設定する必要があります。

「サーバ管理」という視点でいえば、今や最低限のネットワークの知識は必要不可欠だといえるでしょう。「サーバをどのように設定すればネットワークで通信が可能になり、他のコンピュータから参照可能な状態になるか」を導き出すためには、ネットワークに関する知識が欠かせないからです。

例えば構築したサーバを、テストを兼ねてネットワークに接続したいとします。もしネットワーク管理者に「どのようなネットワークを用意すればいいですか？」と質問されたら、サーバ管理者は「このサーバはIPアドレスが○個必要で、セグメントは192.168.xx.0/24が必要です。ポートは○番と○番を使います」というように、サーバに必要な通信要件を正しく伝えられなければなりません。そうでないとネットワーク接続にまつわる障害が発生し、結果としてサーバも利用できなくなってしまいます。

特に中小規模の企業においては、「サーバ管理者」「ネットワーク管理者」というように、専任の担当者が任命されることは稀でしょう。「広く浅く」でもよいので、一通りのネットワークの知識を身に付けておくに越したことはありません。

そこで本章では、図1のような簡単なネットワーク構成を、最終的に「ネットワーク構成図」に落とし込むフローを通して、ネットワークの基礎を解説していきます。

図1 ネットワーク構成例

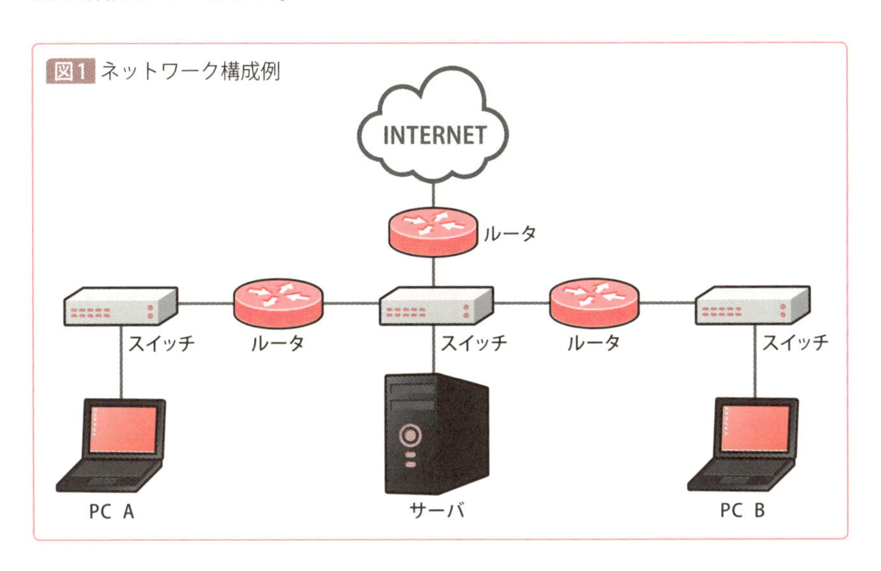

〔5-1-2〕

# LANへの接続とIPアドレス

## ◇LANケーブルでスイッチにつなげる

ネットワーク接続の最初のステップは、コンピュータとスイッチ(スイッチングハブ) をLANケーブルで接続することです。

こうしてスイッチに接続されたコンピュータは、同じスイッチにつながった全てのデバイスとネットワーク通信が可能になります。

通信の基本は、LANケーブルから始まります。昨今では無線LAN接続が主流ですが、無線LANであってもどこかで必ずLANケーブルによって通信機器同士が接続されていますし、そもそもサーバは無線LANではなく有線LANで接続するのが基本です (P.194参照)。

ちなみにLANケーブルはRJ-45プラグ (という名の) 形状をしたコネクタ (プラグ) を両端に持つケーブルで、その内部には8本の細い電線が埋められています。

通信トラブルで多いのがこのLANケーブルの経年劣化による断線ですから、LANケーブルのメンテナンスも欠かせません。

## ◇つなげたあとは通信の設定

LANケーブルで接続されたPCとスイッチは電気的に導通することが可能になりますが、正しく通信するためには、他のコンピュータと通信するためのルールを定めておく必要があります。

これを「通信プロトコル」といいます。

今では、ほとんどのケースでTCP/IPという通信プロトコルが利用されています。すなわち、TCP/IPで定められたルールに則って通信を実行することになります (ちなみに、なぜTCP/IPが主流になったかというと、「インターネット」という広大な通信の標準プロトコルとしてTCP/IPが採用されたからです)。

## ◇IPアドレスの構成

TCP/IPによる通信では、「IPアドレス」を利用して相手を区別します。IPアドレスはDHCPサーバの解説にも出てきましたが、ここで改めて詳しく解説しましょう。

IPアドレスは、「ネットワークアドレス」と「ホストアドレス」で構成されています。

つまり、前半のネットワークアドレスで「ネットワーク」を識別し、後半のホストアドレスでネットワーク内のどのホストなのかを識別しているわけです。

Windowsでは、ネットワーク接続のプロパティを開くと、「インターネットプロトコルバージョン4 (TCP/IPv4)」という画面を開くことができます (図2)。

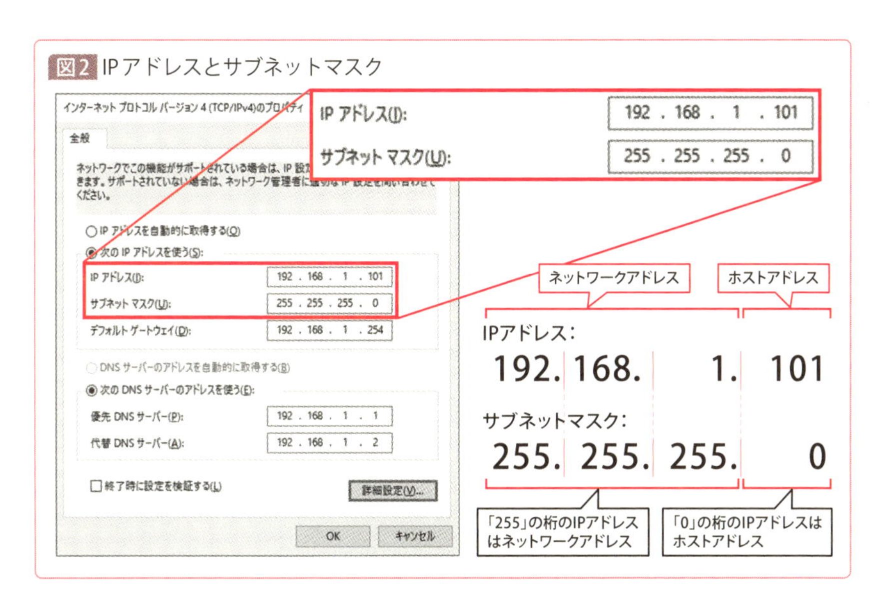

図2 IPアドレスとサブネットマスク

図2 の例でいえば、「192.168.1」までがネットワークアドレス、「101」がホストアドレスということになります。

また、図2 を見ると「サブネットマスク」という項目がありますね。サブネットマスクはIPアドレスとセットで使われ、IPアドレスのどこまでがネットワークアドレスで、どこまでがホストアドレスかを示すものです。簡単にいえば、サブネットマスクが「255」となっている個所のIPアドレスはネットワークアドレス、サブネットマスクが「0」になっている個所のIPアドレスはホストアドレスということになります。図2 の例でも、IPアドレス「192.168.1」までは、対応するサブネットマスクが「255」になっていますよね。

また、ネットワークアドレスでネットワーク全体を表現する場合にはホストアドレス部分を「0」で表現します。図2 の例でいえば192.168.1までのネットワークアドレス全体を示したいなら、「192.168.1.0」と表現することになります。

## ◇同じスイッチに接続しても通信できない？

では、ここまでの解説を踏まえ、実際の接続例を見てみましょう。

1台のスイッチに接続されたコンピュータ同士が通信するためには、このネットワークアドレスとホストアドレスが適切に設定されている必要があります。

図3 を見てください。同じスイッチにPC1～PC3の3台のコンピュータが接続されています。しかしこの例だと、PC1とPC2は通信できますが、PC1とPC2は、PC3と通信することはできません。

なぜなら、PC1と2は、PC3とはネットワークアドレスが違うからです。PC1と2のネットワークアドレスは「192.161.1」ですが、PC3のネットワークアドレスは「192.168.3」ですね。この場合、両者は「別のネットワーク」だと判断されます。ですから通信ができないわけです。

コンピュータ同士が通信するためには、同じネットワークに所属している（＝ネットワークアドレスが同じである）必要があります。

図3 通信の可否

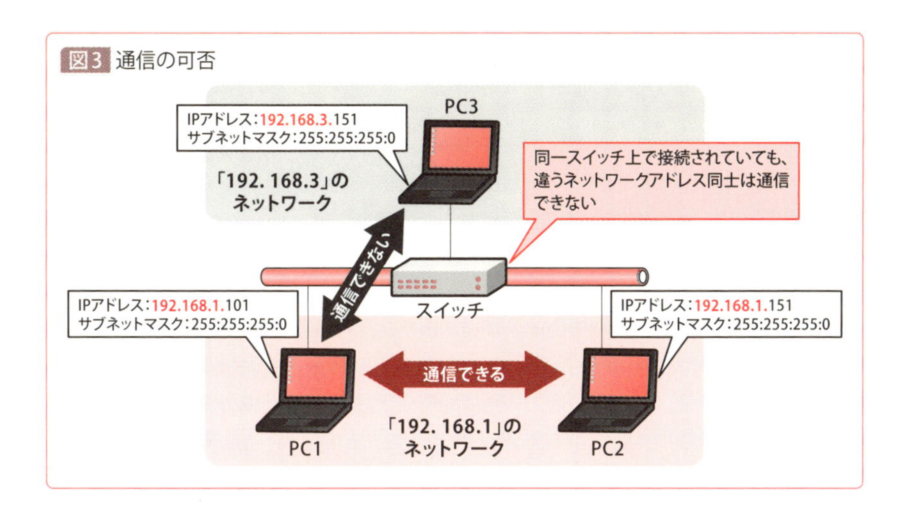


つまり、サブネットマスクの「255」で指定されたIPアドレスの桁が同一で、かつサブネットマスクの「0」で指定されたIPアドレスの桁が一意であることが、IPアドレスを設定する条件となります。

## ◇サーバには２種類のネットワークが必要

クライアントPCの場合、1台のPCに1本のLANケーブルを接続し、そのLANケーブルを1台のスイッチに接続することがほとんどです。

しかしサーバの場合、1台のサーバに2本（またはそれ以上）のLANケーブルを接続し、2台（またはそれ以上）のスイッチに接続することが多くなります。

これは、サーバの機能を利用するためのルート（ユーザー用）と、サーバを管理するためのルート（管理者用）の、2つのルートを確保するためです。

管理者用とは、本書の3章で解説した「リモート管理アダプタ」に直結する通信を担当します。これは常用するLANケーブルの接続口とは別のネットワークとして用意します（図4）。これは「管理用LAN」「裏LAN」などと呼ばれるのですが、サーバシステムを管理するために、管理者だけがアクセスできる裏口と呼ぶべきネットワークを意味しています。

このようにわざわざ分割されたネットワークを用意する主な理由は、「障害対処」のためです。

例えば「サーバと通信できなくなった」という報告を受けたとします。通信の障害が発生したということは、「PC（ユーザー）→ネットワーク（経路）→サーバ」のいずれかのステップに問題が発生したことを意味しますが、1つのルート、1方向からの通信しか確保していないと、問題個所の絞り込みが難しくなります。

このとき、裏口となる管理用ネットワークを利用してサーバ内部からの通信状態を確認できれば、「サーバ⇔ネットワーク⇔PC（ユーザー）」の両端から通信の確認をすることができます（図5）。

また、管理用ネットワークは、通常利用中のサーバに影響を与えないよう、メンテナンス作業にも利用されます。

このような理由から、サーバには2種類のネットワークが用意されることが、企業では一般的です。

## CoffeeBreak　ネットワークカードの二重化

本項でサーバのネットワークに障害が発生した場合、という想定で管理用ネットワークを利用するケースを紹介しました。

解説が煩雑になるので本文には記載していませんが、よほどの小規模向けサーバでない限り、ネットワークカード（NIC）は二重化されています。

つまり、通常の通信用のNICにLANケーブルを2本接続し、管理用ネットワークのNICに1本のLANケーブルを接続して、合計3本のLANケーブルでサーバとスイッチを接続していることになります。

また通常の通信に使われるNICは、LANケーブルとしては物理的に2本存在していますが、サーバの機能（NICチーミング機能）によって2本を束ね、あたかも1本かのように使って（もしくは1本だけ利用してもう1本は通信に異常があったときに切り替えて）冗長化を実現しています。

図4 管理用ネットワークの概要

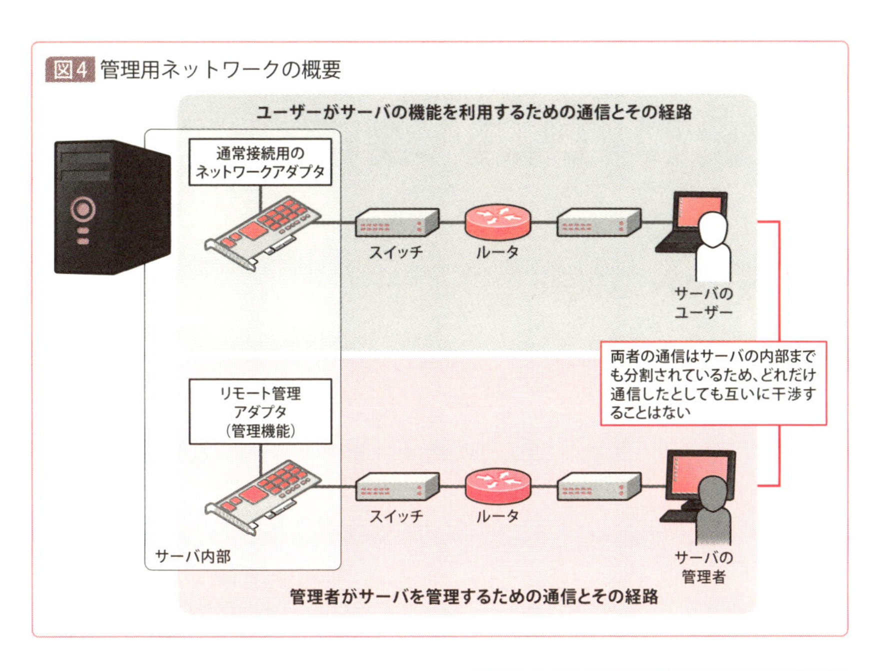


図5 障害発生例

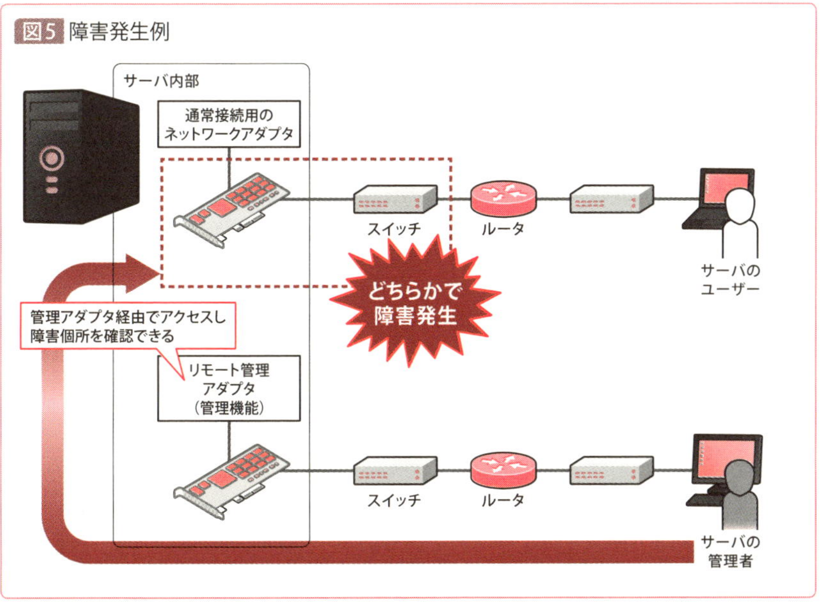

[5-1-3]
# サーバに無線LANが使われない理由

## ◇無線LANは便利だけど……

現在のネットワークを語るうえで欠かせないのが無線LANです。スマートフォンやタブレットの普及もあり、今や無線LANは通信に欠かせない技術になっています。

なぜこれほど無線LANが普及したかといえば、単純に便利だからです。

企業内でも、有線LANであればデバイスの台数ぶんのLANケーブルを用意する必要がありますが、無線LANであれば必要最小限のLANケーブルを用意すれば済みます。

スイッチのポートも、無線LANのアクセスポイント1台ぶんで済みますし、オフィス内のレイアウトを変更する場合も、わざわざLANケーブルの配線を変更しなくても済みます。

これほど便利なのに、実はサーバの接続に無線LANが利用されるケースはほとんどありません。

一体なぜなのでしょう。その理由をこれから説明していきます。

## ◇理由① 障害の理由がわかりづらい

1つ目の理由は、障害時の対処に手間がかかるからです。無線LANは「電波」ですから、LANケーブルのように目に見えるものではありません。

目に見えない「電波」の状況を把握しなければならないため、いざ通信できなくなった場合に、何が原因なのかを探るのに非常に手間がかかります。

例えば無線LANのアダプタが装着されたコンピュータで試行錯誤したり、アクセスポイントの通信状況をチェックしたりなど、原因をあれこれと機器側で確認する必要があります。

これがLANケーブルであれば、破損していれば一目でわかりますし、電気が導通しているかどうかも、LANケーブルのLED（オレンジかグリーンか）を見ればすぐに確認できます。

このように、障害時の迅速な対応が難しい点が、無線LANが採用されない1つ目の理由です。

## ◇理由② 通信の安定性に欠ける

2つ目の理由は、通信の安定性に欠けるからです。

携帯電話の電波、公衆無線LANの電波、他のオフィスで利用されている無線LANの電波、ラジオの電波など、目には見えないところで様々な電波が飛び交っています。

そして無線LANにおいては、利用している以外の電波は妨害電波となります。いわゆる「ノイズ」と呼ばれる、通信の邪魔となる電波です。これを「外来波」と呼びます。

様々な外来波が混信すると、自社の電波も影響を受けますし、最悪の場合、通信が途切れる可能性もあります。

一番の問題は、管轄する部屋の中に入ってくる外来波を「自分自身で制限することはできない」という点です。対策をしたくても、他人に「余計な電波を使うな」というわけにはいきません。

このように、サーバに大切な「通信の安定性」を確保できない点が、無線LANが利用されない2つ目の理由です。

## ◇理由③ 有線LANより通信速度が遅い

3つ目の理由は、有線LANに比べて通信速度が遅いという点です。

サーバには、どうしても通信が集中します。その際、サーバの処理が遅ければ、利用者にストレスを与えることになりますから、サーバの通信速度はよりシビアに要求される傾向があります。

この点で、速度も前述の安定性も劣る無線LANはサーバには望ましくありません。

例えば、3台のPCでそれぞれ100Mbpsの通信を発生させる状況を考えてみましょう（図6）。この場合、サーバ側は、300Mbps以上の通信速度が求められることになります*1。

有線LANであれば、特に問題のない数字です。現在の有線LANでは、家庭用にもギガビットイーサネット（1Gbps＝1000Mbps）が普及しており、仮に速度が遅い旧世代の機器を使っていても100Mbpsの速度で通信が可能です。企業であれば、10ギガビットイーサネット（10Gbps＝10000Mbps）の速度を持つ機器を採用していることもあります。

一方無線LANの場合、普及途上にある「IEEE 802.11n」という規格でも、65Mbpsから600Mbpsの間で通信可能というレベルです。速度が遅い旧世代の機器では54Mbpsでの通信となり、LANケーブルで通信する速度には遠く及びません。

図6 有線LANの通信

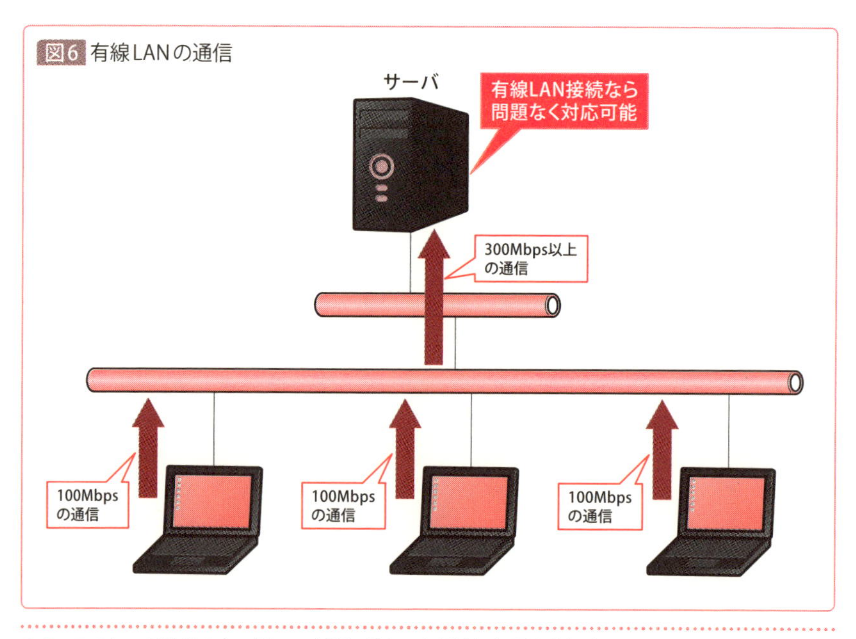


＊1 このケースはあくまで例で、実際にはもっと低速に処理を実行することになります。

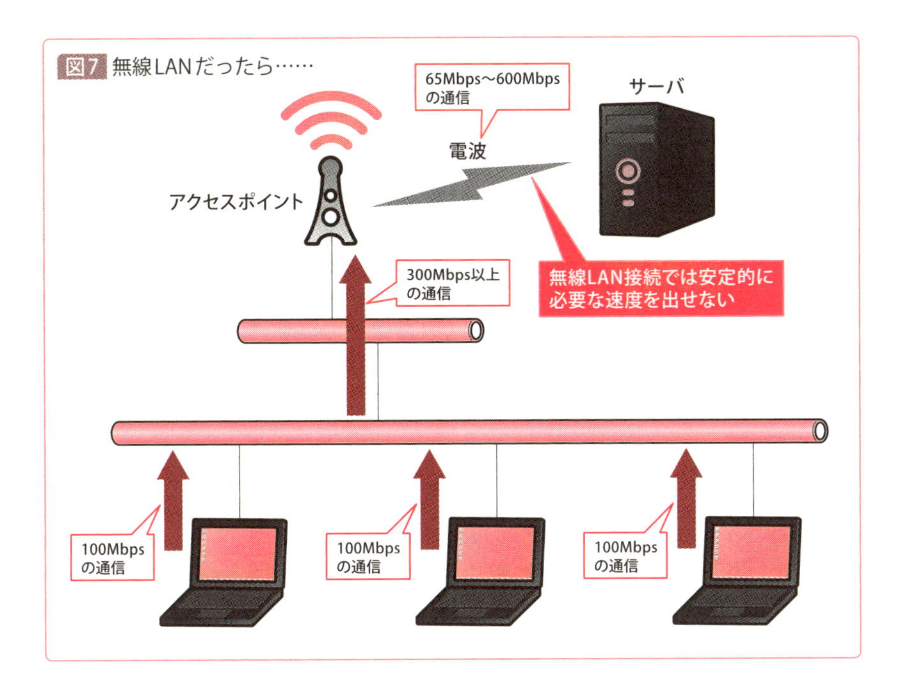


図7 無線LANだったら……

また前述したように、たとえ600Mbpsで通信できる機器を用意したとしても、実際の速度は電波状況によって低速に変わってしまうのが実情です（図7）。

## サーバにはやはり有線LAN

このように、無線LANの通信はサーバに要求される通信の水準を満たせないことが多いのです。加えて、そもそも「限界速度」の数字だけを見ても、現時点で無線LANは有線LANに及びません。

さらに付け加えるならば、無線LANのメリットである「移動に強い」点も、サーバではほとんど活かされません（サーバを大移動するケースはあまりありません）。

このような理由から、サーバの通信には無線LANではなく、有線LANが広く利用されているのです。

# [5-2] おうちのルータを探してみよう

ネットワークを構成する代表的な機器に「ルータ」があります。P.188に出てきたスイッチ（スイッチングハブ）は「同じネットワーク内のデバイス」を接続するものですが、ルータは「ネットワーク同士」を接続する機器です。……というと何か大げさな機材のように思えるかもしれませんが、ルータは多くの家庭内にも存在しています。ここでは、本書を片手に、あなたのおうちのルータを探してみてください。

## Step1 ▷ PCのLANケーブルの接続先を探そう

**自宅にインターネット接続用の固定回線（フレッツ光など）を引き込んでいる場合は、概ねルータが用いられています。まずは手元のPCなど、家庭内にあるLANケーブルを確認します。そしてLANケーブルの先をたどって、何に接続されているかを見てみてください。**

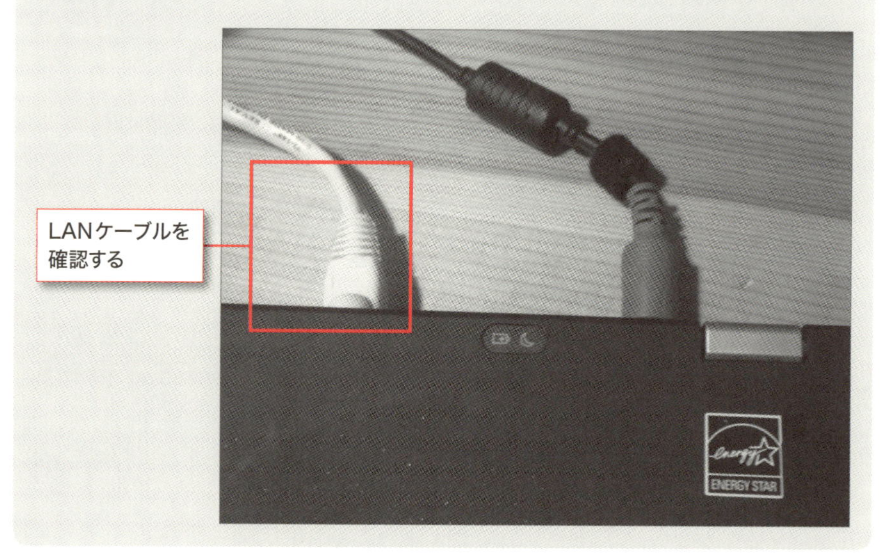

## Step2 ▷スイッチを確認する

LANケーブルの接続先をたどると、多くの場合スイッチ（スイッチングハブ）に到達すると思います。写真のように、LANケーブルが集線している機器があれば、それがスイッチです（環境によっては、LANケーブルが直接ルータに接続されている場合もあります。その場合、このStepはスキップしてください）。

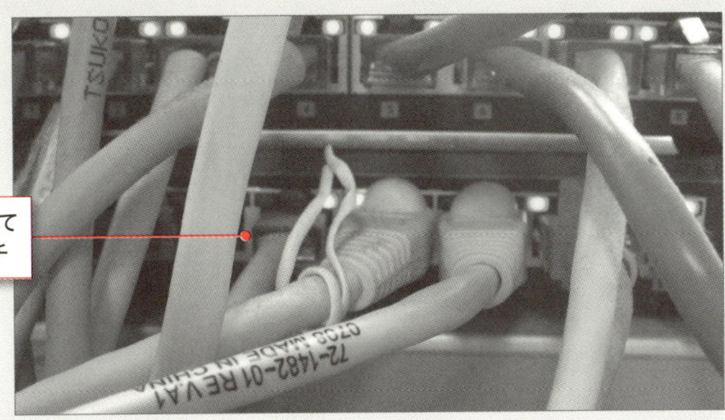


## Step3 ▷ルータを確認する

スイッチから伸びる全ての配線をたどっていくと、やがて「スイッチでもPCでもない機器」に到達するはずです。それがルータです。壁から出ている電話線なりLANケーブルなりが接続されている機器がルータであることが多いです（一部IP電話用の機器を挟んでルータが接続されていることもあります）。ちなみに、このルータの電源がオフになると、インターネットへの通信が途絶えることになります。

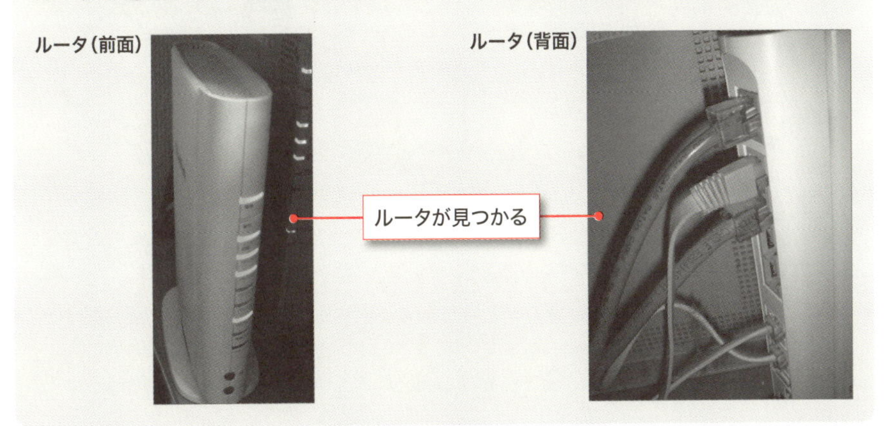

# [5-2-1] ルータの働きとセグメント

## ◇ネットワーク同士を接続する「ルータ」

サーバをネットワークに接続するためには、まずLANケーブルでスイッチに接続しますが、その先には「ルータ」という機器が存在します。

スイッチは「同一ネットワーク内のデバイス」を接続するものでしたが、ルータは「ネットワーク同士」を接続する機器です。

冒頭の実習で家庭内のルータを探しましたが、なぜ多くの家庭内にルータがあるかといえば、「家庭内のネットワーク」と「外側のネットワーク(インターネット)」を接続する必要があるためです(図8)。

逆にいえば、「ルータ」がなければネットワーク間の接続ができない、つまりインターネット(外部の別のネットワーク)への接続ができないということです。

図8 家の中のネットワークとインターネット

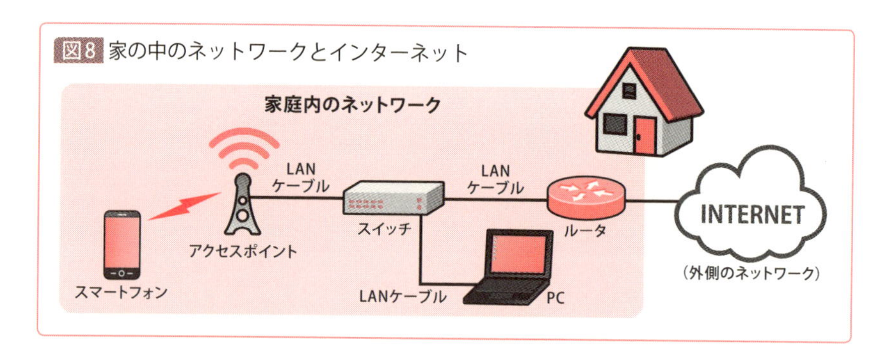


## ◇ルータによって分割される「セグメント」

このように、ルータによって分割された「1つのネットワーク」を「セグメント(あるいはサブネット)」と呼びます。

P.187で簡単なネットワークの構成例を示しました。このネットワークには3つのルータがありましたが、この構成をセグメントで分けると 図9 のようになります

セグメントは、いわば家庭における「個別の部屋」と解釈するとわかりやすいかもしれません。家の中の各部屋がセグメントで、玄関から「家の外に出る」という行為が、コンピュータでいうところの「インターネットと通信する」というイメージです（図10）。

図9 セグメント構成

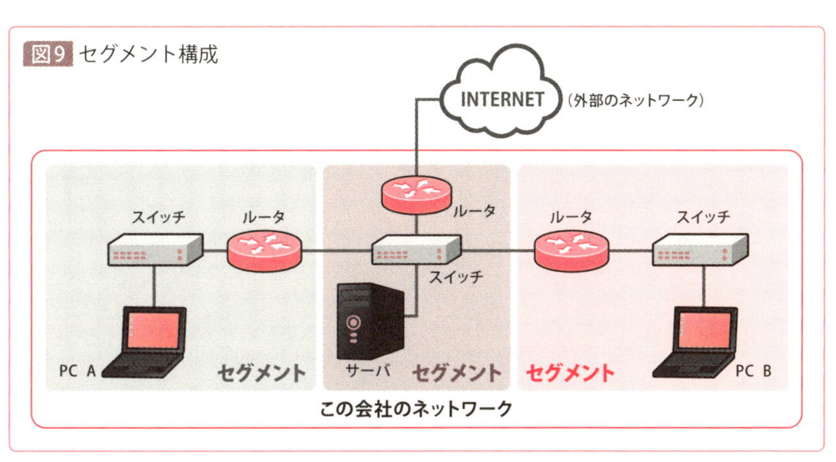


図10 セグメントを家に例えると……

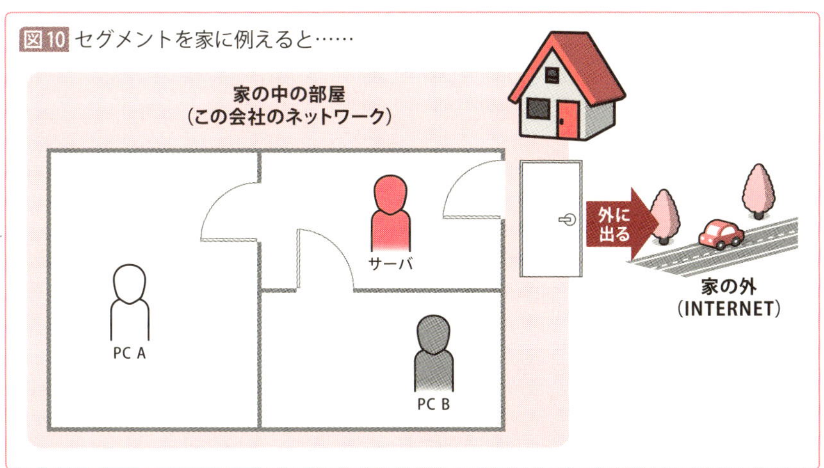

## ◇デフォルトゲートウェイとは

ルータはいわば各セグメントの「出入り口」ですが、コンピュータにこの出入り口を教え込むには、「デフォルトゲートウェイ」の値を設定しなければなりません。具体的には、「同じネットワーク内のルータのIPアドレス」をデフォルトゲートウェイとして設定する必要があります。ネットワーク接続のプロパティ画面には、IPアドレスやサブネットマスクと並び、「デフォルトゲートウェイ」という設定項目があります（図11）。

PCがインターネットへデータを送受信する際は、まずデフォルトゲートウェイ、すなわちルータへと転送しています。他のセグメント（ネットワーク）宛のデータを受け取ったルータは、そのデータを目的のネットワークへと引き渡します。つまりルータは、別のネットワークへの「橋渡し」の役割を担っていることになります。

P.190で、同じスイッチに接続していても通信できないネットワークの例を紹介しましたが、この構成でも「ルータ」を介在させることによって、相互の通信が可能になります（図12）。

この「橋渡し」の操作は、ルータが自動的に実行してくれるため、普段人間は同じネットワークへ通信しているのか、別のネットワークへ通信しているのかを意識することはありません。

### CoffeeBreak　ルータのもう1つの機能

配下が多い「企業用」のルータは、「セグメントの分割＆橋渡し」という本来のルータ機能に特化していることが多いですが、配下のデバイスが少ない家庭用のルータ（ブロードバンドルータ）はそのぶん多機能化し、一部サーバ機能を搭載していることが少なくありません。ブロードバンドルータが持つ代表的な機能が「DHCPサーバの機能」です。DHCPサーバは、配下のPCにIPアドレスを貸し出すものでしたね。ルータがDHCPサーバ機能を搭載することにより、IPアドレスなどの通信設定が自動化され、私たちはスムーズにインターネットに接続できるのです。

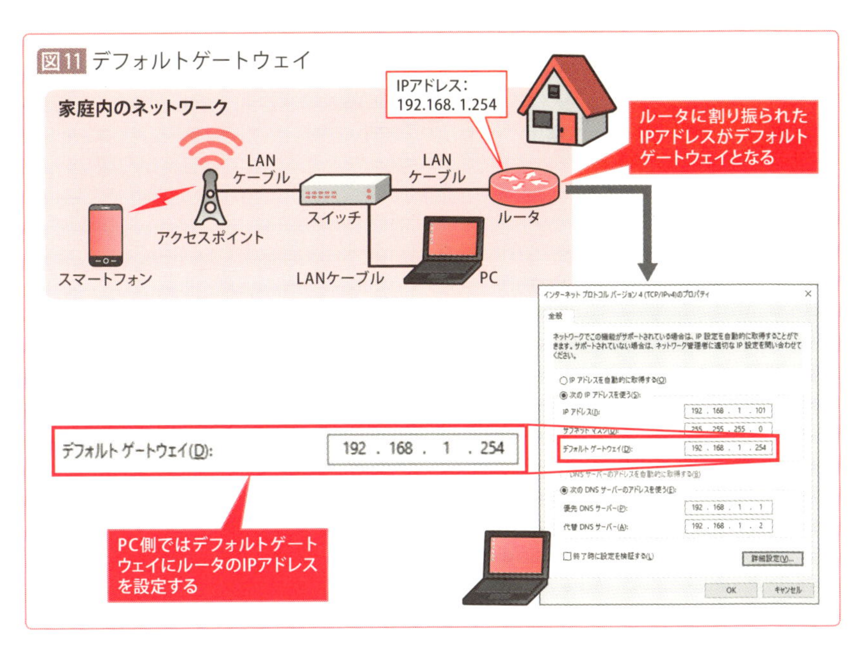
図11 デフォルトゲートウェイ
家庭内のネットワーク
IPアドレス：
192.168. 1.254
ルータに割り振られたIPアドレスがデフォルトゲートウェイとなる
LAN
ケーブル
LAN
ケーブル
スイッチ
ルータ
アクセスポイント
スマートフォン
LANケーブル
PC
デフォルト ゲートウェイ(D):
192 . 168 . 1 . 254
PC側ではデフォルトゲートウェイにルータのIPアドレスを設定する

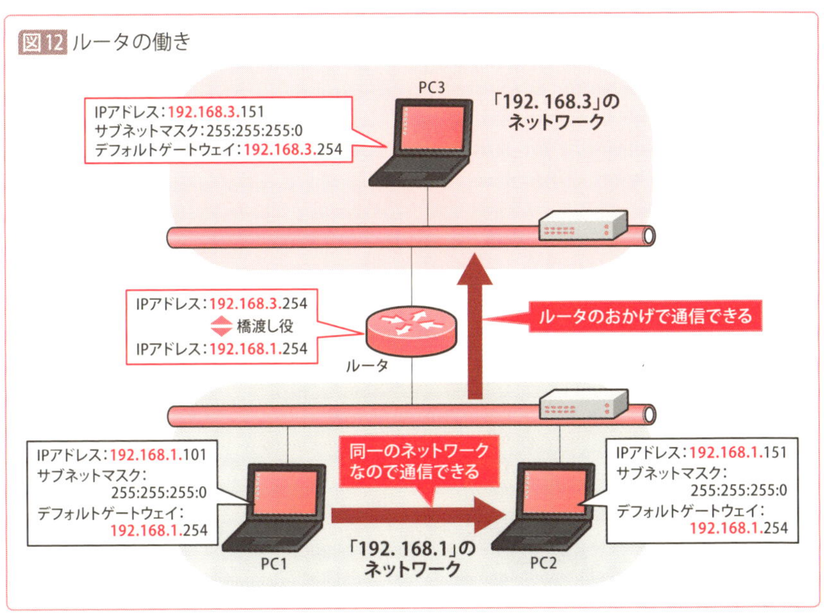
図12 ルータの働き
PC3
IPアドレス：192.168.3.151
サブネットマスク：255:255:255:0
デフォルトゲートウェイ：192.168.3.254
「192. 168.3」の
ネットワーク
IPアドレス：192.168.3.254
橋渡し役
IPアドレス：192.168.1.254
ルータ
ルータのおかげで通信できる
IPアドレス：192.168.1.101
サブネットマスク：
255:255:255:0
デフォルトゲートウェイ：
192.168.1.254
同一のネットワークなので通信できる
IPアドレス：192.168.1.151
サブネットマスク：
255:255:255:0
デフォルトゲートウェイ：
192.168.1.254
PC1
「192. 168.1」の
ネットワーク
PC2

# [5-2-2] ルータを越えるサーバ、越えないサーバ

## ◇ブロードキャストとは？

家庭内で複数台のPCを持っている場合、ネットワークを通じて他のPCを参照することができます。特にサーバがあるわけでもないのにこのような操作が可能なのは、コンピュータは通信を開始するときに、「ブロードキャスト」によって周囲の通信可能なコンピュータの情報収集を自動的に実行しているからです。

図13を見てください。この例でいえば、コンピュータA（IPアドレス：192.168.1.101）は、起動時および一定間隔でブロードキャストを発信し、ネットワーク内の全ての機器に対して「あなたは誰ですか？」という問いかけを行っています。それを受け取った機器たちは「私はこういう（IPアドレス）のものです」という返答をコンピュータAに返します。

図13 ブロードキャストの概要

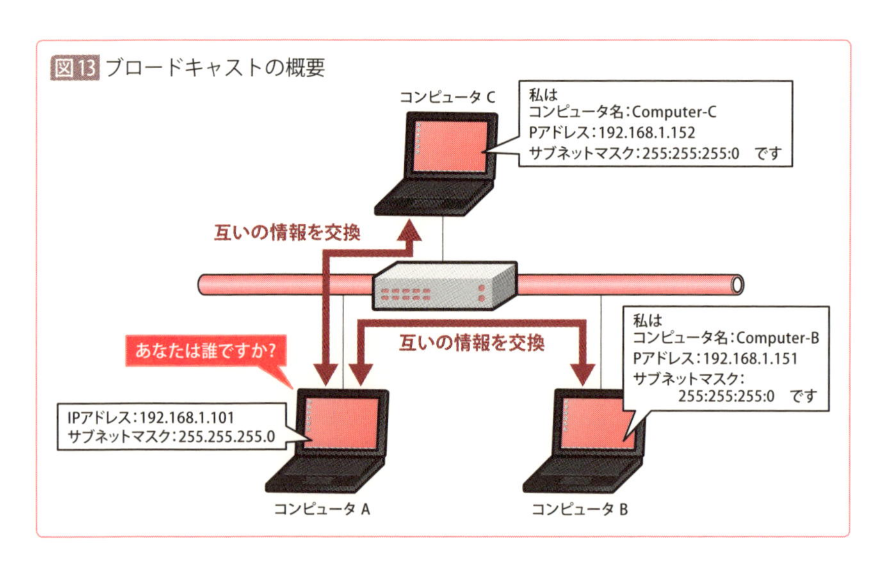

返答を受け取ったコンピュータAはその情報を記憶し、適切に通信ができるようになります。

このように、人間が知らないところで、コンピュータ同士がブロードキャストをやり取りしているおかげで、私たちは特に設定をせずとも、他のコンピュータとデータのやり取りを行えるようになっているのです。

## ◈ブロードキャストをルータが止める理由

ブロードキャストは大変便利ですが、同じネットワーク上のコンピュータ同士でなければ機能しません。すなわち、ネットワークの出入り口である「ルータ」によってせき止められることになります(図14)。ブロードキャストのように、ルータでせき止められてしまう通信のことを「ルータを越えない」と表現します。

では、なぜルータはブロードキャストをせき止めるのかというと、通信の負荷がかかるからです。例えば1つのセグメント内に、250台ものPCやサーバを配置していたとします。250台ものコンピュータが、起動時な

図14 ルータとブロードキャスト

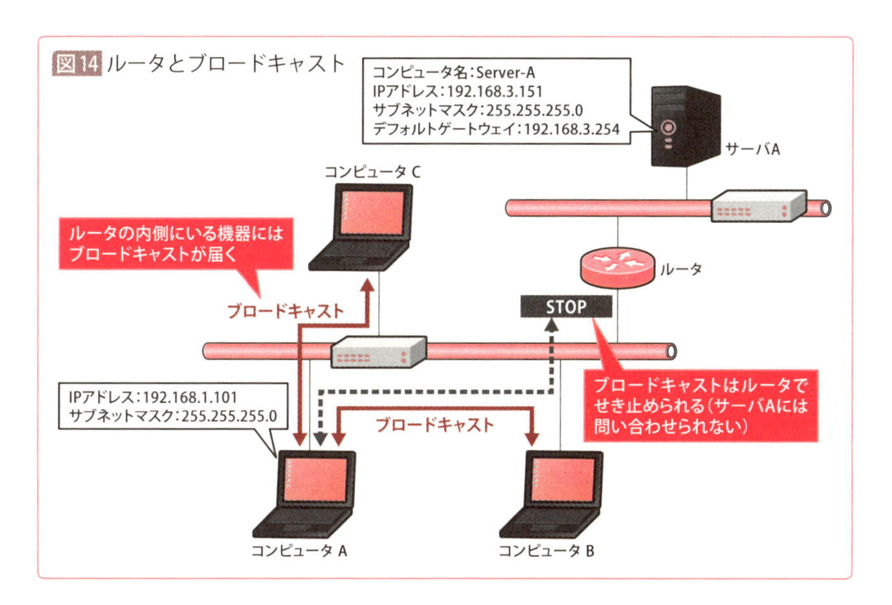

ど定期的にブロードキャストをやり取りして情報収集を始めると、各々のコンピュータに多大な負荷がかかり、本来必要な処理速度が落ちてしまいます。「ブロードキャスト1回につき1秒通信が遅れる」という仕様だった場合、250台が同じことを同一セグメントで実行すると、「250秒」もの遅延が発生することになります。このようにブロードキャストがネットワーク上に際限なくばら撒かれるような仕様だと、それだけで通信が一杯になってしまい、動作に支障をきたすわけです。

ですから、ルータによってセグメント分けし、ブロードキャストの通信をせき止めることで、余分な通信を発生させないようにしているのです。

逆にいえば、「ルータの向こう側」に設置されたサーバにアクセスするためには、(ブロードキャストが届かないために) 別の方法でサーバの情報を入手する必要があるということです。つまり、「ルータを越えた通信方法」を用意する必要があります。

## ルータを越える通信

ルータの向こう側に存在するサーバを参照する技術が、DNSサーバによる「名前解決」です。P.82で紹介した通り、DNSサーバはコンピュータ名とIPアドレスを紐付ける働きをしてくれます。ここでその機能が役に立つわけです。

サーバネットワークにとって一番のポイントとなるのが、この名前解決だといっても過言ではありません。サーバ管理の重要な部分ですから、ここでもう少し詳しく解説しておきます。

まず大前提として、通信はIPアドレスを用いて行われます。どの通信であれ、TCP/IPというプロトコルで定められたルール上で通信をするのであれば、例外はありません。ということは、コンピュータ名からIPアドレスを調べる機能が必要になるわけですが、この機能を果たしてくれるのがDNSサーバです。

では、今目の前で使っているPCがDNSサーバの恩恵を受けるためにはどうしたらよいのでしょう。PCの設定で、「どのDNSサーバを利用してコンピュータの居場所を教えてもらうか」をあらかじめ設定しておかなければなりません。設定方法は簡単で、本書で何度か登場したネットワーク接続のプロパティ画面で行えます（図15）。「次のDNSサーバーのアドレスを使う」という欄がありますので、ここにDNSの機能を持つサーバのIPアドレスを入力することで、DNSサーバが利用できるようになります。

DNSサーバを利用すると、ネットワークがどう変化するかを見てみましょう。先ほどサーバAにブロードキャストが届かなかった図14は、図16のように変更されます。

コンピュータAがサーバAにアクセスしたい場合、まずDNSサーバにアクセスし、「サーバAのIPアドレスを教えてください」と問い合わせます。問い合わせを受け取ったDNSサーバは、自身の名前解決機能を利用してコンピュータAにサーバAのIPアドレスを教えます。IPアドレスがわかったコンピュータAはサーバAに通信を開始しますが、別のネットワークアドレスへの通信となるため、ルータに橋渡しをしてもらうことになります。

こうして、「ルータの向こう側」 にあるサーバへのアクセスが可能になるわけです。

図15 使用するDNSサーバの設定

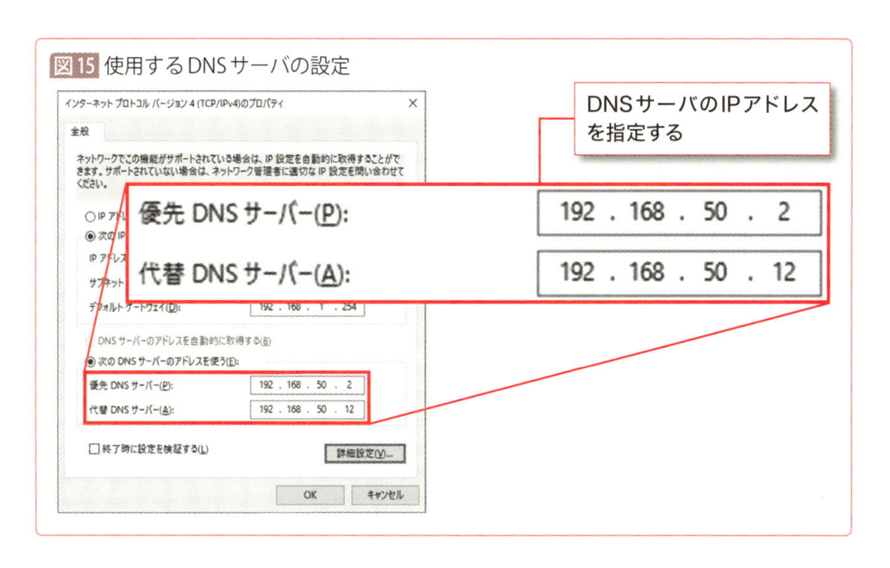

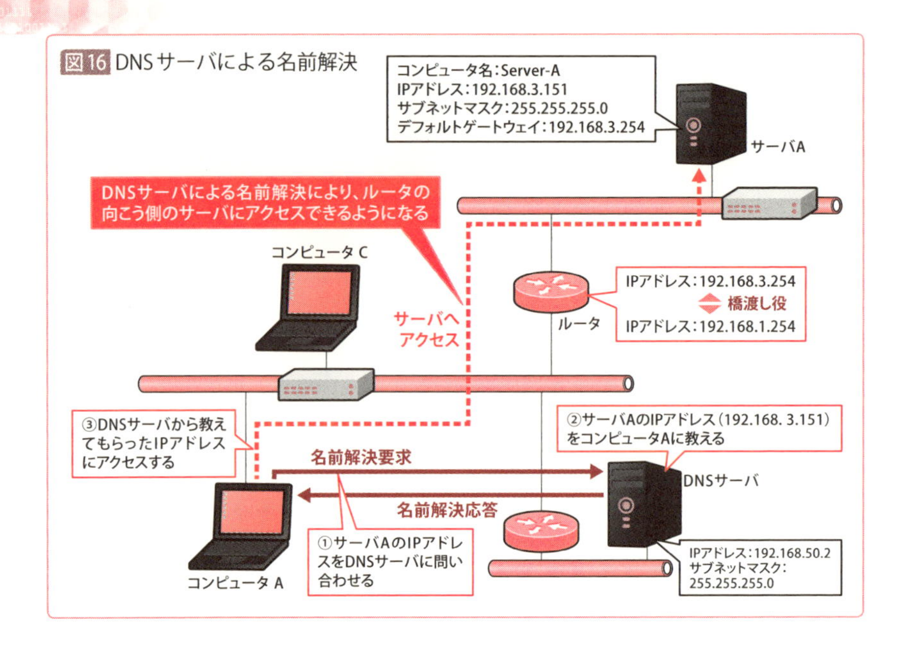


## ◇ネットワーク構成図例

ここまでの解説を踏まえたネットワークを、一般的なネットワーク構成図に書き直すと、図17のようになります。

この図のように、ルータで分割されるセグメントごとにネットワークアドレスが割り当てられます。例えば「192.168.50.0」や「192.168.1.0」などです。それらのネットワークアドレスごとに、出入り口となるルータが設置されています。前述の通り、ルータは異なるネットワークアドレス同士を接続し、橋渡しする役目を担います。また、PCが設置されるセグメントが複数存在し、構成図内ではPC A用セグメントとPC B用セグメントと分かれています（企業内であれば、「業務用のPCが所属するセグメント」「社員研修用のPCが所属するセグメント」のように、PCの用途別、あるいは部署別にセグメントを分割することは珍しくありません）。

さらにサーバは、ネットワーク内の各コンピュータから参照されるために、「サーバ用セグメント」に集約されて機能を提供しています。

このように、ネットワーク内の情報を整理するために、ネットワーク構成図を作成することは珍しくありません。自身の身近なネットワークについても、一度ネットワーク構成図を作成してみると、ネットワークについての理解が深まるのではないでしょうか。

図17 ネットワーク構成図

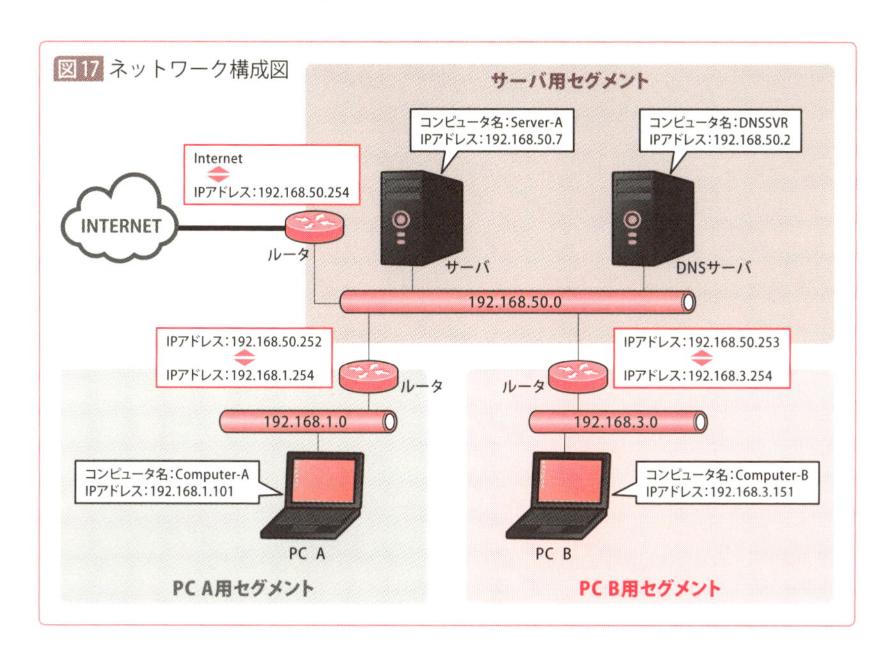


## CoffeeBreak ルータの代わりとなるL3スイッチ

一度ネットワーク構成図を作ってみることをおすすめしましたが、実際の企業のネットワーク図を見ると、ルータがなく、全て「スイッチ」で構成されていることがあります。近年は、セグメントの分割にルータを1台1台準備するのではなく、ルータを束ねた機能を提供してくれる「L3スイッチ（レイヤースリースイッチ）」がよく利用されています。L3スイッチと普通のスイッチは外観に大差はありませんが、ネットワークをチェックするときは、通常のスイッチかL3スイッチかをよく見定めるようにしましょう。

# [5-3] Windowsファイアウォールを見てみよう

ネットワーク上で実際にデータをやり取りするのは、Webブラウザやメールなどのアプリケーションです。これらのアプリケーションが動作するPCやサーバは「IPアドレス」で特定できます。一方、「アプリケーションそのもの」を識別する情報が「ポート番号」です。ポート番号があることで、PCやサーバに送られたデータは、Webデータであれば Webブラウザ、メールデータであればメールソフトに振り分けられることになります。このポート番号を知るために最適なツールがWindowsファイアウォールです。Windowsファイアウォールは、WindowsというOSにおけるポート制御の代表格です。ここでは、実際に設定を確認してみましょう。

## Step1 ▷ Windowsファイアウォールを開こう

**コントロールパネルで「Windowsファイアウォール」をクリックします。ファイアウォール画面が開くので、左側の「詳細設定」をクリックします。**

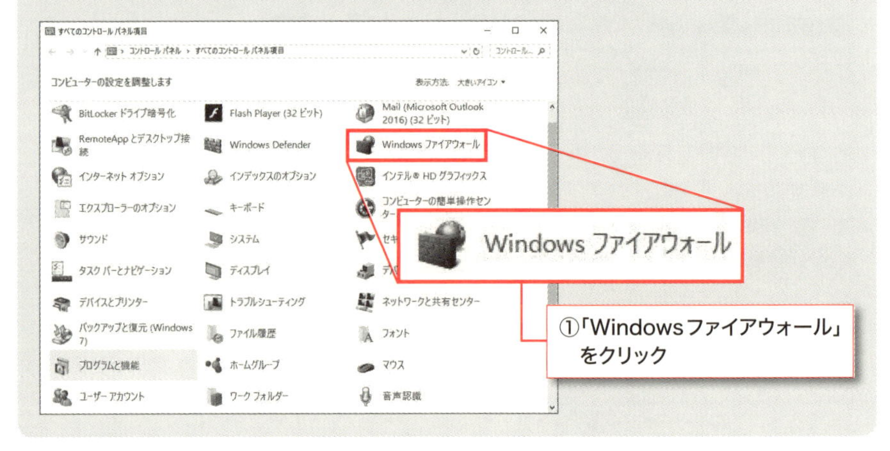

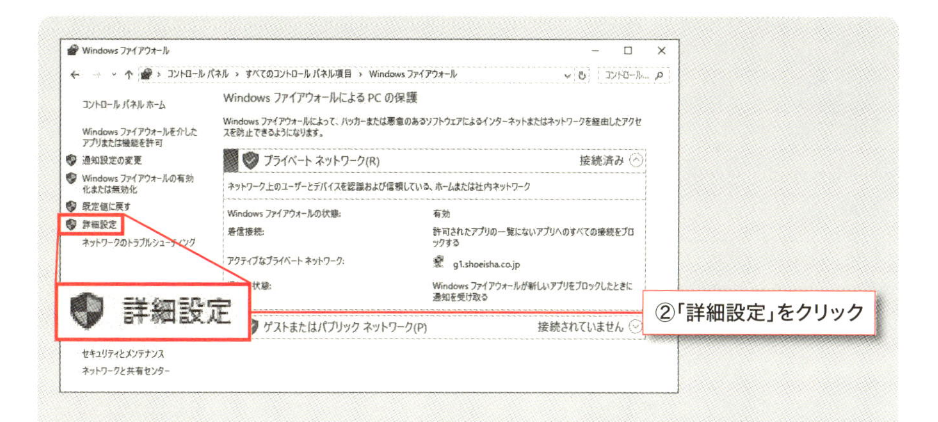


## Step2 ▷ Windowsファイアウォールの設定を確認しよう

**Windowsファイアウォールの設定画面を開くと、左側に「受信の規則」「送信の規則」という項目があります。「受信の規則」はそのPCに向かってくるアクセスに適用されるルール、「送信の規則」は、そのPCから発信するときのアクセスに対して適用されるルールです。まずは「受信の規則」をクリックし、表Aの項目のプロパティ画面を開いて、ポート番号を確認してください。**

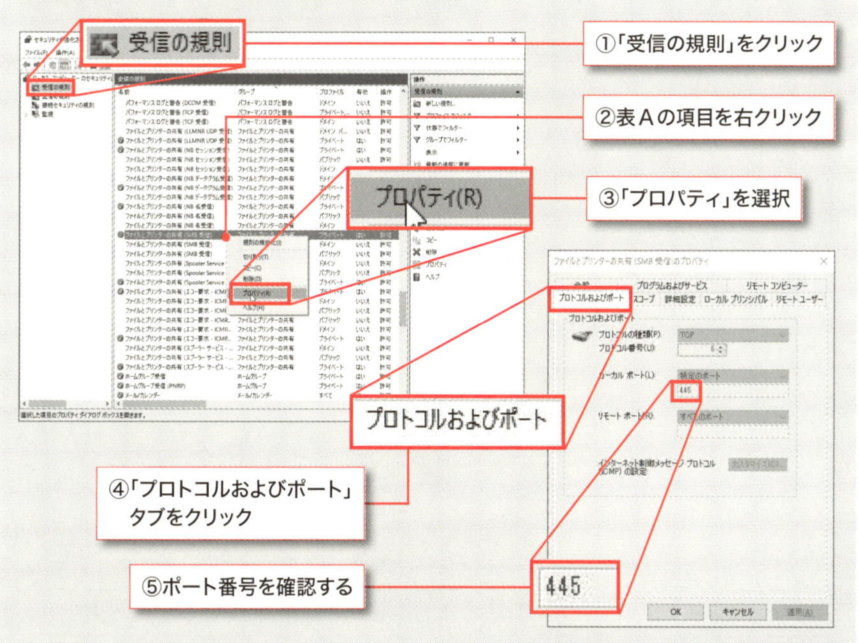

**表A**

| 項目 | ポート番号 |
|---|---|
| ファイルとプリンターの共有 (SMB 受信) | |
| ファイルとプリンターの共有 (NB セッション受信) | |
| ファイルとプリンターの共有 (NB データグラム受信) | |
| ファイルとプリンターの共有 (NB 名受信) | |

**続いて「送信の規則」をクリックし、同様に表Bの項目のポート番号を確認してください。**

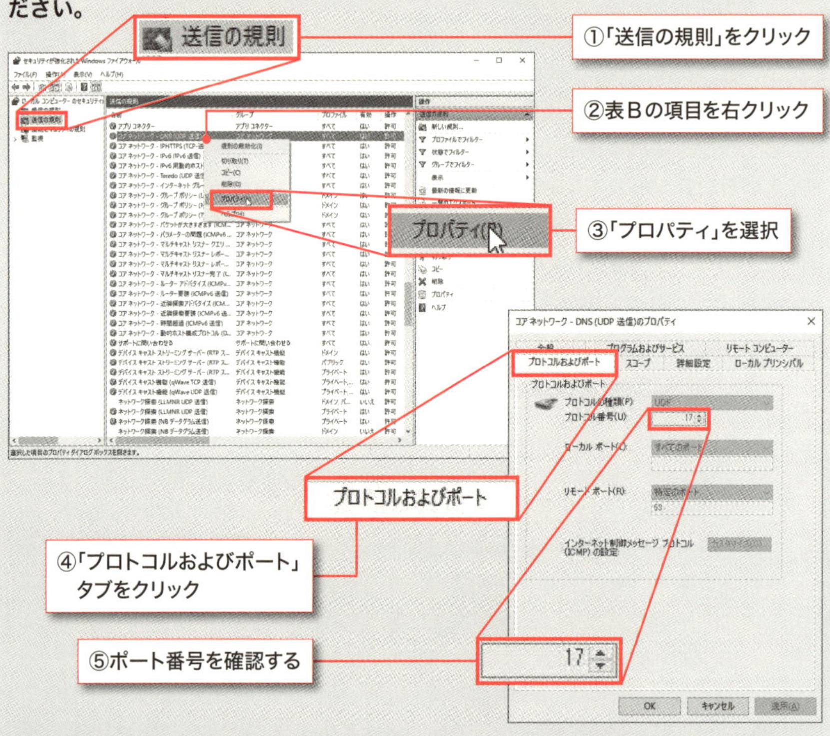


**表B**

| 項目 | ポート番号 |
|---|---|
| コア ネットワーク - DNS (UDP 送信) | |
| BranchCache ホスト型キャッシュ サーバー (HTTP送信) | |
| コア ネットワーク - 動的ホスト構成プロトコル (DHCP 送信) | |

〔5-3-1〕

# サービスプログラムを識別する出入り口「ポート」

## ◇ネットワークのおさらい

そもそも論になりますが、ネットワークとは、コンピュータのAとBをつなぐものです。実際につながった先のフェーズ、つまりコンピュータのAとBがつながることで、双方の役割分担が可能になり、一定の役割（機能）をサーバが担うことによって、PCの利便性を高めます。これがサーバの役割です。

ここまでの解説を振り返ると、まずLANケーブルで、コンピュータを物理的にネットワークに接続することが第1歩。コンピュータの接続先となるのがスイッチで、スイッチの向こう側にはルータがいます。さらに、TCP/IPの取り決めに従ってIPアドレスを設定し、個々のコンピュータのネットワーク上の場所を定めます。

ここまでの作業が完了したら、「ネットワークがつながっている」ということになり、ようやくサーバにアクセスするルートが整ったことになります。まず、ここまでの基本を今一度押さえてください。

さて、大切なのはここからです。コンピュータ間でやり取りを行うためには、IPアドレスだけでは不十分です。

なぜなら、IPアドレスは「コンピュータ」を特定はできますが、人間が要求する処理について、そのコンピュータがどのアプリケーション（サービスプログラム）が引き受けるべきかまでは特定できないためです。

## ◇サービスプログラムを識別する「ポート」

どのサービスプログラムで処理するかを決定するために、サーバ（コンピュータ）は「ポート」という出入り口を用意しています。

例えばWebブラウザを起動してWebコンテンツを閲覧したいなら、PCは「Webサーバ」にアクセスしますし、メールを送受信するときはメールサーバにアクセスします。アクセスを受けたサーバは、「ポート」を入り口として通信要求を受け取り、該当する内部のサービスプログラム（Webの処理ならWebのサービスプログラム、メールの処理ならメールのサービスプログラム）に引き渡し、処理を行います。さらにポートを出口として要求元であるPCのソフトウェアに結果を返すことになります。

なお、どうやって出入りすべきポートを識別しているかというと、○○の処理なら○○の通信プロトコル、という定められたルールがあり、例えば送信メールであればSMTP、受信メールであればPOP3やIMAP、WebであればHTTP、というように、利用するプロトコルも決まっています。ポートにはそれぞれのプロトコルに対応する「ポート番号」が定められており、コンピュータはこの数字を見て、どんなプロトコルがどんな通信を要求しているかを判断しているのです。

図18を見てください。このように、メールの送信であれば25番（または587番）、受信ならば、POP3なら110番、HTTPならば80番、FTPなら21番、というように出入りするポートが定められているのです。

図18 ポート番号経由のアクセス

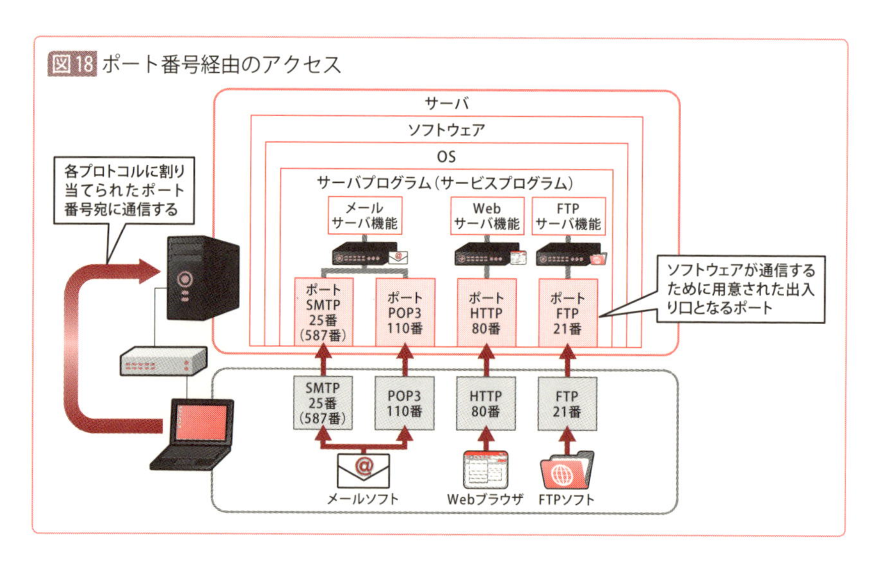

仮に1台のサーバ上で複数のサービスプログラムが動作していたとしても、「何番ポートにアクセスしてきたか」によって、サーバはどのサービスプログラムに処理を引き渡すべきかを判断できるようになっています。

## ◈プロトコルにはポート番号が割り振られている

サーバが利用する代表的なプロトコルは、他にも「DHCP」「DNS」「IMAP」「LDAP」「SIP」などがありますが、全てにポート番号が決められています。

DHCPは、サーバに向かう通信は67番、サーバからPCに向かう通信は68番を利用しますし、DNSはポート53番を利用します（ただしDNSは他のポートも併せて利用します）し、IMAPは143番、LDAPは389番、SIPは5060番を利用します。

これに加え、近年ではセキュリティを高めるため通信を暗号化することが多くなっており、その場合にはポート番号も変わります。IMAPを暗号化した「IMAPS」のポート番号は993番、HTTPを暗号化した「HTTPS」は443番を利用します。

このように、全てのプロトコルに対して一意のポート番号が定められており、それによって適切な処理が行われているのです。

## ◈TCPとUDP

プロトコルとポート番号の関係はこれまで説明した通りですが、サービスプログラムへ各プロトコルを振り分ける「通信規約」のようなものが存在します。それがTCPとUDPです。TCPは「TCP/IP」という言葉にも登場しましたね。

TCPはTransmission Control Protocolの略、UDPはUser Datagram Protocolの略です。名称に「Protocol」を含んでいる通り、これらもプロトコルの一種です。ただ、SMTPやHTTPが「メールやWebの通信」のようなはっきりした機能を与えられているのと違い、TCPとUDPは「通信の挙動」だけを指定するものです。

両者は通信の挙動が異なり、TCPはコネクション型、UDPはコネクションレス型で通信します。

簡単に説明すると、TCPによるコネクション型の通信では、相手が通信できる状況かどうかを確認し、「これからあなたにデータを渡します」という事前連絡を入れ、相手の「OKです」という返事を受け取ってからデータを送信し、通信の最後に「データは全部届きましたか?」と確認し、「届きました」という返信を受け取って通信を完了します。

つまり、通信の処理をいちいち細かく相手に確認するわけです。この方法は、メールやWebなど、「確実に相手にデータを届けたい」という場合に利用される通信方式です。

一方コネクションレス型の通信は、これらの確認作業を全て省き、「相手が通信できる前提で」自分が通信したいタイミングで通信を開始します。コネクション型に比べて安定性は劣るものの、そのぶん処理速度が圧倒的に速いという優位性があります。そのため、コネクションレス型は音声通信や1対多の通信などに用いられるケースが多いです。

先に挙げたプロトコルは、概ねTCPとUDPの両方利用することが可能です（図19）。つまりHTTPの通信では、HTTP80番の出入り口はTCP80番もUDP80番も必要ということになります。

ただ、プロトコルによってはTCPしかないものもあります。例えば、近年SMTPポートとして一般的に利用されている587番は、TCPの通信しかありませんし、SMTPを暗号化したプロトコルであるSMTPSも、TCP465番というポートしか存在せず、TCP通信しか行えません。さらに、Active Directoryで利用する445番ポートもTCPのみの通信です。つまり「UDP587番」や「UDP465番」というポートは存在しないことになります。

ともあれ、TCPかUDPかを指定し、その後にポート番号を付けることによって、正しいポート番号を指定した通信が行えることになります。よって、仮にファイアウォールが動作してTCP465番が閉じられていた場合、暗号化したSMTP通信は行えないことになるので注意してください。

図19 TCPとUDP

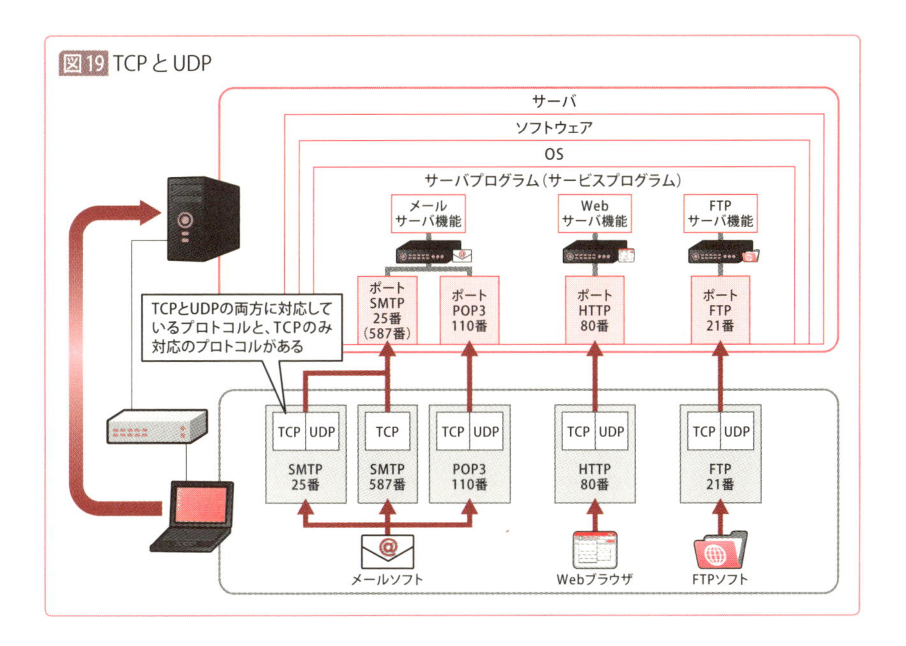


## CoffeeBreak　ポートを知るにはWindowsファイアウォール

ここで解説したポートやプロトコルを知るうえで、最も参考になるのが冒頭の実習で利用したWindowsファイアウォールです。Windowsファイアウォールは Windowsの標準機能で、通信が必要なアプリケーションを設定するために、「ポートを指定する」という設定が必要です。多くは自動的に設定されていますが、もちろん手動で設定することも可能で、ポートを開放したり、ポートを閉じたりすることで、通信を制御できます。

例えば、明示的にポート110番を無効化する（閉じる）と、メールソフトでPOP3受信はできなくなってしまいます。また、ポート80番を閉じれば、Webブラウザで Webサーバにアクセスし、コンテンツを閲覧することはできません。

手元のPCからでも、Windowsファイアウォールの設定を見れば、ポートやプロトコルを知ることができます。ですから、ぜひあれこれと設定を確認してみることをおすすめします。

学ぼう！

(5-3-2)

# 拠点間を結ぶ接続技術「VPN」

## ◇「VPN」を知っておこう

拠点間のネットワーク同士を接続する技術として近年利用されているのが「VPN (Virtual Private Network)」です。

VPNがあれば、インターネットを利用して仮想的な接続回線を作り、地理的に離れた拠点やデータセンターにあるコンピュータにセキュアにアクセスできるようになります。このような仮想的な相互接続を「トンネル」と呼称します。

例えば図20の拠点Aと拠点Bは、インターネットにこそ接続していますが、物理的に接続されているわけではないので、本来は拠点BのPC3は拠点Aのサーバへはアクセスできません。

しかし、VPNによってトンネルを作ることで、2つの拠点はルータで区

図20 拠点Aと拠点B

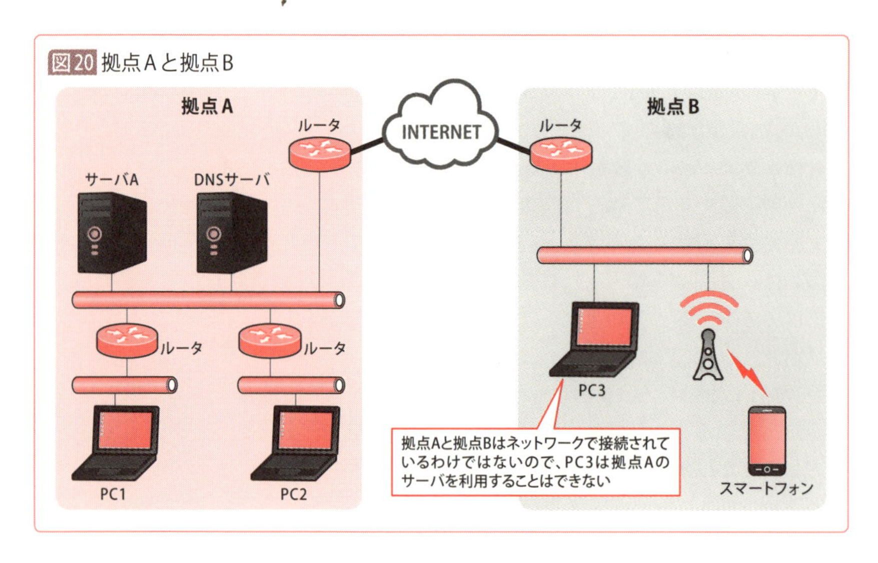

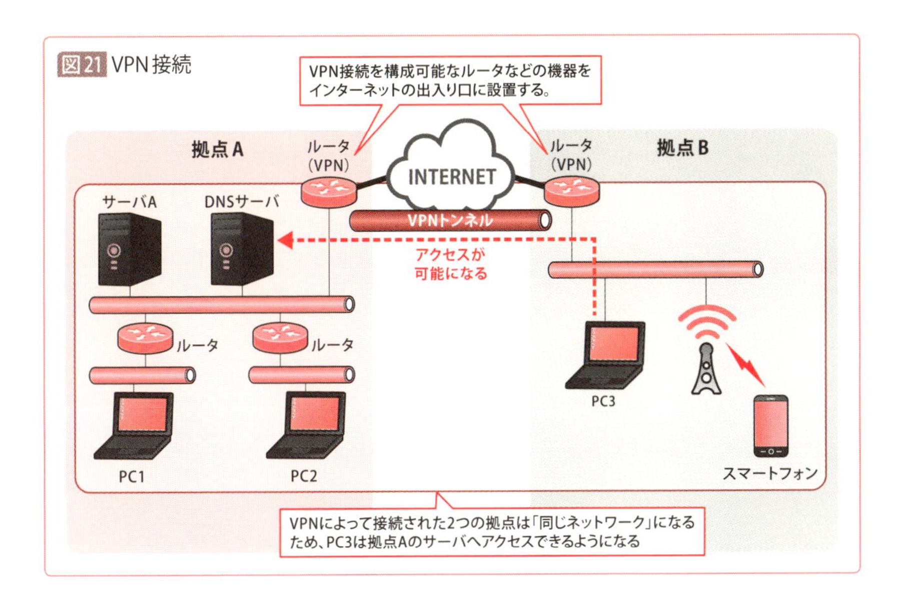


図21 VPN接続

切られた同一のネットワークに存在していることになり、PC3は拠点Aのサーバを利用できるようになります（図21）。実際の通信はインターネットを利用するのですが､互いの拠点に設置されたコンピュータから見ると、ルータの向こう側にいる同一ネットワーク内のコンピュータにアクセスするかのように通信できるのです。

ちなみに、昨今は「VPNルータ」と呼ばれる、VPN機能を搭載したルータがあり、これらの機器を導入すればVPN接続が可能になります*2（ファイアウォールがVPN機能を搭載していることもあります）。

また、VPNの機能を持ったルータは、インターネットの出入り口でコンピュータから受け取った通信のデータを見て､社内の通信をしたいのか、インターネットへの通信をしたいのかを判断してくれます。

宛先が社内のコンピュータに向けた通信であれば、VPNトンネルの向こう側にいるルータに向けて通信を流しますし、インターネットへ向けた通信であれば、自身がつながっているプロバイダの線に通信を流すようになるわけです（図22）。

＊2 VPN機能を搭載していても、異なるメーカー同士のルータは、VPN接続ができないこともあります。また、古い機器だとメーカーのサポートが終了しており、セキュリティの脆弱性が対処されていないこともあるので注意が必要です。

図22 通信を判断するルータ

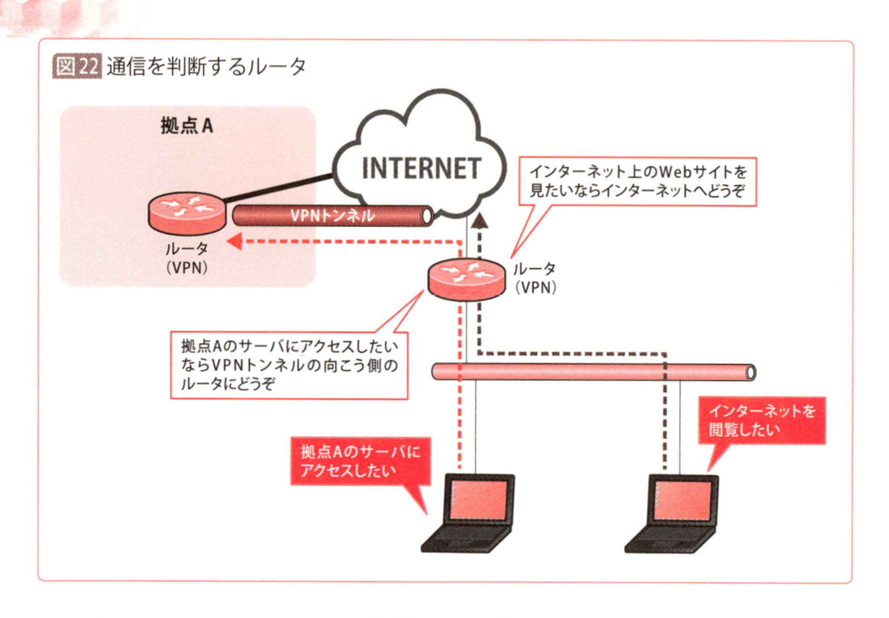


こうして、インターネット接続用の回線さえ用意すれば、あとはVPN接続が可能な機器を用意するだけで、社内ネットワークの延長として利用可能になる、これがVPNの特徴です。

## VPNが一般的になる前

余談ですが、VPN接続が一般的になる前は、インターネット接続回線とは全く別の「通信専用の線」を光ファイバで敷設するという方法がとられていました。文字通り「ユーザー企業専用の回線」を用意し、ルータやスイッチなどを接続していたわけです。

専用線はインターネット回線を使わないため、「安全性」という意味では申し分ありません。ただし、途方もなく高いコストがかかるため、それほど普及しませんでした。

その昔、筆者が勤務していた会社でも、「DA1500」という専用線を契約して利用していましたが、月額費用が数十万円もしたことを覚えています。しかも、通信速度は1.5Mbpsに過ぎませんでした。

近年は1Gbpsもの速度を誇るインターネット接続回線が普及していますし、(企業で占有できる回線とはいえ) その1000分の1の速度で10倍程度の月額費用を要する専用線は、選択肢としてあまり有力ではありません。もちろん今でも、高信頼性が要求される場合は専用線が用いられることもありますが、それは極めて特殊なケースだといえます。

## 第5章のまとめ

- サーバはネットワークに接続されていなければ機能を発揮できない
- ネットワークに接続するためには、LANケーブルをつなぎ、TCP/IPの設定が必要になる
- TCP/IP設定の1つである「IPアドレス」は、「ネットワークアドレス」と「ホストアドレス」で構成される
- サーバには、通常利用のためのLANと、管理用のLANの2種類を用意するのが望ましい
- 一般的に、サーバには無線LANは利用しない
- ネットワークに接続するためには、サーバからLANケーブルを延ばしてスイッチに接続するが、スイッチの向こう側には「ルータ」が存在する
- ルータはネットワーク同士を接続する機器である
- ルータによって分割されたネットワークの単位を「セグメント」「サブネット」と呼ぶ
- 同一ネットワーク上のコンピュータは、「ブロードキャスト」を用いて互いの情報を収集し合っている
- ブロードキャストはルータによってせき止められるため、DNSサーバの名前解決機能を使ってルータの向こう側のコンピュータと通信する
- どのサービスプログラムで処理するかを決定するために、サーバ(コンピュータ)は「ポート」という出入り口を用意している
- ポートには、POP3、IMAP、HTTP、DHCPなど、全てのプロトコルに対応する「ポート番号」が定められている
- 拠点間のネットワーク同士を接続する場合、「VPN」という技術がよく利用されている

## 練習問題

一般に、PCとスイッチを接続するケーブルはどれでしょうか？

- A USBケーブル
- B 光ファイバーケーブル
- C LANケーブル
- D ケーブルテレビ

次の説明のうち、IPアドレスの説明について正しいものを選びましょう。

- A IPアドレスはネットワークアドレスとホストアドレスに分かれる。どこまでがネットワークアドレスでどこまでがホストアドレスかは、サブネットマスクによって示される
- B ネットワークアドレスでネットワーク全体を表現する場合にはホストアドレス部分を「255」で表現する
- C IPアドレスは「@」で区切られた文字列で構成されており、ローカル部分とドメイン部分に分割されている
- D コンピュータ内部で、CPUやその他のハードウェアがデータを読み書きするメモリ上のアドレスをIPアドレスと呼ぶ

コンピュータ同士の通信で、複数の異なるネットワーク間を中継する通信機器は次のうちどれでしょうか？ 全て選びましょう。

- A スイッチ（スイッチングハブ）
- B L3スイッチ
- C アクセスポイント
- D ルータ

同一ネットワークアドレス上にどんな機器が存在しているかを収集する通信を何というか選びましょう。

- A ブロードキャスト
- B ブロードバンド
- C マルチキャスト
- D ユニキャスト

Q5

次のプロトコル名に対応するポート番号のうち、正しい記述はどれか選びましょう。

- A SMTP＝25（587）、HTTP＝443、POP3＝110
- B SMTP＝110、HTTP＝80、POP3＝25（587）
- C SMTP＝25（587）、HTTPS＝443、POP3＝110
- D SNMP＝25（587）、HTTP＝80、POP3＝110

次の中で、VPNを正しく説明しているものを全て選びましょう。

- A VPNは点在する各建物のネットワーク同士に屋外アンテナを設置し、無線LANによって離れた拠点同士を接続する技術を指す
- B VPNは契約した企業専用の回線を敷設し、ルータやスイッチなどで拠点間を接続する形態のネットワークである
- C VPNは「トンネル」と呼ばれる仮想的な相互接続を実現する技術であり、インターネットを経由して互いのネットワークを仮想的に接続する
- D VPNの機能を有する機器同士が接続された拠点間の通信は、LANケーブルで接続された社内ネットワークと同様に機能する

Q1. C　Q2. A　Q3. BとD　Q4. A　Q5. C　Q6. CとD

Chapter

# 06

# サーバと人間の関係

## ～サーバ管理とセキュリティ～

サーバを円滑に稼働させるためには、「人間」による管理が欠かせません。そこでここでは、サーバの管理業務についても解説しておきます。サーバ管理とはどういう業務で、どのような作業が必要なのかをここで覚えておきましょう。これらの知識は、実際に管理を行うかどうかを問わず、サーバへの理解を深めるうえで役に立つはずです。

やってみよう！

(6-1)

# 手元のクライアントPCをサーバのように使ってみよう

みなさんの手元のクライアントPCでも、共有フォルダを作ってファイルサーバの機能を持たせることができます。ここでは「サーバの管理」という作業を実感するために、実際にPCをファイルサーバ化し、他のネットワークから参照可能な共有フォルダを作ってみましょう。

**動作環境**

❶OSがWindows Professionalであること*（Home Editionは一部の操作が対象外）
❷OSを管理者権限（Administrators）のユーザーIDで操作できること

## Step1 ▷アカウントを作成する

**まずは、ネットワーク経由でアクセスするユーザーIDを作成します。「ファイル名を指定して実行」から「compmgmt.msc」と入力すると、「コンピュータの管理」画面が開きます。次のように設定し、ユーザーIDを作成しましょう。**

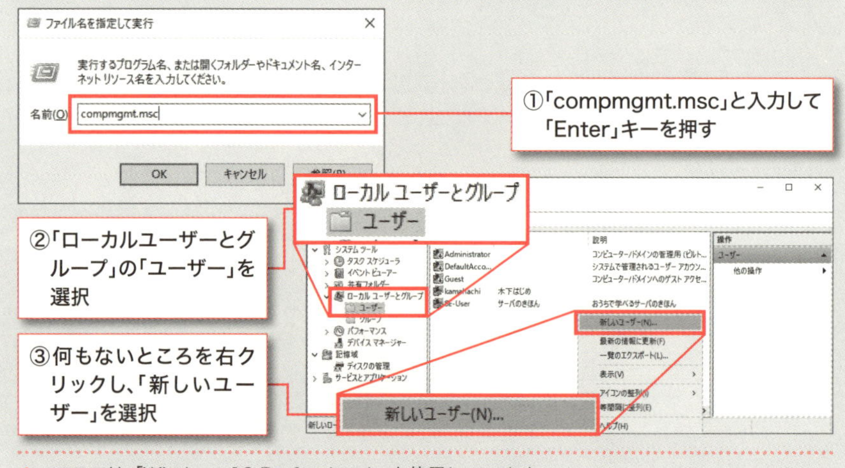


* ここでは「Windows 10 Professional」を使用しています。

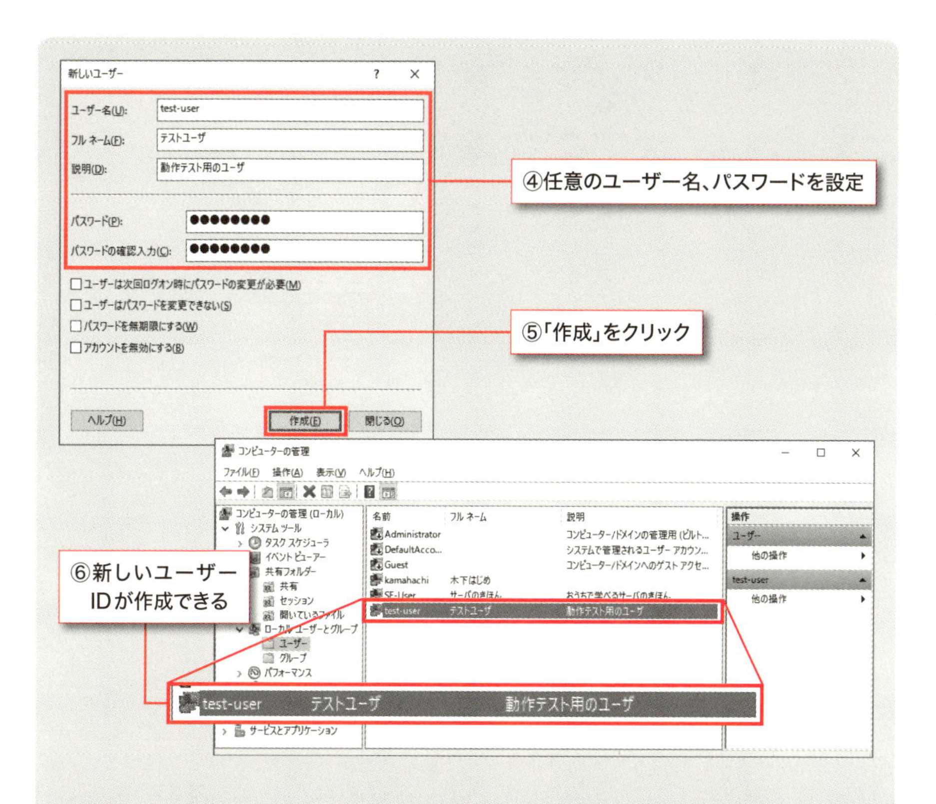


## Step2 ▷共有フォルダを作成する

次に、実際にネットワーク経由で共有するフォルダを作成し、ネットワーク内に公開してみましょう。

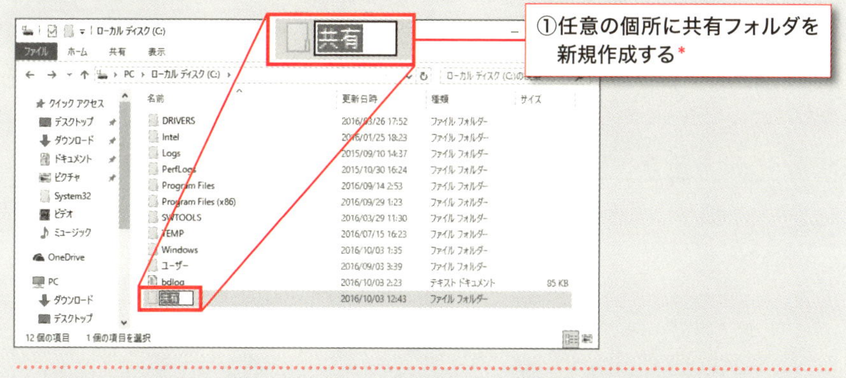


＊　ここでは、Cドライブに「共有」という名称のフォルダを新規作成しています。

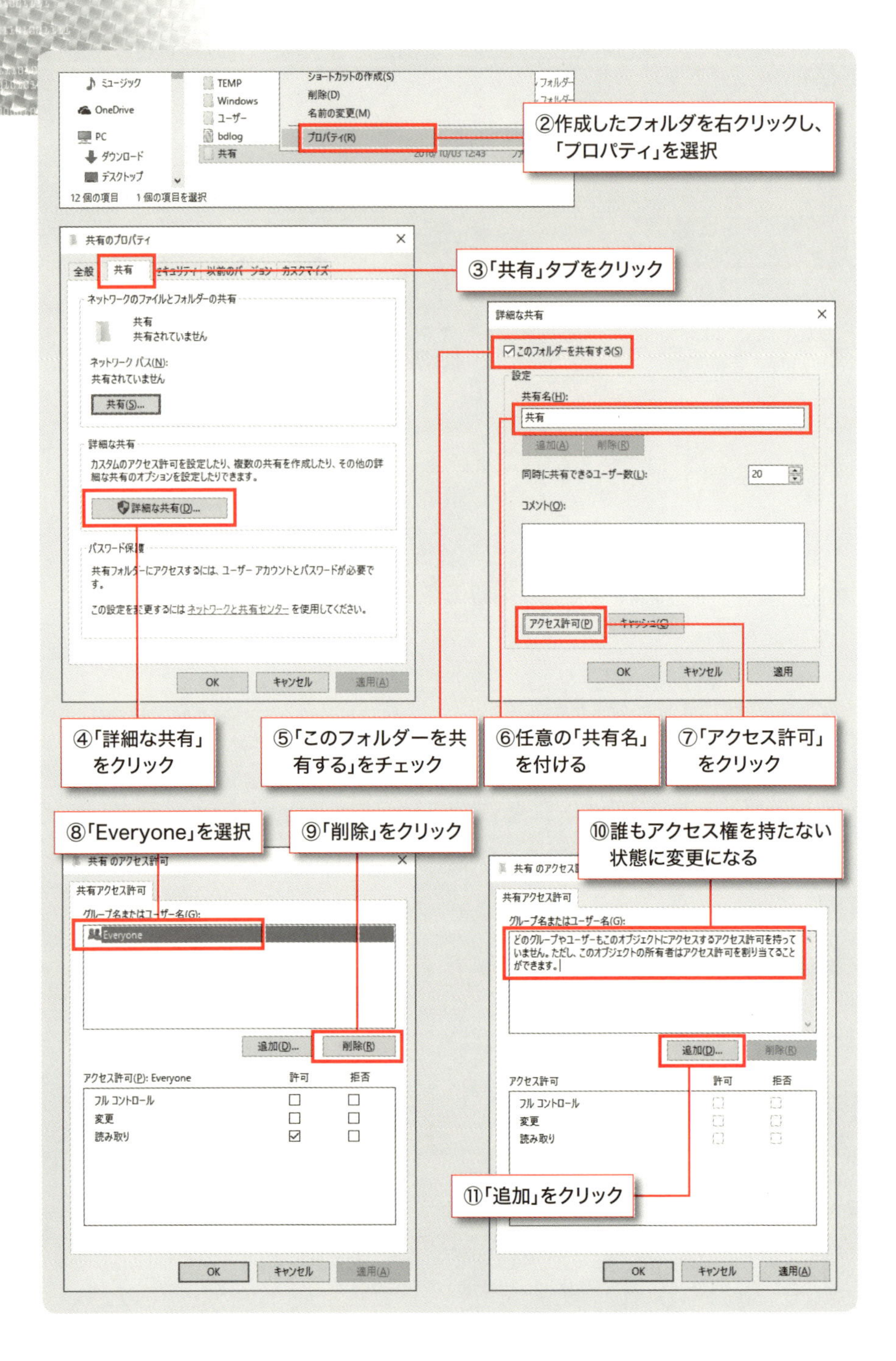
②作成したフォルダを右クリックし、「プロパティ」を選択
③「共有」タブをクリック
④「詳細な共有」をクリック
⑤「このフォルダーを共有する」をチェック
⑥任意の「共有名」を付ける
⑦「アクセス許可」をクリック
⑧「Everyone」を選択
⑨「削除」をクリック
⑩誰もアクセス権を持たない状態に変更になる
⑪「追加」をクリック

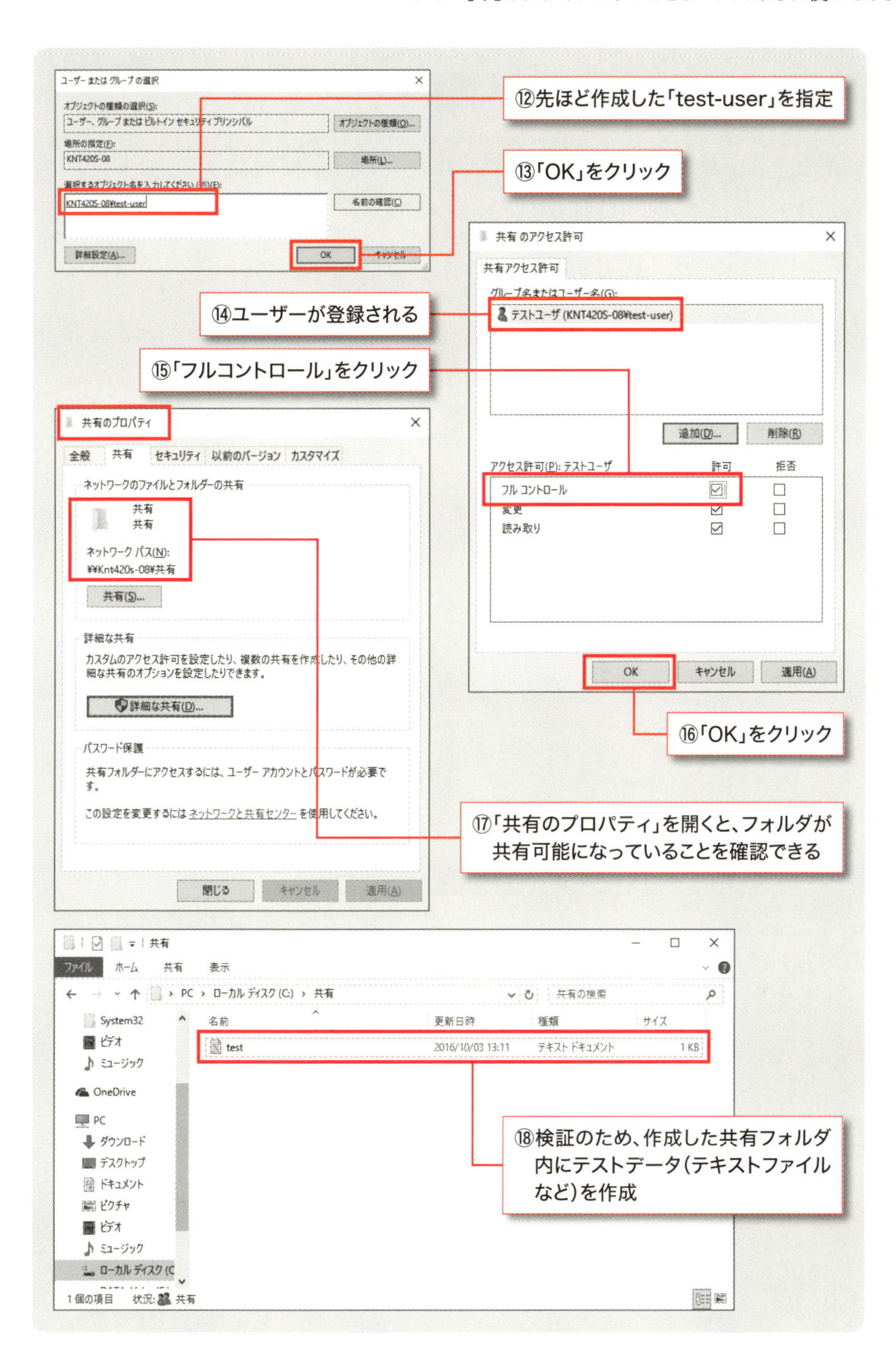
⑫先ほど作成した「test-user」を指定
⑬「OK」をクリック
⑭ユーザーが登録される
⑮「フルコントロール」をクリック
⑯「OK」をクリック
⑰「共有のプロパティ」を開くと、フォルダが共有可能になっていることを確認できる
⑱検証のため、作成した共有フォルダ内にテストデータ（テキストファイルなど）を作成
ユーザー または グループ の選択
オブジェクトの種類の選択(S):
ユーザー、グループ または ビルトイン セキュリティ プリンシパル
オブジェクトの種類(O)...
場所の指定(F):
KNT420S-08
場所(L)...
KNT420S-08¥test-user
名前の確認(C)
詳細設定(A)...
OK
共有 のアクセス許可
共有アクセス許可
テストユーザ (KNT420S-08¥test-user)
追加(D)...
削除(R)
アクセス許可(P): テストユーザ
許可
拒否
フル コントロール
変更
読み取り
キャンセル
適用(A)
共有のプロパティ
全般
共有
セキュリティ
以前のバージョン
カスタマイズ
ネットワークのファイルとフォルダーの共有
ネットワーク パス(N):
¥¥Knt420s-08¥共有
共有(S)...
詳細な共有
カスタムのアクセス許可を設定したり、複数の共有を作成したり、その他の詳細な共有のオプションを設定したりできます。
詳細な共有(D)...
パスワード保護
共有フォルダーにアクセスするには、ユーザー アカウントとパスワードが必要です。
この設定を変更するには ネットワークと共有センター を使用してください。
閉じる
ファイル
ホーム
表示
PC › ローカル ディスク (C:) › 共有
共有の検索
名前
更新日時
種類
サイズ
test
2016/10/03 13:11
テキスト ドキュメント
1 KB
System32
ビデオ
ミュージック
OneDrive
ダウンロード
デスクトップ
ドキュメント
ピクチャ
1 個の項目
状況:

## Step3 ▷別のPCから共有フォルダにアクセスする

**別のPCから、先ほど作成した共有フォルダにアクセスしてみましょう。別のPCで「エクスプローラ」を起動してください。**

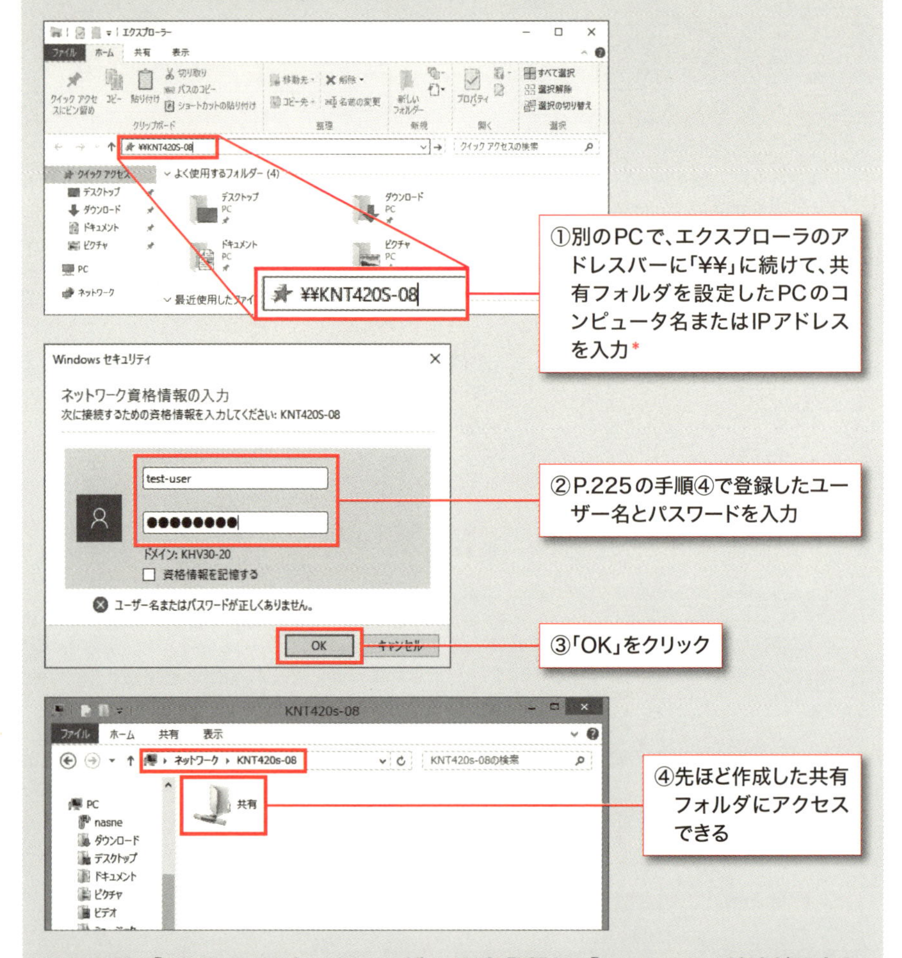


**ここでは、「test-user」というユーザーIDを登録し、「test-user」だけがアクセス可能な共有フォルダを作って実際にアクセスしてみました。**
**つまり、簡易なファイルサーバ機能をPCに追加できたことになります*。**

＊ ここでは対象のPCが「¥¥KNT420S-08」となっています。
＊ 無事動作を確認できたら、念のため今回作成したユーザーIDや共有フォルダを削除してください。

# 【6-1-1】サーバの管理業務とは？

## ◇サーバの管理を任されるということ

「サーバ管理」とは、一体どのような業務なのでしょうか。根本的なことではありますが、ここではその内容を整理しておきましょう。

「このサーバ、お願いね」……こんなふうに上司や先輩社員からいわれて、サーバ管理の業務が始まることは少なくありません。ただ、唐突にそういわれても、「何から手を付けてよいかわからない」と感じる人は多いようです。まず、「管理を任されたサーバ」が、そこに存在する経緯を考えてみましょう。サーバが稼働するまでには、次の3つのステップがあります。

**①構築して使えるようにする（構築作業）**
**②構築を完了し、使えるようにする（テストからサービスイン）**
**③使っている中で必要な作業を行う（運用作業）**

この3つのステップを経て、「管理を任されたサーバ」が存在していることになります。多くの場合、管理を任されるサーバは③の「運用作業」のフェーズにあり、サーバ管理者は運用作業の担当者としての業務を担うことになります。

## ◇運用作業とは何か？

では、「運用作業」とは一体どんな業務でしょう。一言でいえば、「使っている人（＝ユーザー）の利便性を維持すること」です。

サーバは、「自身の機能を提供すること」がその存在価値となります。運用作業では、「使っている人に提供されるサーバの機能」を「いかに停止させずに稼働させるか」が大きな目的となります。もう少し詳しくいえば、

「サーバを停止させないこと」ではなく、「サーバを利用した業務が停止しないこと」を目的としなければなりません。

例えば、会計システムが動作しているサーバの管理を任命された管理者がいるとします。この場合、会計システムの「ユーザー（使う人）」はおそらく経理部の社員で、彼らはシステムにデータを入力したり、帳票を出力したりして、日々の業務を行っています。

このとき、サーバ管理者の仕事は「会計システムが機能するサーバを停止させないこと」と考えがちですが、もう1歩踏み込んで「会計システムを利用するユーザーの業務が停滞しないこと」と考えたほうが、管理業務がわかりやすくなります。裏を返せば、「ユーザーが全く使っていないタイミング」であれば、「サーバが停止しても業務は停止しない」と考えることができますね。つまり、業務時間外であれば、サーバは稼働していなくても差し障りはないということです。

## ◇管理業務の「範囲」

もう1つ頭に入れておきたいのが、管理という業務の「範囲」です。「サーバ管理」というと、物理的なサーバ1台だけを見ておけばよいと考えがちですが、サーバの機能を利用するために、個々のクライアントPCに専用ソフトウェアが必要なケースは少なくありません（図1）。

前述の会計システムでいえば、会計システム本体はサーバ上で稼働していても、その機能を利用するためにはクライアントソフトウェアが必要、というケースもあるでしょう。この場合、サーバ本体のOSや会計システム、ハードウェア（故障対策）などの部分だけでなく、個々のクライアントソフトの管理も、サーバ管理業務の一環となります。

「○○システム」という名称のシステムは、ユーザーから見れば「サーバとクライアントソフトウェア」のセットで1つの道具です。

そのため、サーバ管理者はサーバやPCの垣根なく、ユーザーが使う道具（つまりサーバとクライアントソフトウェアのセット）を管理しなければなりません。

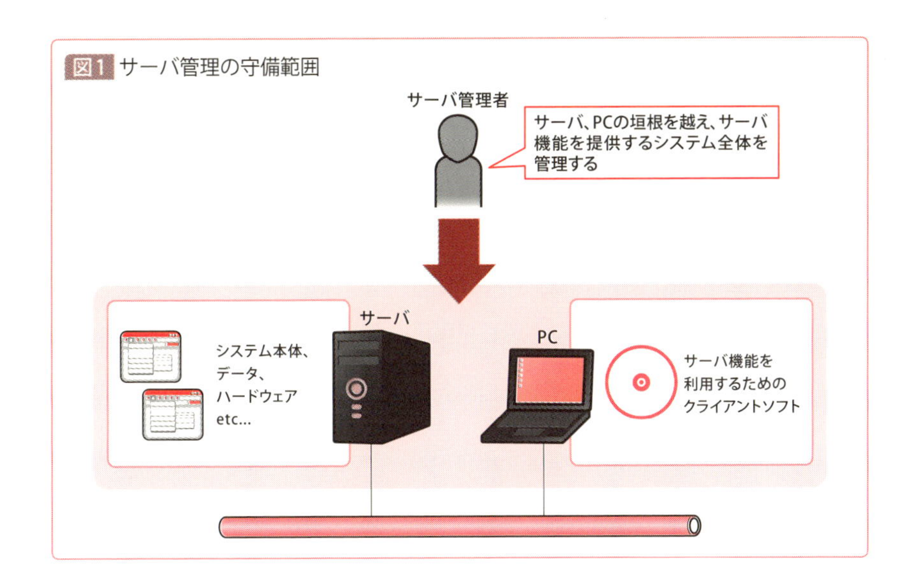


## ◇自社の成果に貢献するために

最後にもう1つ、サーバ管理者の責務を付け加えておきましょう。

「サーバを取り巻く人」としては、「使う人（ユーザー）」「使わせる人（管理者）」に加え、社外にはベンダーやSI（システムインテグレーター／エスアイヤー）も存在します。

ベンダーやSIは、サーバ機能（サービス）を提供してくれる人、という位置づけですが、彼らが提供するサーバ機能が、そのまま自社内で適用できるとは限りません。

自社の業務内容に合わせてシステムをカスタマイズしたり各種設定を行ったりなど、「提供されるサービスを自社にフィットさせる」というのも、サーバ管理者の重要な責務です。

もっといえば「サービスをユーザーに適切に使わせることで、自社の成果に結びつかせる」というのが、サーバ管理者をはじめとするシステム系の管理者が考えるべきゴールとなります。そう考えると、「サーバ管理」というのは極めて重要な業務であることがわかるでしょう。

# 〔6-1-2〕
# サーバのお世話①
# トラブルシューティング

## ◇第１歩は「正常時」の把握

サーバの管理業務の中で最も時間を費やすのがトラブルシューティング、すなわち障害対処です。

「障害」と一口にいっても、ソフトが起動しなくなった、サーバが応答しなくなった、サーバの部品が故障したなど、トラブルの種類を挙げればキリがありません。ただ、共通するのは「正常に動作しているときに提供されていた機能が使えなくなっている」ということ。つまりトラブルシューティングでやるべきことは、この使えない状態を「正常に動作していた時点の状態に戻す」という作業になります。

そのためには、通常利用時と比較して変わってしまった個所、つまり「問題個所」を迅速に絞り込むことが重要になります。

これは、見方を変えると「正常時はどんな状態なのか」をしっかり把握しておかなければならないということです。

障害は、管理している人間の都合を考慮してはくれません。「まだ正常な状態の調査中だから」あるいは「障害対処の勉強中だから」といっても、障害が起こるときは起こりますし、その障害に対して管理者は適切に対処することが求められます。

## ◇「トラブルが発生してから」では遅い

障害発生時に、すぐにトラブルシューティングに取りかかるためには、「どんな状態が正しいのか」「正しい状態を阻害する要因は何か」「正しい状態に戻すための操作は何か」などを把握しておかなければなりません。ですから、「トラブルが起きてから勉強する」のではなく、まずは「どんな状態が正常なのか」を含め、普段から情報を収集しておいてください。それが、障害対処の「差」となって出てきます。

## ◇トラブルシューティングの進め方

では、トラブルシューティングを実施するときの基本的なアプローチを見ておきましょう。基本的なアプローチは次のようになります。

**①障害個所を特定する**
**②障害要因の「仮説」を立て、検証する**
**③障害の発生個所を絞り込み、障害要因を取り除く**

このステップを正しく踏むためには、よくいわれる「トライ＆エラー」を繰り返すしかありません（図2）。

図2 トライ＆エラーの流れ

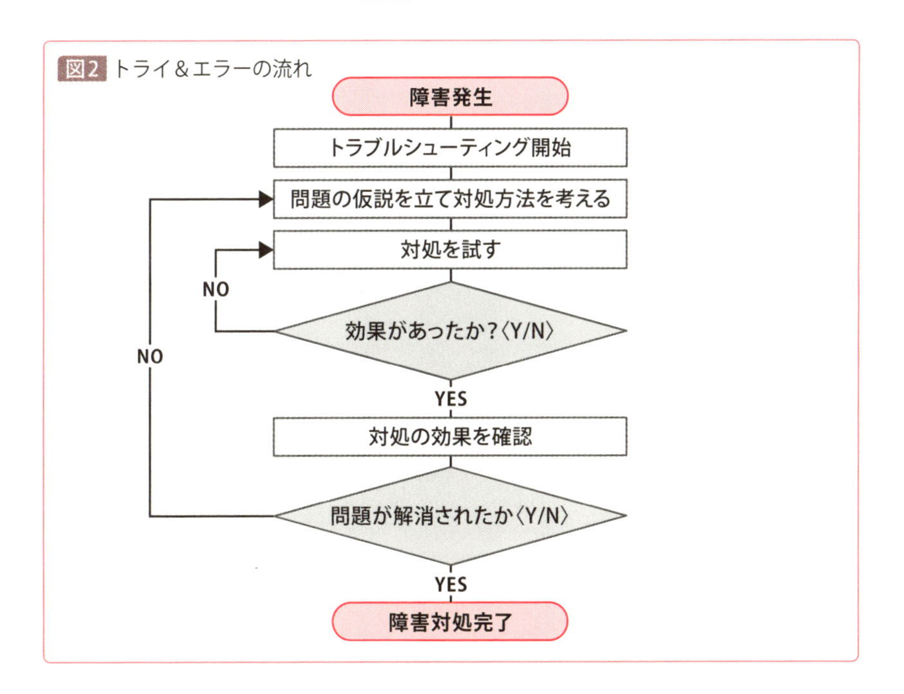

ただし障害要因を特定したり、なぜ障害が起きたかの「仮説」を立てたりするには、問題解決の対象に関する知識が必要です。ネットワークの問題であればTCP/IPなどの知識を要しますし、OSの動作不良であれば、Windows ServerやLinuxの知識があるに越したことはありません。

こうした「基礎知識」があれば、トライ＆エラーでも「不要なトライ」を省けますし、「不要なエラー」を減らすことにもつながります。

本書でも、ここまでネットワークやOSなどの解説をしてきました。これら「サーバの周辺知識」が、トラブルシューティング時に効果を発揮するのです。では、ここまでの解説を踏まえ、上記3点のステップを順番に見ていくことにします。

## Step① 障害個所を特定する

障害が発生したときは、慌てず、冷静にどんな問題が発生しているかを確認します。具体的には、次の3点をもとに、問題点を絞り込まなくてはなりません。

- **どのような現象が起きているか**
- **いつから起きたのか（いつ気づいたのか）**
- **誰が、何（どんな操作）をしたときに起きるか**

加えて、「同じく稼働している他の環境で同じ問題は発生していないか」という点も確認するのが理想です。

この作業はビジネスでよくいわれる「5W1H」のアプローチに似ています。「When＝いつ」「Where＝どこで」「Who＝誰が」「What＝何を」という4Wが目の前で発生する事象、そしてその事象をもとに「Why＝なぜ」を考え、最終的に「How＝どのように（対策するか）」を導き出すのです。

このとき収集すべき情報ですが、エラーが発生しているのであればエラー画面を入手することが望ましいですし、問題が発生した時間帯のログファイルを入手するべきです。可能であれば同一の環境でエラーを再現することも有効でしょう。とにかく、問題となっているエラーの状況を示す情報を正確に収集することが第1段階です。

また、問題を特定する段階では、実際に使っている環境の動作（画面）をもとにした情報収集に加えて、サーバのドキュメント（P.301参照）が存在しているようであれば、関連しそうな情報を手元に用意しておくことが望ましいです。いずれの情報も、「人間の主観」を極力除き、客観的事実をもとに推測を組み立てるよう心がけましょう。

## Step② 障害要因の「仮説」を立て、検証する

発生した問題に対する環境が理解できていれば、「この問題がどのようにして発生しているか」が見えてくるようになります。別の言い方をすると、「これが要因かもしれない」という「かもしれない（＝可能性）」がいくつか浮上するはずです。

この「かもしれない」がそろったら、これを断定できるよう検証するのが次の段階です。例えば、「Windows Serverのサービスが要因（かもしれない）」と判断したら、正常時のサービス状態と比較すれば、「どのサービスが停止しているか」を判断できます。

停止しているサービスがわかったら、「なぜ停止したか」「再度実行させるにはどうすべきか」を掘り下げ、復旧させることになります。

この掘り下げ調査は、ログを確認するのが一番の近道です。Windows OSであればイベントビューアからエラーを探し出し、同じ時間帯でどのような動作が発生したかを確認することになります（図3）。Linuxであれば、/var/log配下に格納されているsyslogやmessagesなどのログを確認することになるでしょう。

また、この確認段階では、問題を解消するためにあれこれと設定を変更することが多いので、「どの個所のどの設定をどう変更したか」を正確に記録しておきましょう。具体的には、「設定変更前と設定変更後の画面（設定ファイル）を両方取得しておく」「調査やテストをした実行結果を記録として残しておく」という2点を忘れないようにしてください。

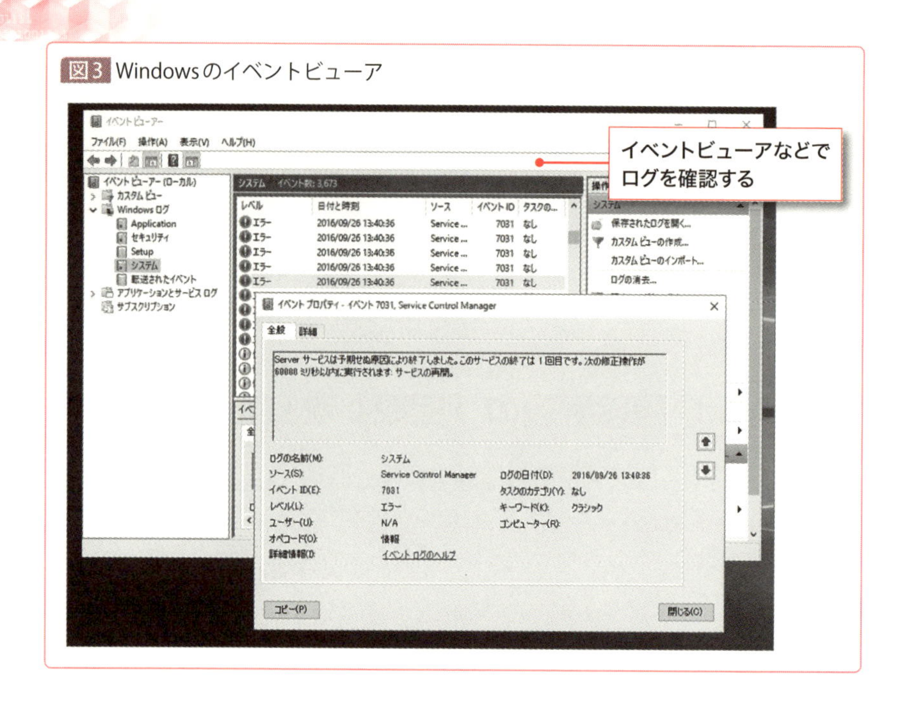


図3 Windowsのイベントビューア

こうして記録をとりつつ、トライ＆エラーで仮説の検証を進めることで、1歩1歩障害の要因に近づいていくことになります。

また、検証の際は、本番環境と同じテスト環境を用意するなど、ユーザーの動作に影響を与えない環境で動作確認するのが理想です。

## Step③ 障害要因を取り除く

「障害の要因（かもしれない）」という個所を洗い出し、1つ1つ検証していけば、最終的に「真の障害要因」にたどり着きます。障害要因を特定できたら、最後に障害を取り除きます。阻害する要因が取り除かれれば、正常時に動作していた環境に戻るはずです。

例えば障害要因が「ハードウェアの故障」であれば、部品交換をするようメーカーに手配することになりますし、何らかの設定が原因で、「特定の操作をしたら動作に問題が発生する」ということであれば、その操作を実行しても問題が発生しないよう設定を変更するか、あるいはその操作そのものの実行を制限する（メンテナンス時に限定する）という対処が必要かもしれません。

また、実際の現場では、障害の解消方法が「単一」であることは少なく、複数の解消方法が存在することが多いです。その場合は、「どの解消方法が一番簡単か（＝時間がかからないか）」「どの解消方法が再発の可能性が一番低いか（＝根本的な解決につながるか）」を考慮し、状況によって使い分けてください。

とりあえずの一次対処として「一番簡単な障害解消法」を実施して経過を観察し、ユーザーが利用しない「サーバのメンテナンス時」に「根本的な対処」をするという方法もありでしょう。

往々にして「根本的な対処」には時間がかかりますので、土日や連休中など、ユーザーがいないタイミングで再発防止策を実施するというケースも少なくありません。

## トラブルシューティングの最後に

トラブルシューティングを実施し、問題が解決すると、「これで完了」という気分になるものです。

しかし、トラブルシューティングを実施したら、そのときの対応をドキュメント化して保存することをおすすめします（P.301参照）。問題発生時の症状、問題時の状況や試行した内容、ログがどのような状態になっていたか、自分の立てた仮説とその検証結果、どのような対処を実行するとどのような動作になったかなど、発生から解消までの記録を残しておけば、後日似たようなトラブルが起きたときの参考になりますし、同じ障害で悩む他部署の人の助けになるかもしれません。

また、記憶が風化する前に記録を残しておくことで、より頭の中が整理され、「自分の経験としてモノになる」という側面もあります。

このように、「対策後のドキュメント化もトラブルシューティングの一環である」と肝に銘じておきましょう。

# 【6-2】正しいID、間違ったIDでログインしてみよう

「ID管理」や「リソース管理」も、サーバ管理の重要な責務の1つです。ここでは、「IDの働き」を改めて確認してみましょう。

## Step1 ▷間違ったIDでログインしてみよう

**会員登録しているサイトに、間違ったIDでログインしてみましょう。ここでは、Googleに、WindowsのユーザーIDでアクセスしてみます。当然ながら、正しくログインできないはずです。なお、WindowsのユーザーIDはご存じでしょうが、万が一わからなければ、コマンドプロンプトで「whoami」と入力すると確認できます。**

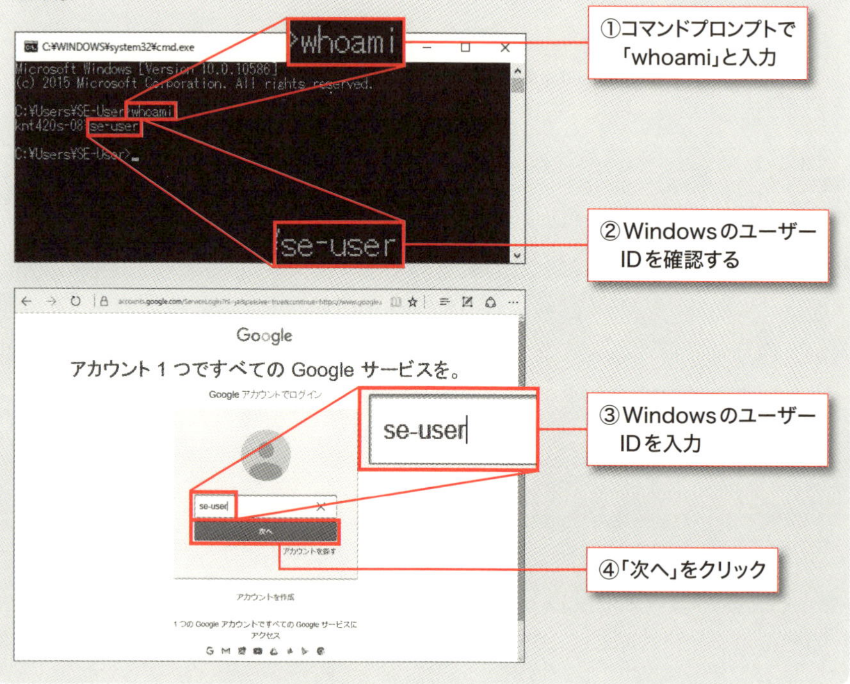

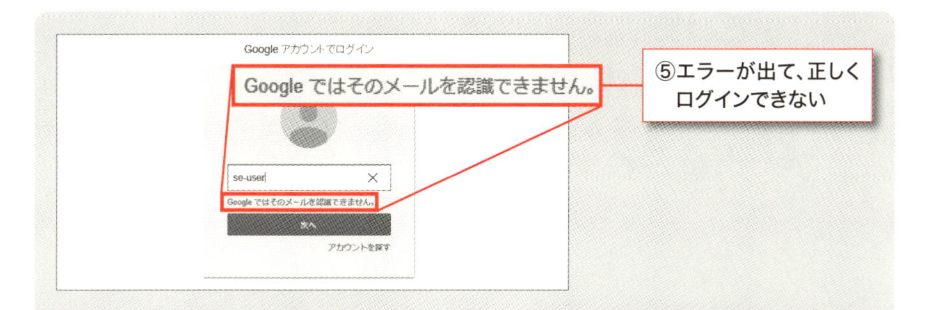


## Step2 ▷正しいIDでログインしてみよう

続いて、正しいGoogleアカウントでアクセスしてみましょう。今度は、正しくログインできるはずです。

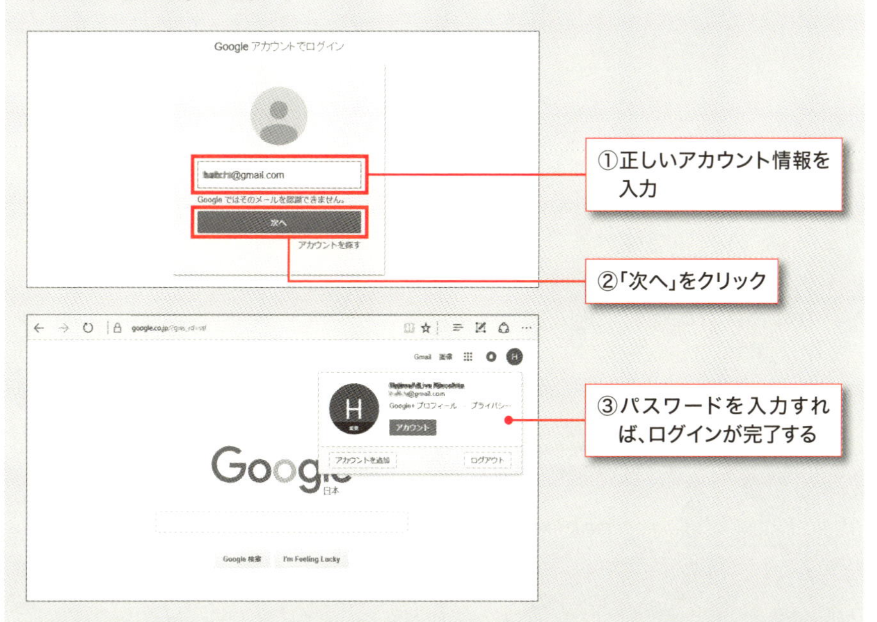


この実習は、正しいIDを入力しなければ認証が成功せず、データにアクセスができないことを示しています。WindowsのIDは、Windowsにログインするときには正しいIDとして機能しますが、Googleのログインには利用できません。当然ながら、Googleにログインするには、Google用のIDが必要です。つまり「認証」という動作においては、その認証システムに登録されている正しいIDしか識別しない、ということがわかります。

# 〔6-2-1〕 サーバのお世話② ID・リソースの管理

## ◇IDを管理する意味

サーバ管理の日常業務が、IDとリソースの管理です。ID管理は「ユーザー管理」、リソース管理は「キャパシティ管理」という名称で一括りになることもあります。では、それぞれの業務内容を見ていきましょう。

ファイルサーバの例で考えてみます。P.53にも書きましたが、ファイルサーバは「倉庫」に似ています。A倉庫に出入りするAさん、B倉庫に出入りするBさんは、それぞれの倉庫の鍵を持っています（図4）。

AさんのA-keyでは、A倉庫を開けることはできますが、B倉庫を開けることはできません。BさんのB-keyも同様に、B倉庫を開けることはできても、A倉庫を開けることはできません。つまり、「鍵を持っている人＝倉庫に立ち入ることを許された人」という見方ができます。

サーバのID管理も、基本的な考え方はこれと同じです。サーバでは、デー

図4 倉庫の入室管理

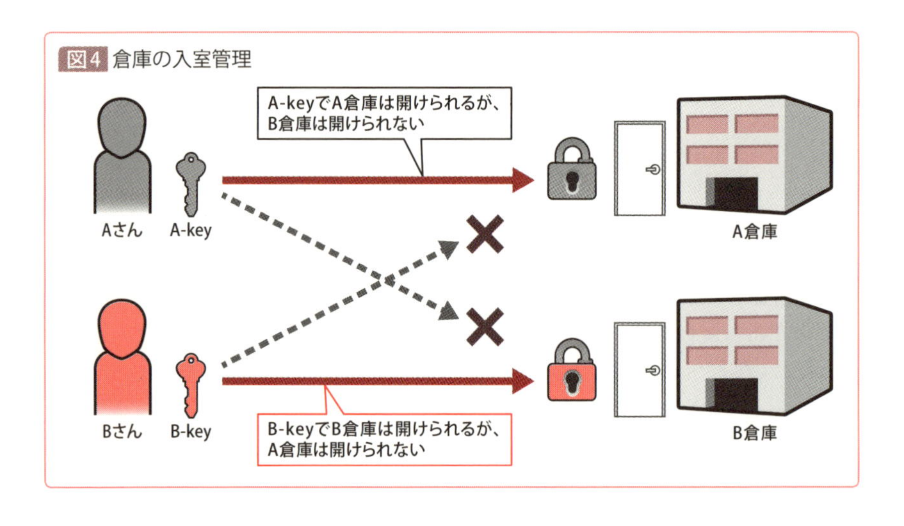

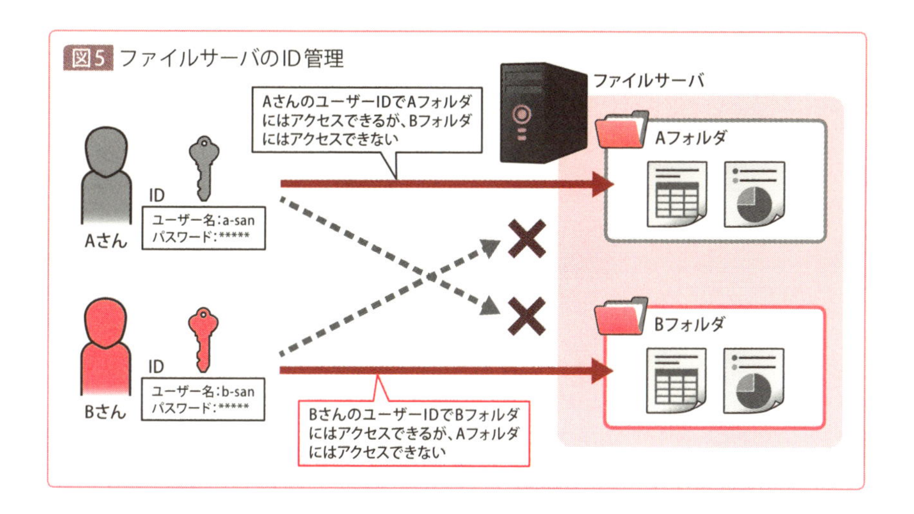

図5 ファイルサーバのID管理

タにアクセスするための鍵を、一般に「ユーザー IDとパスワード」で実現しています。ユーザー IDとパスワードによってユーザーを識別することで、「どの共有フォルダに誰がアクセスしてよいか（＝アクセス権限）」を管理しているのです（図5）。

サーバ管理者は、このアクセス権限を決定し、実際に設定を行わなくてはなりません。

## ID管理を助ける認証サーバ

企業のサーバ管理では、P.62で紹介した「認証サーバ」を設置し、認証を行っていることが多いです。Windows Serverの環境であれば、「Active Directory」で認証を実行している企業がほとんどでしょう。この場合、前述の「サーバ管理者がアクセス権限を決定し、実際に設定を行う」個所は認証サーバと個々のサーバ（ファイルサーバなど）になります。

認証サーバには、個々のサーバにアクセスするためのユーザー名とパスワードが格納されます。また個々のサーバ（例えばデータが格納されているファイルサーバ）には、どのユーザーがどのフォルダにアクセスしてよいかという設定を実施します。図6 の例なら、「①認証サーバからアクセ

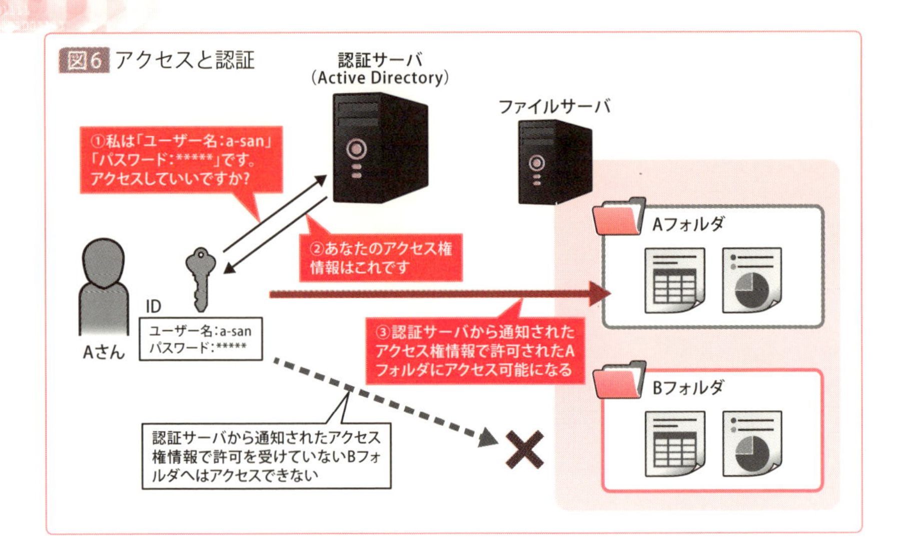


ス権情報をもらう→②ファイルサーバにアクセスする」という流れです。

もう少し詳しく見ると、Aさん(ユーザー名a-san)は、認証サーバにアクセスし、「ファイルサーバにアクセスしてよいか」を問い合わせます。認証サーバはそれを受け、「ユーザー名a-sanはこの範囲にアクセス可能ですよ」というアクセス権情報を伝えます。当然このアクセス権情報には「Aフォルダに対するアクセス許可」が含まれています。Aさんがアクセス権情報を持ってファイルサーバにアクセスすると、ファイルサーバは「そのアクセス権があるのならAフォルダにアクセスしてよい」と判断し、Aフォルダに格納されているデータの閲覧を許可することになります。当然ですが、このときAさんがBフォルダにアクセスしようとしても、認証サーバから伝達されるアクセス権情報にはBフォルダへの「アクセス許可」という情報が含まれていないため、アクセスは拒否されることになります。

## ID管理とリソースの管理

企業内には、ファイルサーバ以外にもメールサーバ、データベースサーバ、Webサーバなど、様々なサーバが設置されています。

これらに対する認証作業を認証サーバで1本化することで、管理者のユーザー設定やアクセス権限設定の業務を効率化しているのです。

「ユーザー名とパスワード（ID）を認証サーバに登録・変更・削除する」という作業がID管理、「登録されたIDでアクセス可能なサーバの場所を設定する」作業がリソース管理です。この2つが、サーバ管理者に要求される業務ということになります。

## ◇ Active DirectoryとWeb認証の違い

ところで、私たちは日常的にGoogleアカウントやMicrosoftアカウント、Facebookアカウントなどを利用し、それぞれのサービスを利用していますよね。これらにもユーザー名とパスワードを用いますが、これらとActive Directoryで利用するアカウントは何が違うのでしょうか。

簡単にいえば、違いは「認証サーバが把握しているリソースの範囲かどうか」です。

Active Directoryによって一括で認証を行うよう構成された会社のネットワークの場合では、誰かが何らかのサーバにアクセスする場合、「誰が使おうとしているか」を認証サーバが一括で識別できるようになっています。つまり、Active Directoryという集団に所属しているリソースは、Active Directoryの認証サーバで全てコントロールすることになります。

一方、例えばGoogleアカウントで利用するGoogleサービス（GmailやGoogleドライブなど）の認証は、Googleの認証サーバが用いられます。当然ですが、Active Directoryで使っているユーザー名やパスワードを使っても、認証をすることはできません。

本来、人間にとっては、取り扱うユーザー名とパスワードは少ないに越したことはありません。とはいえ、現実には利用するサービスごとに認証サーバが存在し、様々なユーザー名とパスワードを組み合わせて利用しています。ですから、サーバ管理者は、各ユーザーに使わせようとしているサービスが、「どの認証サーバで承認されているか」をしっかりと把握し、ユーザーが混乱しないように社内システムを構成する必要があります。

# [6-3] 各種セキュリティ情報を確認してみよう

サーバ管理として取り上げる最後の項目が「セキュリティ対策」です。ここでは、Windows Updateの情報と、国内のセキュリティ情報集約サイト「JPCERT/CC(一般社団法人JPCERTコーディネーションセンター)」の情報を確認してみましょう。

## Step1 ▷ Windows Updateの情報を確認しよう

**Windows OSのセキュリティを守るうえでWindows Updateは欠かせませんが、適用されたアップデート情報は一覧で確認できます。コントロールパネルの「プログラムと機能」から、「インストールされた更新プログラム」をクリックしてみてください。**

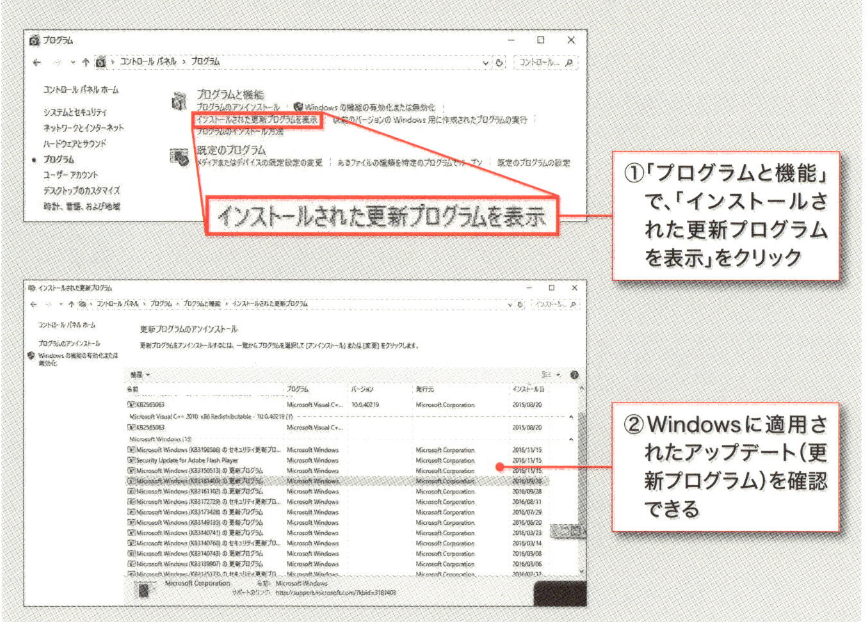

これにより、インストール日に記載のある年月日にてアップデートが適用されたことが確認できます。利用中のWindowsに最新のセキュリティアップデートが適用されているかどうかも、この画面で確認可能です。もし更新プログラム適用後にWindowsの調子が悪くなった、更新後にシステムの挙動が変わってしまった、という場合も、発生日時と更新プログラムのインストール日を照らし合わせることで、更新の影響があるかどうかをチェックできます。

## Step2 ▷「JPCERT/CC」のサイトにアクセスしよう

Windowsの更新に限らず、日ごろからセキュリティ情報を収集しておくことで、どのような対策をどのシステムに実施しなければならないかを把握しやすくなります。国内でセキュリティ情報が集約されているWebサイト「JPCERT/CC」(https://www.jpcert.or.jp/) にアクセスし、セキュリティ情報をチェックしてみましょう。

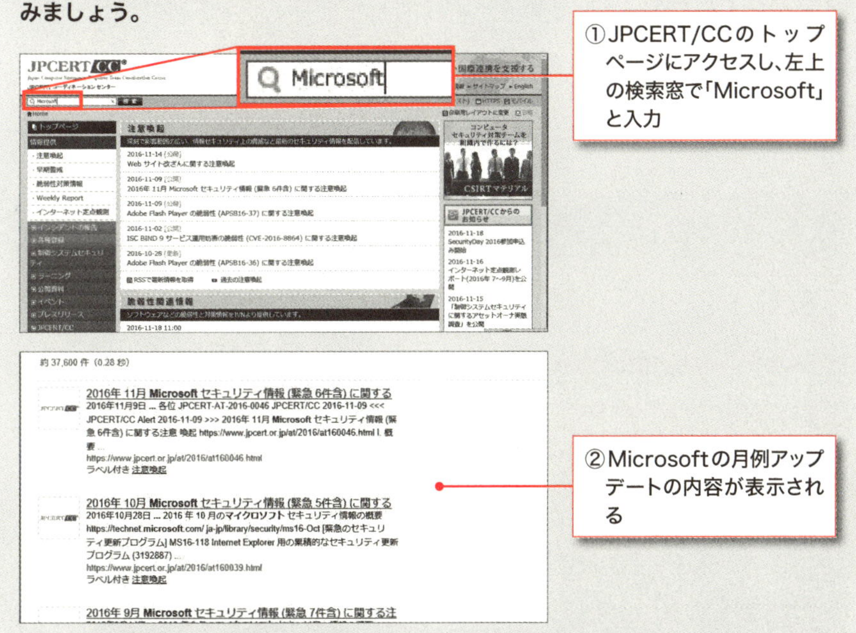


ここではMicrosoftのセキュリティ情報をチェックしましたが、例えば「Adobe」で検索すれば、Adobe製品のセキュリティ情報（脆弱性の情報なども含む）を確認できます。自社で使っている機器やソフトの製品名やメーカー名などで検索し、セキュリティ情報をチェックするとよいでしょう。

学ぼう！

〔6-3-1〕
サーバのお世話③
# セキュリティ対策 その1

## ◇セキュリティ対策の基本は「制限」

サーバ管理業務の最後に取り上げるのは、「セキュリティ対策」です。「セキュリティ対策」といっても多岐にわたりますが、基本中の基本として覚えておきたいのは、セキュリティとは「制限することである」という考え方です。例えばID管理でも、「アクセスできないID」を決めるのではなく、「アクセスしてよいID」を決め、そのIDだけにアクセスを制限するというアプローチが大切です。

ただし、ID管理によって各種制限をしていたとしても、ソフトウェア上のバグによって「本来利用できない人が利用できてしまう」という現象が発生することがあります。これが「セキュリティホール」と呼ばれるセキュリティの穴です（図7）。

図7 セキュリティホールは認証をすり抜ける

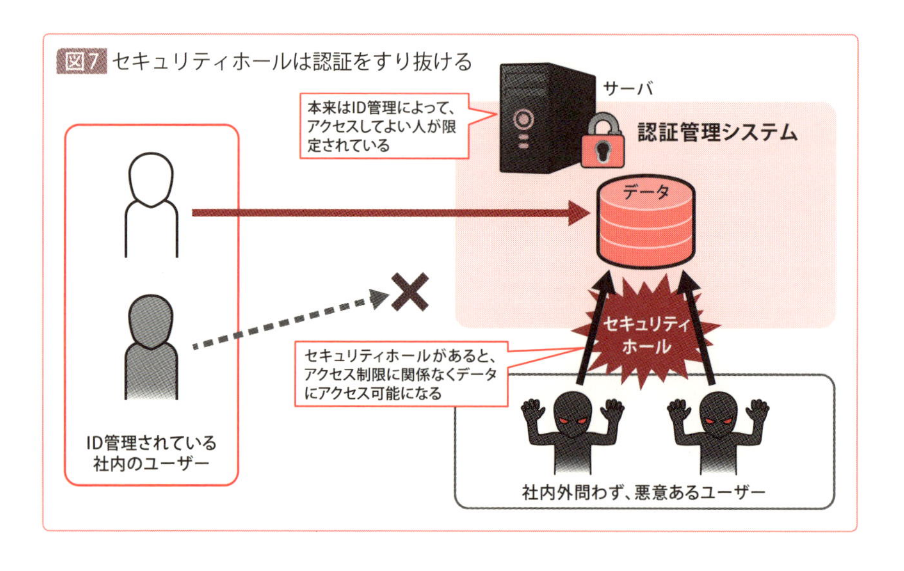

セキュリティホールを悪用されると、せっかく設定したアクセス権限に関係なく、ネットワーク内のサーバやPCにアクセスできるようになってしまいます。

これがローカルなネットワークであれば、対象となるのは社内に設置されたコンピュータだけですが（それでも十分問題ですが）、例えばインターネット上に設置された公開サーバにセキュリティホールがあると、このサーバは全世界の悪意あるユーザーからの攻撃対象になってしまいます。このセキュリティホールを埋めるのが、セキュリティ対策という業務です。

## 一番の対策は「予防」

セキュリティホールを通じた攻撃には様々なものがあり、単純にデータを詐取するものもあれば、サーバを乗っ取って正規ユーザーを締め出したりするような手法もあります。また、一見すると正常に利用できるように見えるのに、実は利用されているデータがちょっとずつ盗まれるというような厄介な攻撃もあります。

こういった多様な攻撃に対して、その都度対応するのは非常に困難です。ですから、最も効果的なセキュリティ対策となるのは「予防」です。

そもそもセキュリティホールを作らないように留意すべきですし、万が一セキュリティホールが見つかった場合でも、迅速にセキュリティホールを塞ぐ対処を実施しなければなりません。

## サーバに必要なセキュリティ

「サーバのセキュリティ」という側面で考えると、まず念頭に置いてほしいのは、もしセキュリティホールがあった場合、サーバが真っ先に攻撃対象になるということです。

攻撃する側の視点では、「サーバは24時間動作しており、時間をかけてじっくり攻撃できる」「サーバにはデータが集約されているため、集約されたデータを盗み取れる」という点において、PCを個別に攻撃するよりサーバを攻撃したほうが効率的で、実入りが大きいのです。

では、サーバに対するセキュリティ対策としては、どのようなものがあるのでしょうか。

技術面でいえば、大きく3つ挙げることができます。

**①PC同様にウィルス対策（&ファイアウォール）を施す**
**②PC同様にセキュリティアップデートを行う**
**③サーバ本体への物理的なセキュリティ対策**

もちろん上記以外にも、アクセスするコンピュータを区別したり、サーバに対する攻撃を検知したりなど、様々なセキュリティ技術があります。ただ、基本中の基本としては、上記3つを押さえておくべきです。

①の「ウィルス対策」でいうと、かつては「サーバにはウィルス対策は必要ない」などといわれていた時代がありました。しかしそれは昔の話で、今ではサーバにもウィルス対策が必須です。

また次善の策として、ファイアウォールも設定しておくのが望ましいでしょう。

この場合のファイアウォールは、インターネットと社内LANの境界に設置する専用のファイアウォール機器ではなく、Windowsファイアウォールや Linuxのiptablesなど、OSに内蔵されたアクセス制限機能を有効化することを指します。

ウィルス対策ソフトの導入にせよ、ファイアウォール機能の有効化にせよ、クライアントPCでは一般的なセキュリティ対策ですが、これらはサーバでも同様に実施するのが望ましいのです。

では次節以降で、②のセキュリティアップデートや、③の物理的なセキュリティ対策について、もう少し詳しく解説していきましょう。

# 〔6-3-2〕
# サーバのお世話④
# セキュリティ対策 その2

## ◇セキュリティアップデートとは

「セキュリティアップデート」とは、文字通りセキュリティ関連の修正を実行するアップデートプログラムを示しています。

Windows OSであれば、「Windows Update」という名称でサービスが提供されています。Windowsでは、クライアントOSもサーバOSも全く同じアップデートが提供されており、アップデートの適用手順なども同じです。図8はWindows Server 2016とWindows 10のWindows Update画面ですが、両方を見比べても相違点がないことがわかるはずです。

ただし、画面や操作が同一だからといって、サーバの場合はPCのように気軽にアップデートしてはいけません。アップデートに起因する問題が発生することもありますので、テスト環境などで事前にアップデートを試し、不具合がないかを確認することが推奨されます。

図8 Windows Update画面

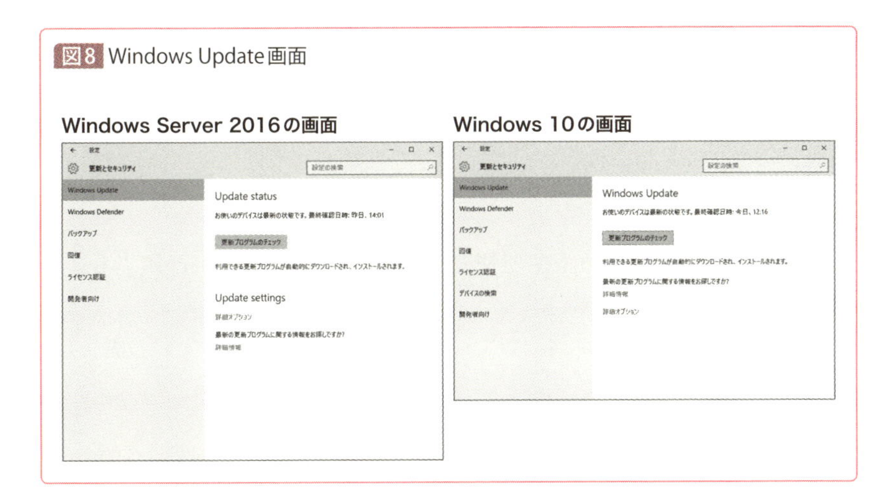

## ◇Linuxのアップデート

Windowsであれば、サーバもPCも変わらないためイメージがつきやすいのですが、これがLinuxとなると、Windowsとは少々異なります。

Linuxの場合、パッケージ管理システムがOSごとに用意されていることが多く、Red Hat系のLinuxであれば「yum」(ヤム：Yellowdog Updater Modified)、Debian系のLinuxであれば「apt」(アプト：Advanced Packaging Tool) というシステムが一般的に利用されています (図9)。

また、アップデートファイルは「rpm」や「deb」という形式で提供されており、「yum」は「rpmファイル」を、「apt」は「debファイル」を利用するようになっています。

ただし、このような違いはあるものの、「必要なアップデートをシステムに提供する」という意味では、Windows Updateと相似した機能が用意されています。

図9 aptでアップデート

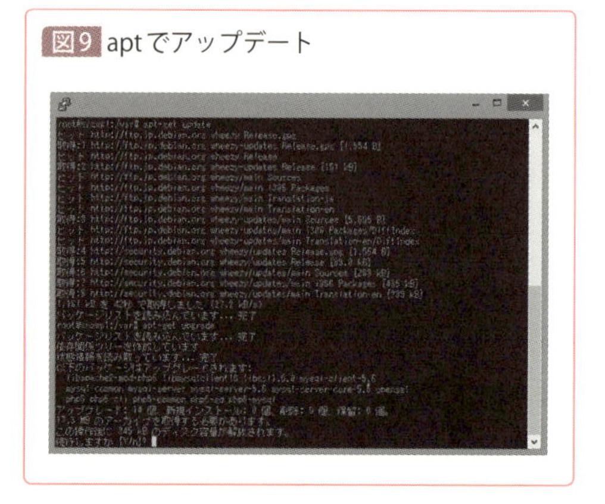

## ◇サードパーティー製品のアップデート

OSおよびOSで管理されるプログラムについてのアップデートは、一括でセキュリティアップデートやバージョンアッププログラムをダウンロード＆適用できるため大変便利ですが、あくまで「OSが管轄する範囲内のプログラム」が適用範囲です。

そのため、個別に製品を購入してサーバにインストールしている場合は、個別の製品ごとにアップデート適用プログラムを入手し、手動でインストール作業を行う必要があります (図10)。

ここで重要なのは、インストールされているプログラムや現在動作しているサービスプログラムをアップデートするために、「どのような方法があるのか」を把握しておくことです。

「ここまではWindows Updateでできる」「これは手動でインストールしないといけない」という情報をサーバごとに把握しておくことで、いざアップデート&バージョンアップが必要になった際に、どのような手順を実施する必要があるかという点を明確にできます。

例えばWindows ServerにインストールしたMicrosoft製品であれば、追加したプログラムであってもWindows Updateの対象となりますし、Linuxのディストリビューションが直接開発や提供していないパッケージであっても、yumコマンドで導入したrpmパッケージやaptコマンドで導入したdebパッケージは、一括でアップデートを実行できる対象となります。

図10 アップデートの違い

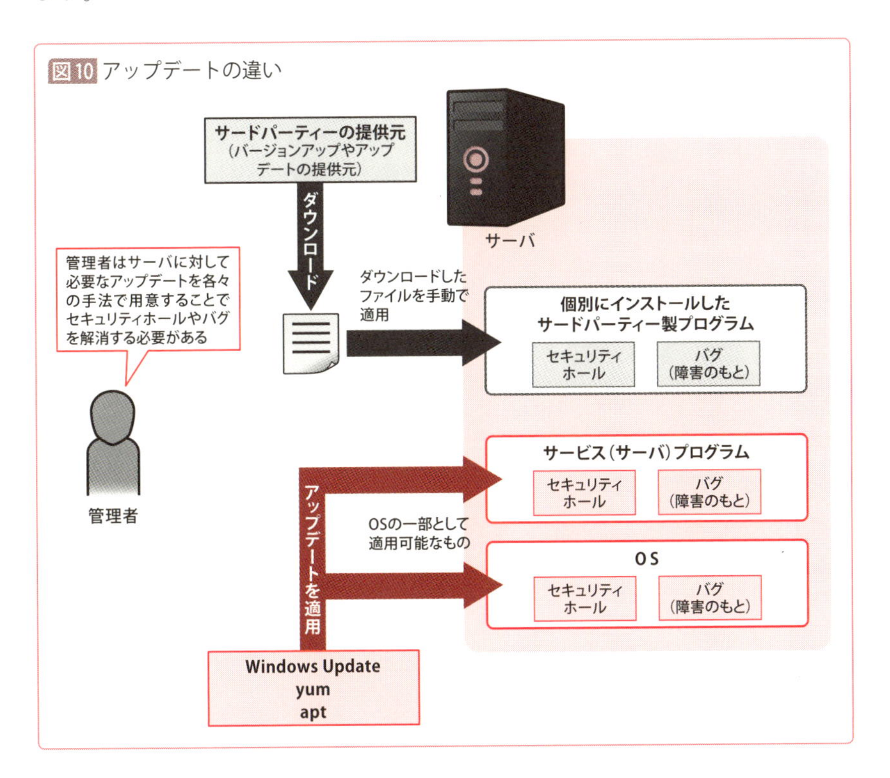

## ◇セキュリティ以外のバージョンアップ

ここまではセキュリティ中心のアップデートを解説してきましたが、アップデートやバージョンアップは何もセキュリティ対策だけを目的として存在しているわけではありません。

例えば、何らかのバグでソフトウェアの動作に不具合が生じる場合、「問題のある動作を改善するためのプログラム」が提供されることがあります。これを「パッチ」といいます。

パッチは1つの問題に対して1つ提供されることが多いですが、製品によっては全てを集約した「バージョンアッププログラム」が提供されることもあります。

これは、「このプログラムをインストールすると、問題点が全て解決しますよ」という趣旨のプログラムです。

またバージョンアッププログラムには、バグの解消だけでなく、新たな機能が含まれることもあります。つまりバグが解消されるばかりか、新しい便利な機能も追加されるということです。

このような大型アップデートは、ソフトウェアの動作をがらりと変える可能性もあるため、前述のように、適用前に必ずテストを行うようにしてください。

ここまでいろいろと解説してきましたが、サーバ管理者がやるべきことをまとめると、次の2点に集約できます。

- **セキュリティの観点で既に明らかなセキュリティホールを埋め、不正アクセスからの安全性を確保する**
- **まだ発生していない（あるいは発生している）バグに起因する障害を防ぐためにバージョンアップを適用する**

アップデートはやみくもに行うのではなく、上記2点の目的を達成するためだということを覚えておいてください。

〔6-3-3〕
# サーバのお世話⑤ セキュリティ対策 その3

## ◇その他のセキュリティ対策

ここまで、ID管理＆リソース管理で使えるIDを限定し、セキュリティアップデートでセキュリティホールやバグを悪用した不正なアクセスを防止するという、技術的なセキュリティについて解説してきました。

ただ、技術的なセキュリティ対策を1つ1つやっていては、時間がいくらあっても足りません。

そこで大切になるのは、「サーバにインストールするソフトウェアは必要最低限にとどめる」ということです。

インストールされているソフトウェアが多ければ多いほど、セキュリティホールやバグが増えていきます。

サーバのセキュリティ対策に必要な労力を減らすには、このセキュリティホールやバグの大元であるプログラム自体を必要最小限にするのが得策です。

### 出自の明らかなプログラムだけをインストールする

いくら便利であっても、どこの誰が作ったかわからないプログラムはインストールしてはいけません。

出自がわからないと、どんな意図を持ってそのプログラムが提供されているのかわからないからです。

もしそのプログラムが悪意を持って開発されたプログラムだった場合、サーバとサーバ内のデータが危機に陥ってしまうことになります。インストールした時点で問題がなかったとしても、ある日突然に牙をむくかもしれないので注意しましょう。

### 開発が継続しているプログラムだけをインストールする

同じように、いくら便利であっても、開発が終了してしまったプログラムはインストールすべきではありません。

なぜなら、開発が終了してしまったプログラムは、その後メンテナンスされることがないからです。この場合、いざ問題が発生したときに問題を解決することができません。

インストール時に問題がなくても、OSのバージョンアップなどにより、潜在的な問題がある日突然顕在化することも考えられます。

## ◇サーバ本体への物理的なセキュリティ対策

P.248で触れた通り、技術的な問題だけではなく、サーバ本体への物理的なセキュリティにも留意すべきです。極端な話をすれば、サーバが丸ごと盗まれてしまったら、どんなに厳密なID管理やセキュリティソフトウェアを導入していたとしても意味がありません。

また、サーバには厳密な盗難防止策を施していたとしても、サーバを操作するキーボードやマウス、モニタが誰にでも触れる場所に存在していたら、これもやはり片手落ちです。

あるいは、盗まれないにしても、物理的に破壊されるようであれば、これまたサーバの安全性に問題があるといえます。

破壊や盗難という極端な例はさておいても、ネットワーク経由でのアクセスを技術的に制限する場合には「サーバには物理的に触れることができない」という前提が存在します。

つまり、物理的に触れることができない場所に設置されているサーバだからこそ、ネットワーク経由でのアクセスを制限する意味が出てくるわけです。

よって、サーバを企業内に設置する場合には、P.134でも触れたように、サーバ室や施錠可能なラックに格納しなければなりません。

ちなみに、データセンターのような専門の施設では、入り口に警備員が常駐して入退室の監視をしていますし、サーバが設置されている重要な区画に入るためには生体認証を実施するなど、厳密なセキュリティが施されています。一般の企業でも、サーバの入退室の記録を取るケースが増えてきました。

　このように、「許可された人以外はサーバに触れることができない」という環境を作ることも、重要なセキュリティ対策です。

## 第6章のまとめ

- サービスを提供する側から提供されるものを自社にフィットさせて使えるようにすること、使うことで成果に結びつかせることが、サーバおよびシステム管理の目的である
- サーバ管理においては、「サーバを利用した業務が停止しないこと」を第一義に考えるべきである
- 障害対処の基本は、「悪い状態を正常な状態に戻すこと」である
- 障害対処のためには、正常稼働時と比較して変化した個所を迅速に探し出すことが要求される
- ユーザー管理は「使っていい人」を決める作業、リソース管理は「使っていい場所」を決める作業である
- 認証サーバを用いれば、ID管理とリソース管理を効率化できる
- セキュリティ対策の基本は「制限すること」である
- サーバは悪意あるユーザーにとって真っ先に攻撃目標となるため、厳密なセキュリティが要求される
- サーバにも、クライアントPC同様のウィルス対策やファイアウォールを適用することが望ましい
- セキュリティアップデートは、セキュリティホールを防ぎ、ソフトウェアを安全な状態に保つために必要な管理業務である

# 練習問題

**次のトラブルシューティングの考え方のうち、誤っているものを選びましょう。**

A トラブルシューティングに取りかかる前には、どんな状態が正しいかを把握しておく必要がある

B 思いついた対策を思いついた順番に随時実行していけば、トラブルシューティングは早く完了する

C トラブルシューティング時の情報収集は極力人間の主観を取り除き、目の前の事実だけを収集する

D トラブルシューティングのためには、エラー画面やログファイルを参照するほうが望ましい

**次のうち、ID管理の説明ではないものを選びましょう。**

A 認証サーバが設置されている場合、Windows Serverの環境であればActive Directoryで認証を実行していることが多い

B サーバが何台あっても、Active Directoryであれば1台の認証サーバで認証ができるため、認証情報を統合できる

C ユーザーIDとパスワードによって人を識別することで、どのユーザーIDがどのデータを使えるかを識別できる

D LinuxではOSごとにパッケージ管理システムが用意されており、必要なアップデートを行える

**次の説明のうち、セキュリティホールを正しく説明している文章を選びましょう。**

A セキュリティホールは脆弱性を意味しており、ソフトウェアのバグや不具合を利用して、権限外のユーザーの不正なアクセスを誘発する

B セキュリティホールは鍵穴を意味しており、サーバ室への入退室を記録するためのシステムである

C 実際に使う人がアクセスするために必要な出入り口をポートといい、ポートを開けることをセキュリティホールという

D セキュリティホールは、アクセスに対する可否を識別する仕組みで、アクセスを許可する一覧を作成し、それ以外を拒否する機能を提供する

**次のうち、OSのアップデートと関係ない用語を選びましょう。**

A yum　　B apt

C Windows Update　　D NAS

Q5

**物理的なセキュリティに関する記述のうち、誤っているものを全て選びましょう。**

A サーバはみんなで使うので、オフィス内の誰でも触れる場所に設置し、積極的に活用する必要がある

B サーバが盗難にあわないように、鍵のかかったラックや、設置されたサーバ室を施錠するなどの物理的な対策も重要である

C サーバの盗難対策を施しても、物理的に破壊されるようであればリスクとなる。よって、データセンターのような専門施設に預けると安全性が高まる

D サーバにはソフトウェアをインストールする必要があるため、誰でも本体のキーボードやマウスを操作できる状態にしておかなければ利便性を確保できない

Q1. B　Q2. D　Q3. A　Q4. D　Q5. AとD

Chapter

# 07

# サーバを安定稼働させるために

## ～サーバの保守・運用～

サーバを安定的に運用するためには、人間が「能動的に」やらなければならない業務も多々あります。本章では、そのような人間が能動的に行うべきサーバ管理業務について解説していきます。サーバを適切に保守・運用していくうえでは、ここで紹介するような業務が欠かせません。また、これらを学んでおくと、サーバ管理の重要性もより明確になるはずです。

やってみよう!

〔7-1〕

# コマンドを使って バックアップしてみよう

サーバ管理者の仕事として欠かせないのが「バックアップ」です。ここでは、コマンドを用いて、USBメモリにデータのバックアップをとってみましょう*。バックアップするデータは、何らかのテストデータを準備してください。

## Step1 ▷USBメモリにデータをバックアップする

**USBメモリなど、バックアップメディアを手元のPCに接続してください。このときのドライブレター（"E:"や"F:"などの文字）を覚えておきましょう。**

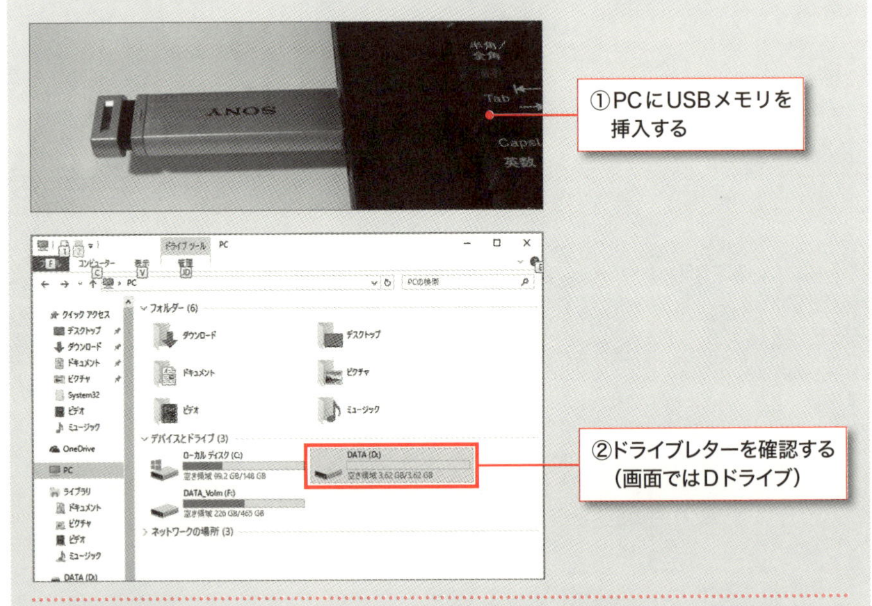


* 本実習で使用したコマンドのテキストファイルをご覧になりたい場合は、次のURLからダウンロードしてください。
https://www.shoeisha.co.jp/book/download/9784798149387/

**差し込んだUSBフォルダ内にフォルダを作成します。コマンドプロンプトを起動し、次のコマンドを入力してください。**

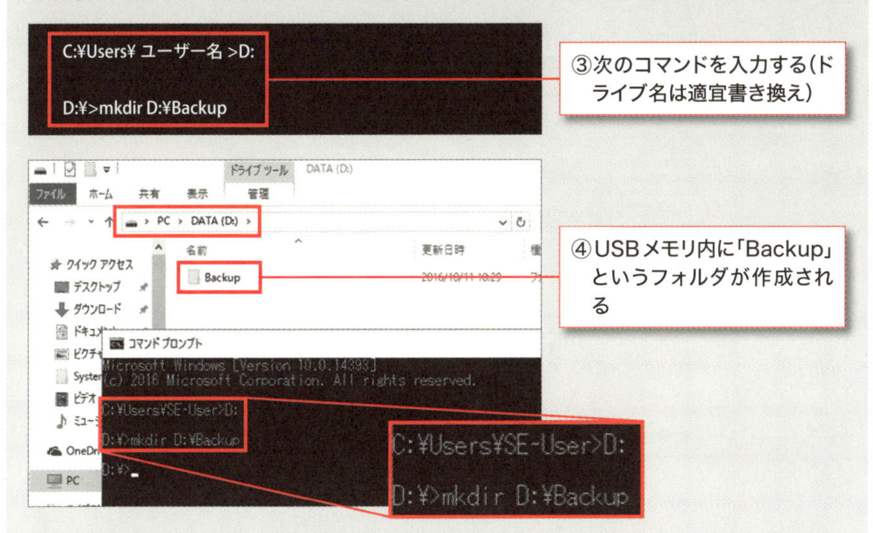


**続いて、作成した「Backup」フォルダ内に実際にバックアップをとるフォルダを作成します。バックアップの日付がわかるよう、日付名でフォルダを作りましょう。前の手順に続けて、次のコマンドを入力してください。**

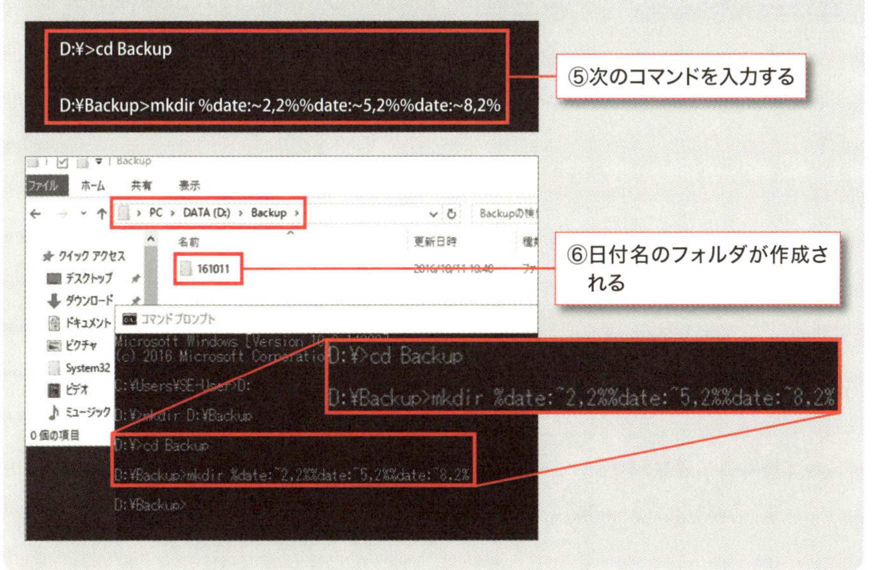

続いて、バックアップ元となるフォルダを確認します。事前に、任意の場所に何らかのテストデータを準備してください。アドレスバーをクリックして、コピー元となる場所を確認します。ここでは「C:¥Users¥SE-User¥Documents¥AP-Data」となっていることが確認できます。つまり、今回はドキュメントフォルダ内、「AP-Data」フォルダの中身をバックアップすることになります。

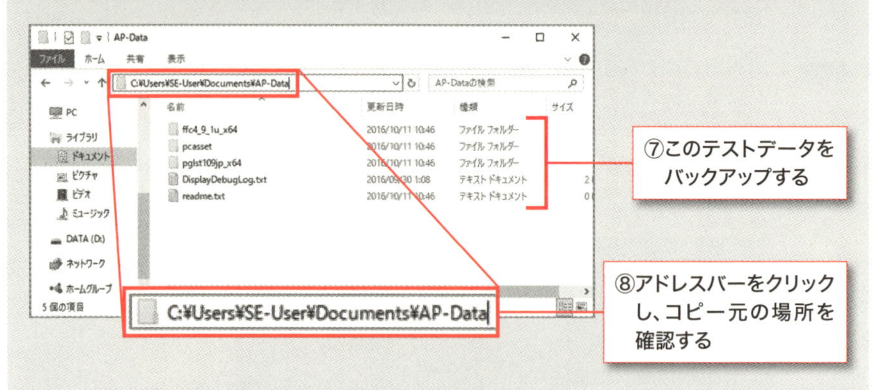


コマンドプロンプトで次のコマンドを入力します。コピー元（Documents¥AP-Data）およびコピー先（D:¥Backup¥161011）は適宜書き換えてください。

```
D:¥Backup>xcopy /E /Q /H "%userprofile%¥Documents¥AP-Data" "D:¥Backup¥161011¥"
```

⑨次のコマンドを入力する

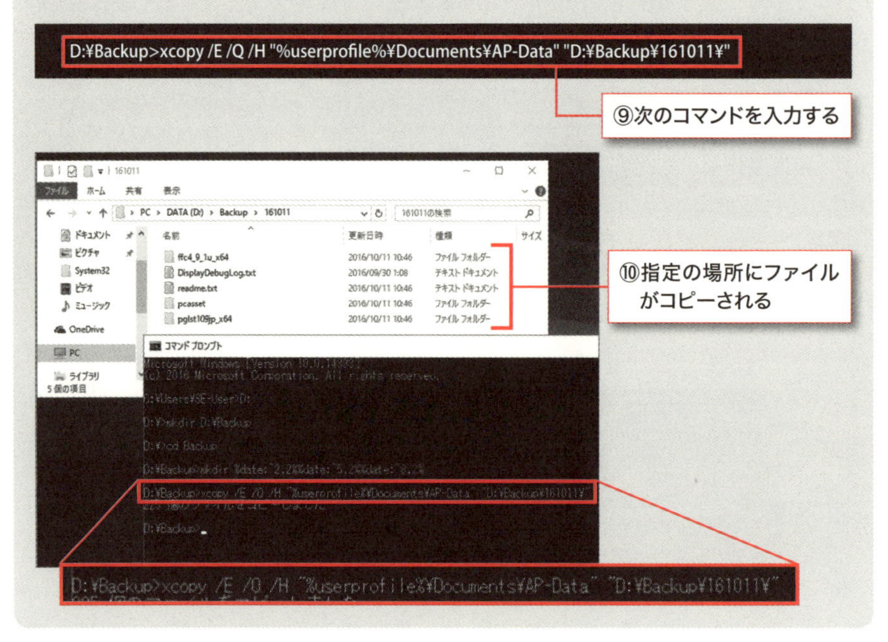

## Step2 ▷次の日のバックアップを「簡単に」実現しよう

Step1では、バックアップの手順を1つ1つ手動で実行しました。「mkdir %date:~2,2%%date:~5,2%%date:~8,2%」でその日の日付を取得してフォルダを作成し、「xcopy /E /Q /H "%userprofile%¥Documents¥AP-Data" "D:¥Backup¥161011¥"」で、バックアップを作成したいフォルダ内のデータ（ここでは「ドキュメントフォルダ内のAP-Data」というフォルダ）を、バックアップ先となるフォルダ（ここではD:¥Backup¥161011）にコピーしたことになります。コマンド中の「%date:~2,2%%date:~5,2%%date:~8,2%」は、OSから今日の日付を取得するための文字列です。この文字列を利用することによって、2016年10月11日であれば「161011」という数字を生成してくれます。定期的に上記のコマンドを利用することで、日別のフォルダを作成して簡単にバックアップすることができるようになります。では、この作業を自動化してみましょう。「メモ帳」を起動し、2つのコマンドを記述して、「CopyBackup.bat」というファイル名でデスクトップに保存してください。

```
mkdir D:¥Backup¥%date:~2,2%%date:~5,2%%date:~8,2%
xcopy /E /Q /H "%userprofile%¥Documents¥AP-Data" "D:¥Backup¥%date:~2,2%%date:~5,2%%da
te:~8,2%¥"
```

①メモ帳に次の2つのコマンドを入力

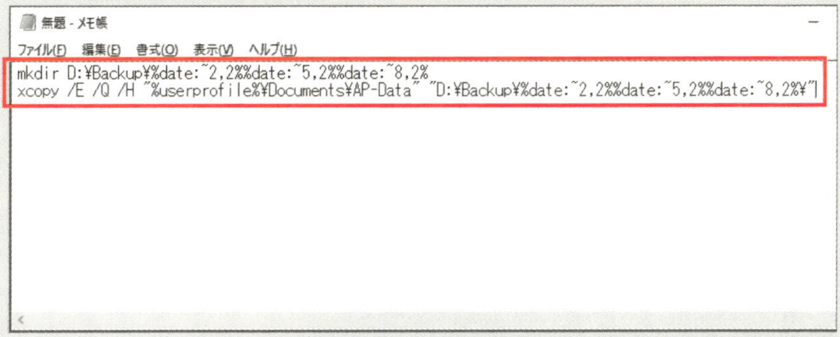

無題 - メモ帳
ファイル(F)　編集(E)　書式(O)　表示(V)　ヘルプ(H)

```
mkdir D:¥Backup¥%date:~2,2%%date:~5,2%%date:~8,2%
xcopy /E /Q /H "%userprofile%¥Documents¥AP-Data" "D:¥Backup¥%date:~2,2%%date:~5,2%%date:~8,2%¥"
```

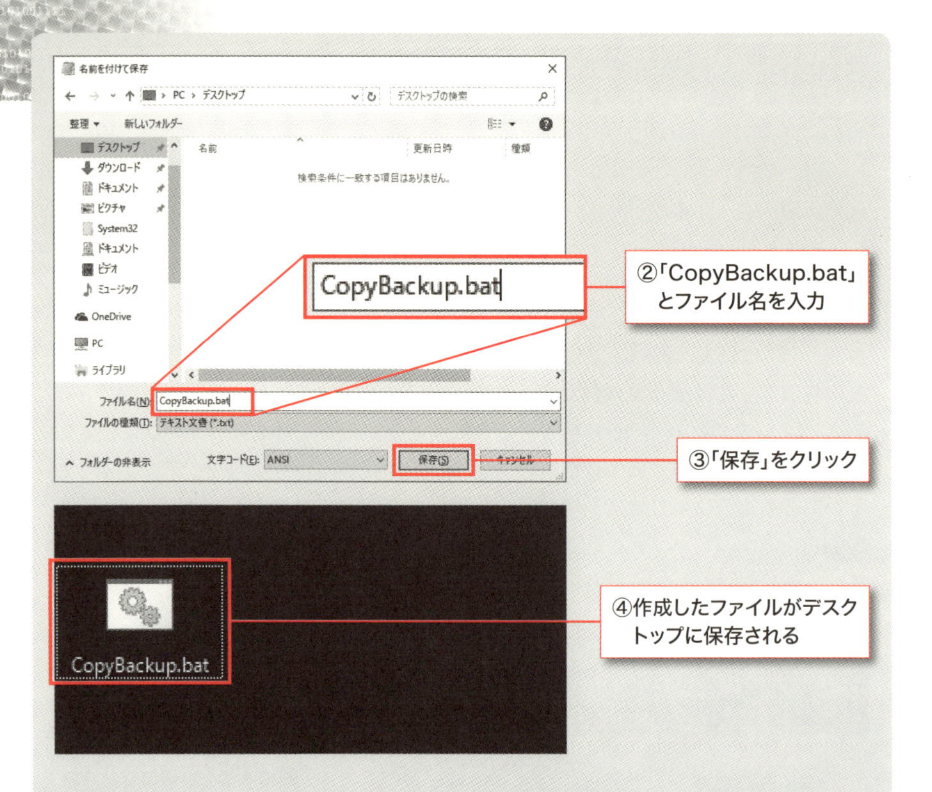


作成した「CopyBackup.bat」ファイルをダブルクリックして実行してみましょう。ただし、同じ日に実行してしまうと、Step1で作成したバックアップフォルダと競合してしまいますので、翌日以降に実行してください（ここではバックアップフォルダ作成日翌日の10月12日に実行しています）。実行すると、コマンドの実行を示すコマンドプロンプト画面が表示されます。また、「Backup」フォルダを開くと、「161012」というフォルダに、実際にバックアップが取得されていることを確認できます。

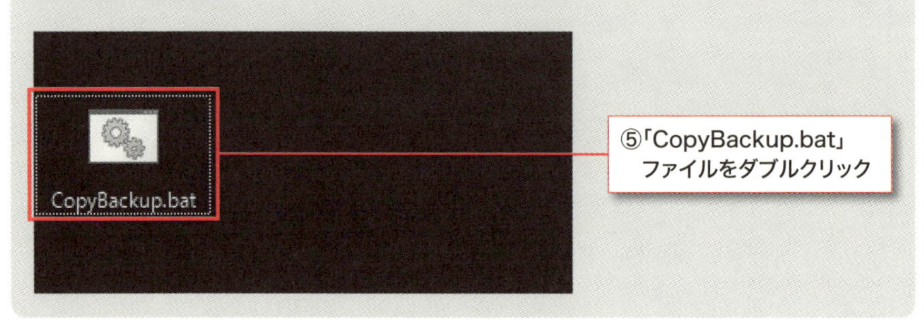

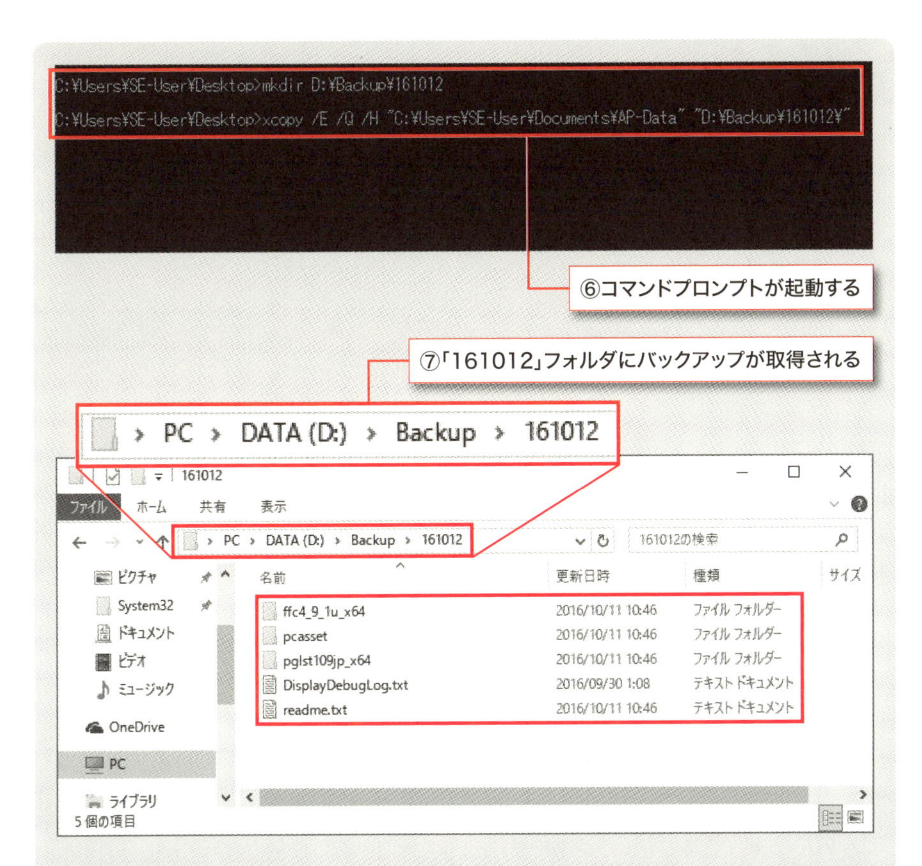


手順⑥の画面をよく見ると、メモ帳で「mkdir D:¥Backup¥%date:~2,2%%date:~5,2%%date:~8,2%」と記述した個所は「mkdir D:¥Backup¥161012」と書き換えられており、コンピュータが自動で日付（10月12日）を取得してくれているのがわかります。同様に、「xcopy /E /Q /H "%userprofile%¥Documents¥AP-Data" "D:¥Backup¥%date:~2,2%%date:~5,2%%date:~8,2%¥"」と記述した個所では、「xcopy /E /Q /H "C:¥Users¥（ログインユーザー名）¥Documents¥AP-Data" " D:¥Backup¥161012"」と書き換えられています。つまり、USBメモリ「D:¥」に作成した「Backup」フォルダに、自動的に今日の日付(2016年10月12日なら「161012」)フォルダが作成され、ファイルがコピーされたということです。これにより、日別のバックアップをバッチファイルのワンクリックだけで取得することができるようになりました。こういった処理を、例えばWindowsのタスクスケジューラなどを用いて、指定時間がきたら実行するよう設定することで、自動でバックアップを取得することも可能になります。

〔7-1-1〕
# ストイックさが要求される業務「バックアップ」

## ◇バックアップの目的とは

サーバ管理者にとって、バックアップは欠かせない業務の1つです。サーバ上のデータは様々な技術で保護されているはずですが、「だからバックアップはしなくてよい」ということはありません。バックアップは、データ保護とは全く別の次元で必須のものです。いざデータに問題があったとき、切り札となるのはバックアップしかないからです。

バックアップの目的は、大きく分けて2つあります。「データ紛失への備え」と「データの上書き・破損への備え」です。

「保管していたはずのファイルがなくなった」「データを間違って上書きしてしまった」などという場合、バックアップをとっていればデータを復元し、「正常な状態」に戻すことができます。つまり、「あるべき状態のデータをあらかじめ収集しておくこと」がバックアップという作業だといえるでしょう。

さて、バックアップが必要となる状況は、大きく分けて2つあります。1つは「故障」、1つは「ヒューマンエラー」です。

## ◇故障に備えるバックアップ

ハードディスクの故障などにより、重要なデータが読み出せなくなるケースは珍しくありません。

うまくデータをサルベージできればよいですが、ハードディスクを接続しても全く反応しないとなると、バックアップに頼らざるをえません。

あるいは、OS環境を保存していたハードディスクが故障してしまうと、故障前まで使えていたOS環境は使えないことになってしまいます。

データを保管しているハードディスクが故障してアクセスできなくなった場合、新しいハードディスクに交換し、バックアップからデータを書き戻すことになります。RAID構成であれば、故障ディスクを全て正常動作するディスクに交換し、RAID構成を再構成（リビルド）したあとでバックアップからデータを復元することになるでしょう。

または、OS環境がインストールされているハードディスクが故障した場合、バックアップからOS環境を書き戻すことで、OSが動作する状態を復旧することができます（OSの場合、新たにOSを再インストールすることで前と同じ環境とはいえませんが、同じくらいの環境を復旧することはできます）。このように、バックアップからデータを復元することを「リストア」といいます。

なお、バックアップの際に留意すべきは、「替えがきく個所か、きかない個所か」という考え方です（図1）。例えば、重要な書類はコピーをとっておくことが多いですが、このとき本当に重要なのは「紙そのもの」ではなく、「紙に記載された情報」ですよね。紙は替えがききますが、情報は替えがききません。

データを保存したハードディスクも同様で、ハードディスクそのものはお金を出せば買えますが、ハードディスクに記載された「様々な情報ファイル」や「現在のOS環境」は、お金を出しても買い戻せません。この「替えがきかない部分」について、バックアップが必要になるのです。

図1 替えがきく個所、きかない個所

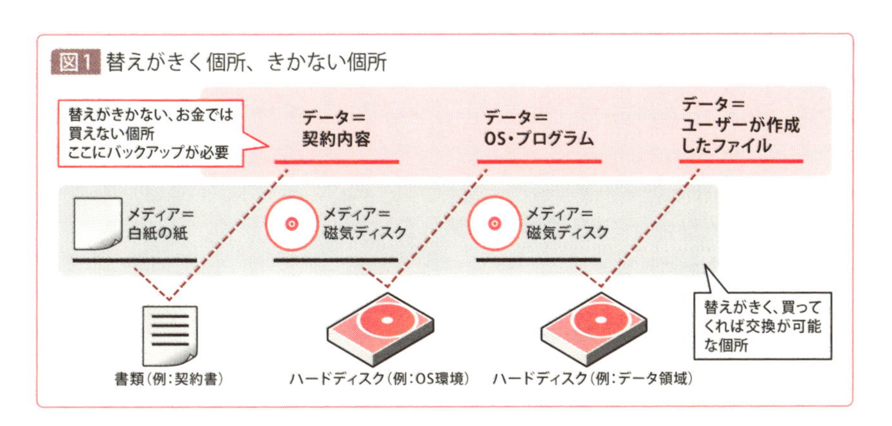

## ◇ヒューマンエラーに備えるバックアップ

故障に備えるだけなら、「うちはRAID構成をとっているから大丈夫」と考えがちですが、「RAIDはバックアップではない」という認識を持つことも大事です。

例えば、RAID 1でデータをミラーリングしていたとしても、人間がデータを間違って上書き保存してしまったり、誤ってデータそのものを削除してしまったりすると、即時同期により、間違ったデータや削除したデータが保存されてしまうことになります。こうなると「本来正常ではないデータ」が残されることになり、業務に支障をきたします。

つまり、RAIDはあくまでハードウェアに故障が発生してもデータを保護できる、あるいはサービスを連動稼働させるという「冗長化」のための技術であり、バックアップのための技術ではないということです。

一方、このような人間の誤操作があっても、バックアップが存在していれば、正常なデータに復元することができます。

このように、「ヒューマンエラーに備える」という点も、バックアップの重要な役割です。

## ◇バックアップ対象と取得方法

バックアップを考えるとき、考慮すべきは「何をどのタイミングでバックアップするか」という点です。

まず、バックアップの対象は大きく次の3つに分類できます。

**①OS環境**
**②アプリケーション（OS管理外のデータ）**
**③データ（ファイル）**

バックアップすべきは上記3点ですが、対象によってバックアップの取得方法が異なるので注意が必要です。

まず①の「OS環境」は、「イメージバックアップ」というバックアップ手法をとることが一般的です。イメージバックアップでは、OS、アプリケーション、レジストリ、ユーザーデータ（ファイル）全てを含めた「現在の状態」をそのまま取得し、データを生成します。これにより、OS環境に何か起こっても、その環境をそのまま復元することが可能になります。

一方で、イメージバックアップは、必要／不要を問わず、全てのデータを丸ごと取得する仕様になっており、バックアップ／リストア対象のデータを細かく指定することはできないという特徴があります（AcronisやSymantecなど、いくつかのメーカーが、このイメージバックアップ専用のソリューションを提供しています）。

この対極にあるのが個別の「ファイルバックアップ」です。こちらの方法では、更新頻度の高いファイルだけ、重要なファイルだけをバックアップするなど、保存するデータを細かく指定することができます。インストールしたアプリケーションやOS環境は、単純に「ファイルを復元すればそのまま動作する」というものではないため、この手法は主に③の「データ（ファイル）」のバックアップで使用されます。

残る②「アプリケーション」のバックアップについては、イメージバックアップとファイルバックアップを組み合わせ、復旧の要件に合わせてリストアを実行することが多いです。

このように、バックアップの取得方法は大きく「イメージバックアップ（丸ごとバックアップ）」と「ファイルバックアップ（個別のバックアップ）」に二分され、それぞれのバックアップ対象に合わせて使い分けることになります。

## ◇最適なバックアップ計画を立てるために

バックアップの取得方法はイメージバックアップとファイルバックアップに大別できると述べましたが、また違う切り口でバックアップ手法を分類することもできます。

代表的な3つのバックアップ手法を紹介しておきましょう。

## フルバックアップ

フルバックアップは、指定したファイルの完全データを収集するバックアップ手法です。フルバックアップ1セットを利用すれば、細かな差分は意識せずに済むためわかりやすく、また復旧も短時間で済みます。ただし、全てのデータを取得するため、取得時間は一番長くなります。

実際のバックアップにおいては、フルバックアップが他のバックアップ種類の起点となることが多いです。フルバックアップを取得したタイミングから、以下で解説する他のバックアップ手法を検討することになります（フルバックアップを毎日実行できればそれに越したことはありませんが、一般的に多大な容量や時間が必要なため、他のバックアップと組み合わせることが一般的です）。

## 差分バックアップ

差分バックアップは、フルバックアップ取得以降に変更された全てのデータをバックアップ対象とする手法です（図2）。前回のフルバックアップから累積的に実行されるため、フルバックアップ以後変更のあったデータは全て差分バックアップの対象となります。

差分バックアップでは、例えば火曜日のバックアップ取得は「月曜日差分＋火曜日差分」、水曜日のバックアップは「月曜日差分＋火曜日差分＋水曜日差分」という具合に、次回フルバックアップまで積み上げ式にデータが増えていきます。

## 増分バックアップ

増分バックアップは、前回のフルバックアップないし増分バックアップ以降で変更されたデータを対象にして、バックアップを取得します（図3）。

つまり、増分バックアップは累積的ではないバックアップのアプローチといえます。重複するデータが少なく済むぶん、差分バックアップよりも時間や容量が少なく済みますが、フルバックアップ以降の増分バックアップ全てを用意しなければ、リストアができないという特徴もあります。

増分データでは、前回の増分バックアップで取得したデータは「バックアップ取得済み」として判断します。

そのため、月曜の増分を取得したのちに変更があったデータのみが「火曜日の増分バックアップ」の対象となり、火曜日の増分取得以降の変更データのみ「水曜日の増分バックアップ」の対象になります。

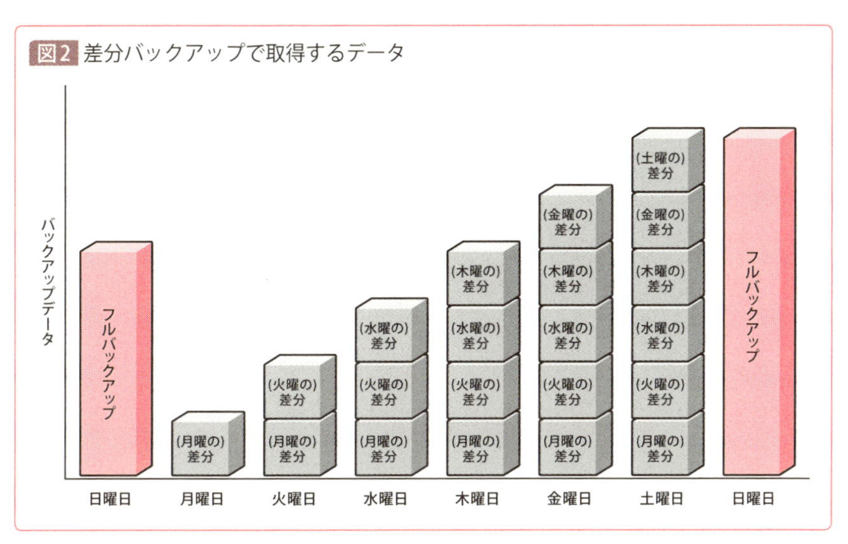


図2 差分バックアップで取得するデータ

図3 増分バックアップで取得するデータ

## ◇バックアップを取得するタイミング

では、バックアップを取得するタイミングを考えてみましょう。これは「どのタイミングに巻き戻せるようにするか」という判断になります。

よって、データをリストアするにあたり、どこまで以前のデータをバックアップから取り出せることが最適か、という視点で判断しなければなりません。パターンとしては、次の組み合わせがよく採用されています。

### フルバックアップを毎日実行

「フルバックアップを毎日実行」というのが、一番シンプルかつリストアも簡単です。リストアしたい場合には、フルバックアップを取得した日だけを特定すれば、簡単にデータを復旧できますし、リストアまでの時間も短くて済みます。

### フルバックアップを毎週実行＆差分バックアップを取得

フルバックアップを週に1回実行し、次のフルバックアップまでの間は差分バックアップを実行するという方法です。

差分バックアップを実行することで雪だるま式にデータが増えていきますので、容量的には損に思えます。しかし、フルバックアップ＋直近の差分バックアップデータをリストアすることで、障害発生時に近いところまで復旧が可能になります（図4）。また、復元にかかる時間も、次の増分バックアップをリストアするよりも短時間で済みます。

### フルバックアップを毎週＆増分バックアップを取得

フルバックアップを週に1回実行し、次のフルバックアップまでの間は増分バックアップを実行するという方法です。増分バックアップですから、取得するバックアップデータは少なくて済みます。ただ、いざ復旧するときには、フルバックアップ以降取得した全てのバックアップデータをリストア対象としなければなりません（図5）。ですから、差分バックアップをリストアするよりも、復旧に時間がかかります。

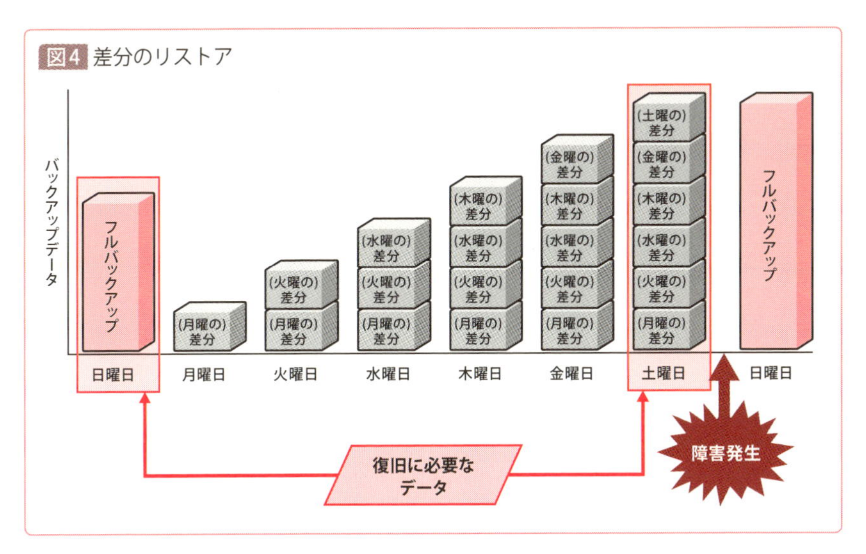


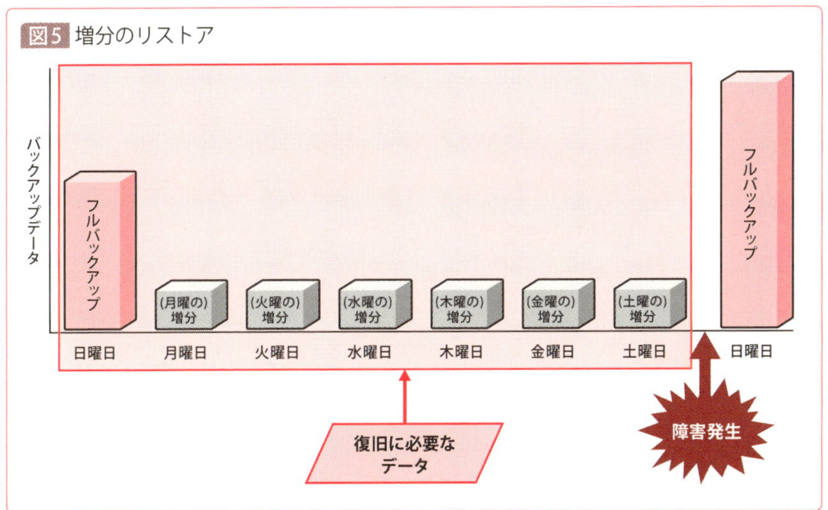


## どんなバックアップを取得するか？

イメージバックアップを毎日フルバックアップしていれば、データとしては完璧です。しかし前述の通り、イメージバックアップは前回取得したバックアップとの相違は判別せず、「全ての状態」を収集するので、莫大な容量と時間が必要です。例えば256GBのOS環境を1週間毎日取得し続けると、256GB×7日ぶん＝1792GB（約2TB）の容量が必要です。

1台で2TB必要なので、10台の同一構成のサーバのバックアップを取得するとなると、単純計算で20TBの容量が必要となります。それほど更新が発生しないOS環境に多大なバックアップ容量を使ってしまうことになり、あまり効率的とはいえません（もちろん費用もかかります）。

特にサーバのバックアップを管理するときには、「バックアップを取得する時間」と「リストア（復元）する時間」のつり合いが取れるように、計画を立案する必要があります。バックアップを夜間に実行しているのであれば、（サーバを業務利用するのに影響が出るため）始業開始までにバックアップを完了させる必要がありますし、バックアップデータが複雑で膨大すぎてしまうと、いざ障害発生時に復旧させようとしたときに、リストアに何週間もかかってしまうことになりかねません。例えば「ディスク容量がもったいないから」と、フルバックアップを月1回、以降1か月ぶんの増分バックアップを取得していたという場合、いざリストアを行う際は、前月のフルバックアップから1か月近くもの増分バックアップを対象にリストアする必要があります。これだと復元に多大な時間がかかるため、有事における迅速な復旧が達成できているとはいえません。

ですから、図6のように様々な組み合わせを利用することで、容量や時間を抑えつつ、かつ有効なバックアップデータを取得できるよう計画を立てることが大事です。

図6 バックアップの計画例

| | |
|---|---|
| 例① | イメージバックアップのフルバックアップを取得後に6日間イメージバックアップの差分バックアップを取得する |
| 例② | ファイルバックアップのフルバックアップを毎日夜間に取得し、日中は3時間に1回増分バックアップを取得する |
| 例③ | 週末の休業日にイメージバックアップとファイルバックアップでフルバックアップ1セットを取得し、平日夜間にファイルバックアップの差分バックアップだけを取得する |

## ◇バックアップに失敗しないための心構え

バックアップを実施するときに一番重要なのは、データ損失のリスクを回避することです。

そのため、毎日のバックアップが正常に取得できているかどうかを用心深く把握しなければなりません。「今日とれていたバックアップが、明日もとれるとは限らない」という心構えが大事です。

「前日のバックアップに失敗したときに限って障害が発生した」という事態は、現実的によくあることです。そんなとき、「昨日に限ってバックアップに失敗したので、データは戻りません」と説明しても、周囲は納得しないでしょう。

このように、バックアップは、1回の失敗が致命的な結果につながる（こともある）ことを肝に銘じてください。

また、バックアップ業務では、バックアップ対象のデータ容量、バックアップ先の空き容量、バックアップを転送するネットワーク（処理速度など）、バックアップ取得時のプログラム・サービスのオン・オフなど、様々な環境知識、考慮すべきポイントがあります。

しかも、これだけ労力が必要なのにもかかわらず、普段（データが正常なとき）には、周囲に見向きもされない（&評価されない）業務でもあります。ひどいときは、誰にも見向きもされないのに、バックアップがうまく動作しないために孤軍奮闘しなければいけない、ということも少なくありません。これはストイックに仕事ができる人でなければ、なかなかにできないことです。

ただ、平常時には見向きもされないバックアップですが、いざ非常事態ともなれば、「最悪の場合でも、バックアップはとれている」というのは大きな心の支えになりますし、トラブルシューティングもやりやすくなります。

ある意味根気のいる仕事ではありますが、ぜひ障害時に「やっておいてよかった」と思えるバックアップ体制を構築するよう心がけてください。

〔7-1-2〕
# 管理者が「能動的に」行うべき業務の意義

## ◇2種類あるサーバ管理業務

話は少し脇道にそれますが、「サーバ管理」という業務の全体像を見ると、「ユーザーが起点となり、やらなければならないことが発生する」という受動的な業務と、「自分から積極的に情報収集し、サーバに対してやるべきことをこなす」という能動的な業務の2種類が存在します。

第6章で解説したID・リソース管理やトラブルシューティングなどは、ユーザー起点の「受動的な業務」といえます。

一方、例えば前節で解説した「バックアップ」は、「能動的な業務」に分類できます。なぜなら、バックアップはユーザーがサーバを利用する際に「直接」役立つものではないからです。「普段はユーザーが興味を持たない業務」ですし、「バックアップを毎日必ず取得してください」という明確な要求がユーザー側から寄せられることもありません。

ただその一方で、いざ有事の際は「なぜやっていなかったのか?」が問題となる業務であり、サーバ管理者が必ず行っておくべき業務でもあります。本章では、そのような「普段は誰も興味を持たないが、やっていて当たり前」といわれがちな業務にスポットを当てて解説しています。

## ◇なぜ、能動的な業務遂行が大事なのか

サーバ管理という業務は、様々なリスクを事前に予防するため、あるいは解消するために存在します。サーバは稼働しているだけで何らかのリスクを抱えますが、サーバ自身がリスクを認識し、必要な対処をしてくれることはありません。ですから、人間がリスクの予防・解消のために動かなくてはならないのです（図7）。

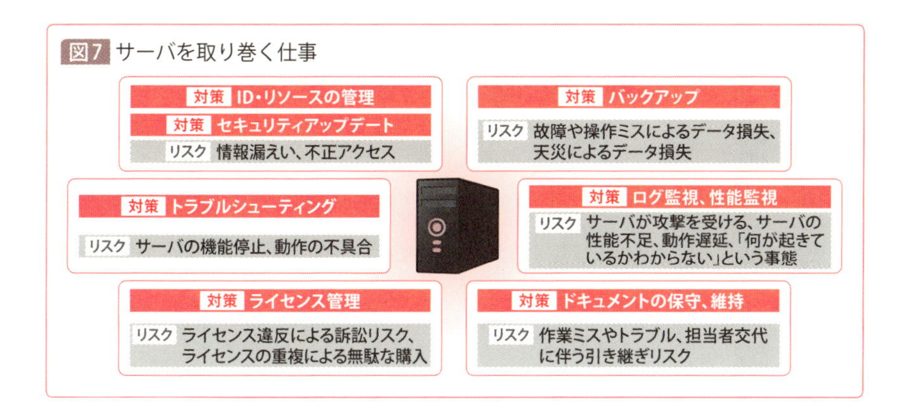

図7 サーバを取り巻く仕事

一方で、「サーバを管理する人間はこれをやらなければならない」と、明確に決められていることは、実はありません。先に述べた「受動的な業務（トラブルシューティングやID・リソース管理など）」は必要に迫られて行うこともあるでしょうが、バックアップや後述する「ライセンス管理」のような能動的な業務となると、「これをやっておけ」と明確に指示されないことも少なくありません。

ただし、これらは「やらなくてよい」ということではなく、「（指示はなくても）実施するのが当たり前」と思われがちな業務であり、いざ問題が顕在化すると、「なぜこんな当たり前のことをやっていないんだ」と非難されることもあります。大変不条理だとは思いますが、現実は厳しいものです。ですから、サーバの管理を任されたら、「ユーザーからやってほしいと頼まれたこと」「メーカー発信のマニュアルの遂行」などだけでなく、バックアップ、ライセンス管理、その他もろもろの「自分起点の仕事もある」という点を気にしておくことをおすすめします。

## 「あて」にされるシステム管理者

余談ついでに触れておくと、システム管理者は「あてにされる」存在です。あてにされすぎてオーバーワークになってしまうことも多く、全ての仕事を100%の力でやっていると、必ず疲弊してしまいます。

そこで、大きな方針として、「手を抜いてはいけないポイント」と「手を抜くポイント」を押さえておきましょう。

## 「人に関わるところ」は手を抜かない

ここまでの解説を振り返るとわかると思いますが、サーバには「サーバ(サービス)を利用するユーザーに直接寄与する機能」と「サーバを安定稼働させるために、管理者しか使わない便利機能」の2種類があります。

大切なのは、前者の「サーバ(サービス)を利用するユーザーに直接寄与する機能」に関する部分(=ユーザーに直接関わる部分)には手を抜かないことです。

何らかの設定ミスによってサーバが使えなくなったり、特定の人だけが使えないという事態になると、「あいつ、手を抜いているな」と思われてしまいます。いざサーバを設定しなければならないというとき、最低限やるべきことは「サーバ(サービス)を利用するユーザーに直接寄与する機能」であると肝に銘じてください。

## 「コンピュータしか関わらないところ」は手を抜いていい

一方、「管理者しか使わない機能」については、後回しにしたり、多少手を抜いたりしても、ユーザーが利用するうえでの問題にはなりません。こちらはあくまでも管理業務を助ける機能だからです。

例えば「バックアップ」も似たところがあります。「データの損失に耐えうるバックアップデータを取得しておく」という目的が最低限達成できていれば、例えば「簡単だが効率の悪いバックアップ」と「複雑だが効率のよいバックアップ」があったとして、前者のやり方でバックアップデータを収集していたとしても、大きな問題にはなりません。

つまり、コンピュータと管理者(自分)間だけの関係であれば、多少手は抜いても大丈夫だということです。

このように、力を入れる部分と力を抜く部分のメリハリを付けておくと、上手にサーバ管理が行えるようになると思います*1。

*1　ただし、手を抜くにも限度があります。「手を抜きすぎて何もやっていない」ということにならないよう注意しましょう。

# [7-2] 今使っているWindowsの状態を把握してみよう

Windowsには、現在の動作状況を可視化するツールとして、「イベントビューア」というログ閲覧機能と、「タスクマネージャー」「リソースモニター」という性能監視機能が標準搭載されています。これらの機能を利用し、現在使っているWindowsの状態を調査してみましょう。

## Step1 ▷イベントビューアを起動してみよう

**イベントビューアは日々記録されているWindowsのイベントログが閲覧できるツールです。「ファイル名を指定して実行」から「eventvwr.msc」と入力し、イベントログを確認してみましょう。**

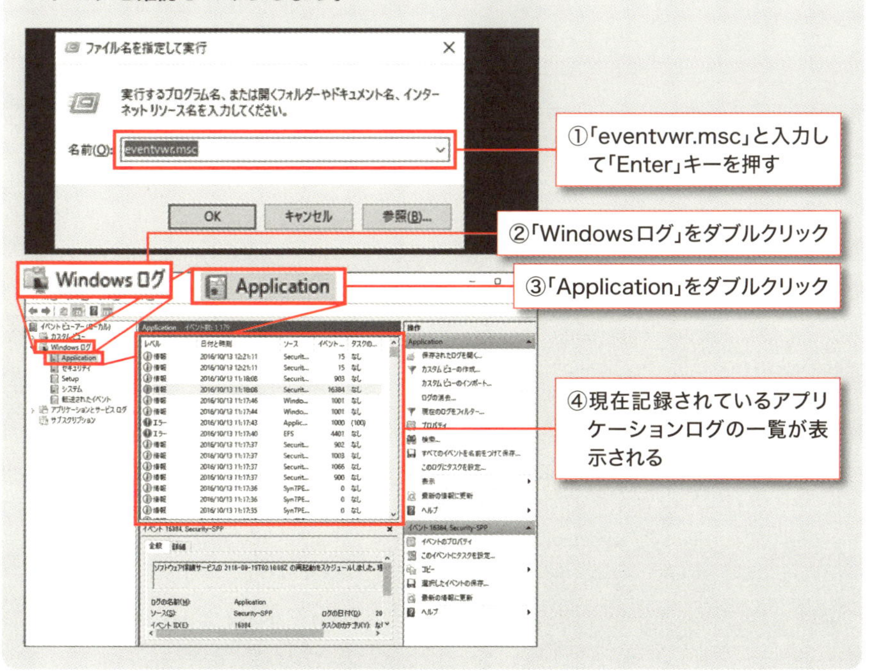

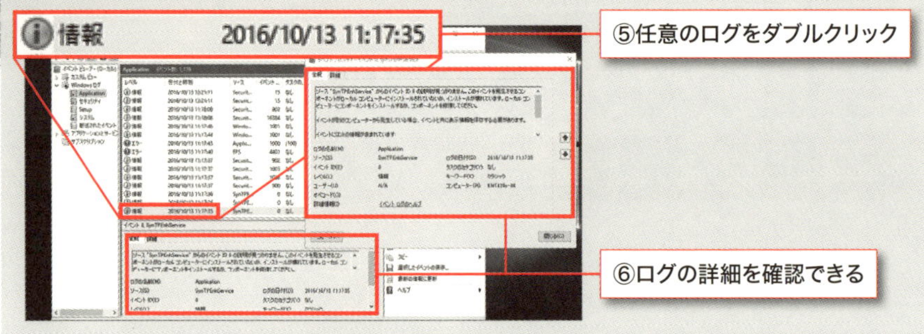


ここでは「Application」のログを見ましたが、「システム」や「Setup」などもクリックしてみて、どのようなログが記載がされているかを見てみましょう。

## Step2 ▷ Windowsのエラー・警告を探してみよう

Step1で表示されているログにフィルターをかけ、エラーと警告だけを抜き出すことも可能です。画面右のリストから「現在のログをフィルター」をクリックすると、別途画面が開きます。コンピュータの動作に問題がありそうなイベントを探す場合には、「重大」「警告」「エラー」の3つのチェックボックスにチェックを付けて「OK」をクリックしてください。大量に表示されていた「情報」ログが除外され、エラーや警告だけが表示されます。

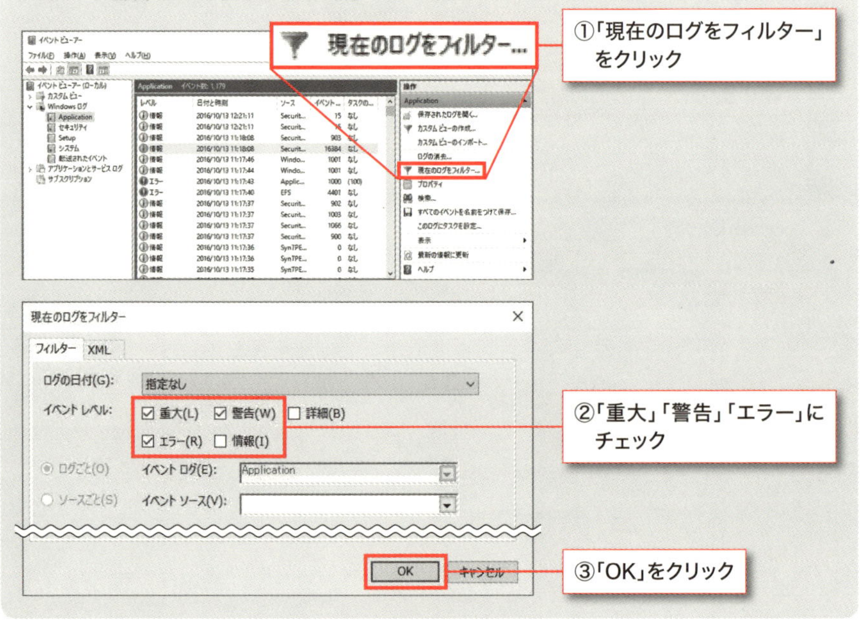

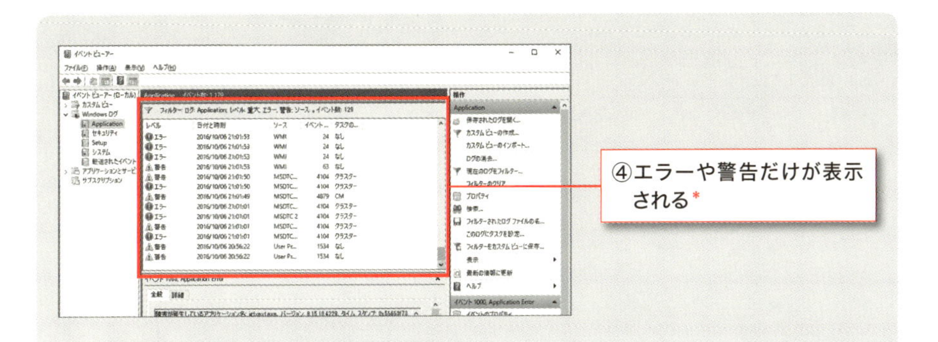


## Step3 ▷ハードウェアのスペックと状態を調べてみよう

イベントログ以外にコンピュータの状態を可視化する機能に「タスクマネージャー」と「リソースモニター」があります。「taskmgr」と入力して「Enter」キーを押すとタスクマネージャーが起動し、CPUやメモリの使用量を確認できます。また、タスクマネージャーの画面下部にある「リソースモニターを開く」という項目をクリックすると「リソースモニター」が開き、より詳細な状態確認を行えます。

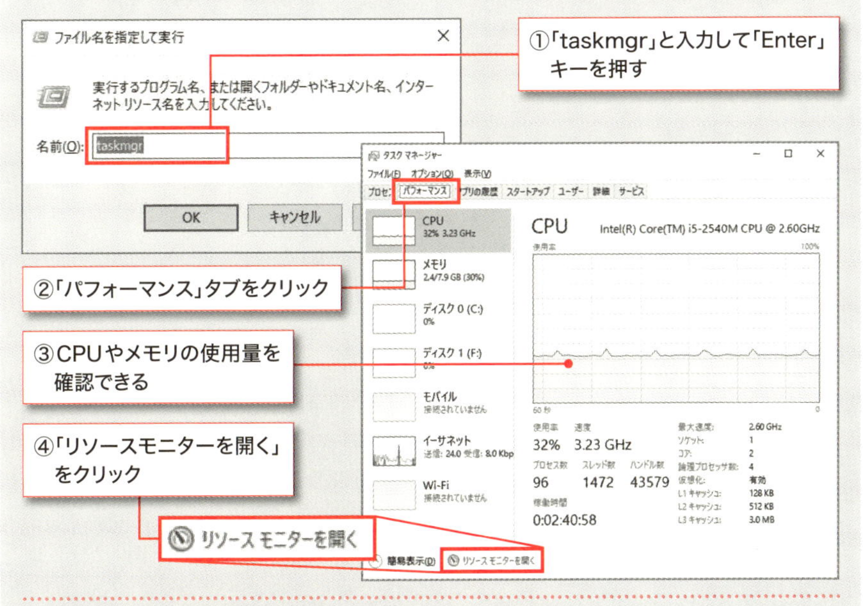


＊　障害時には、このようにフィルタリング後にエラーの発生を確認していくことになります。なお、ログは1つの動作につき1つ記録されるため、時刻が近接しているログは関連している可能性が高いです。よって、時刻が近接しているログは複数をひとまとめとして確認し、一番古いログの問題から解消すると、その上に記録された（より新しい）エラーも解消できることが多いです。

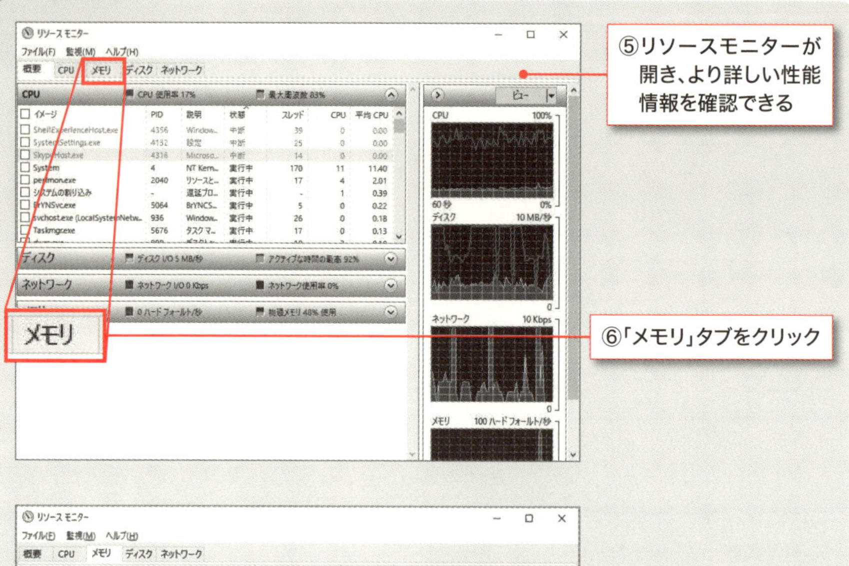


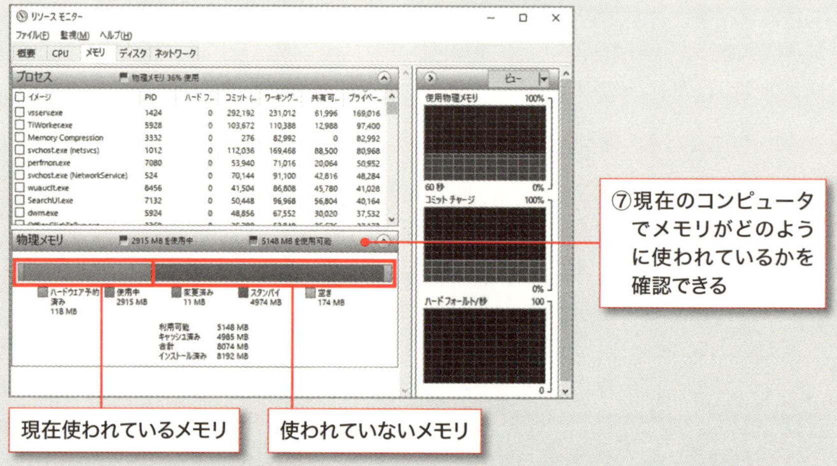


上記のように、画面下部のグラフがわかりやすい表示になっており、左側の「ハードウェア予約済み」と「使用中」の部分が使われているメモリ量、「スタンバイ」「空き」が使われていないメモリ量を表しています。画面の例では使われているメモリ量は半分以下ですが、もしメモリの使用率が90%前後に達すると、新たな負荷がかかればメモリ不足になることが考えられます。このようにリソースモニターでは、現在のハードウェアの状況を詳しくリアルタイムに表示することができます*。

＊ これがサーバであれば、休日中など閑散期と、日中など繁忙期のサーバの負荷を見比べることで、現在のサーバの性能がユーザーに提供されている処理に応えうる性能なのか、はたまた性能不足なのかを見極めることができます。

# 【7-2-1】
# 生活の一部にしたい業務「ログ監視・管理」

## 「ログ管理」とは何か？

「日々のログ管理が重要だよ」……サーバ管理者は、よくこのように教えられるものです。その一方で、「ログ管理といわれても何をすればよいのかわからない」という人も多いようです。

確かに、平常時のログを見ていても、それほど「何かの役に立つ」という実感を得られるものではありません。しかし、いざ何らかのトラブルが起こったとき、ログにはトラブルが発生した形跡が何かしら残されていることが多いです。つまり、再現できないような難しいトラブルが起こった際などに、ログという記録は非常に頼りになるのです。

ログ管理という業務は、突き詰めれば「平常時のログ」を監視し、ある程度把握しておくことだといえます。

トラブルが起こったら、平常時のログと比較することで問題点を洗い出し、問題解決へ導くことができるからです。

## ログに記録されるもの

では、具体的なログの見方を説明しましょう。ログは、大きく次の2つに分類できます。

**①失敗しているログ**
**②成功しているログ**

ただし、「成功しているログ」だからといって、一概に「そのログは問題ない」とはいえませんし、逆に「失敗しているログだから」といって、そのログが発生してはいけないということでもありません。むしろ、「失敗していることが正しい」ということもあります。

例えばセキュリティ関連のログで「アクセス権限がないユーザーがアクセスした形跡」であれば、「アクセスに失敗した」というログが残ることになります。しかしアクセス権限がそもそも割り当てられていないので、この場合「アクセスに失敗する」というログが記録されている状態が正しい状態といえます。逆にアクセス権限がないリソースへのアクセスに「成功した」というログが残っていたら、こちらのほうが重要な問題です。

つまりこのセキュリティログの例でいえば、「正当なユーザーがアクセスに失敗しているログ」と、「正当でないユーザーのアクセスが成功しているログ」の2種類が「存在してはいけないログ」ということです。こういった想定から外れたログが記録されていた場合には、真っ先にチェックしておかなければなりません。

## ◇システムやアプリケーションのログ

セキュリティ以外に、システムやアプリケーションが記録するログも普段から確認しておかなければなりません。システムログは、一般的にOSが管轄内にあるサーバ動作全般の記録が残されています。

Windowsでは冒頭の実習で触れた「イベントログ（イベントログ内の主にシステムログ）」だったり、Linuxではsyslogによって収集されるsyslogファイルやmessagesファイルなどにシステム関連のログが記録されています。

一方、OSにインストールしたアプリケーションのログは、一般的にはシステムログとは別に、各種アプリケーションが独自で出力していることが多いです[*2]。さらにLinuxでは、アプリケーション名や、それに類するファイル名で/var/log配下にログファイルが生成されることが多い傾向にあります。

ただし、アプリケーションによってはシステムログと同じようにログを

＊2　Windowsの一部のアプリケーションでは、イベントログ（イベントログ内の主にアプリケーションログ）に書き出すものもあります。

出力することもありますので、アプリケーションの仕様をあらかじめ調べておき、「どこにどのようなログが出力されるか」を把握したり、自身で設定したりする作業が必要になります。

こういった作業を行っておくと、例えばサーバが利用できなくなったときに、単純に「サービスが停止した」というログを探し出せれば、どのサービスが停止したせいでサーバの利用上の不都合が発生したのかを探ることができます（図8）。あとはそのサービスの停止が「何を起点として発生したか」について、動作検証したり別のログを追跡したりしながら、地道に解決への階段を昇っていくことになります。

ともあれ、平常時のログに記録された内容を把握できていれば、障害時に「いつもと違うログ」を探し出すことで、いつ、どのシステムで、どんなエラーが起きているのかを比較的容易に見つけ出すことができるようになるのです。

図8 アプリケーション（サービス）停止時のログ一例

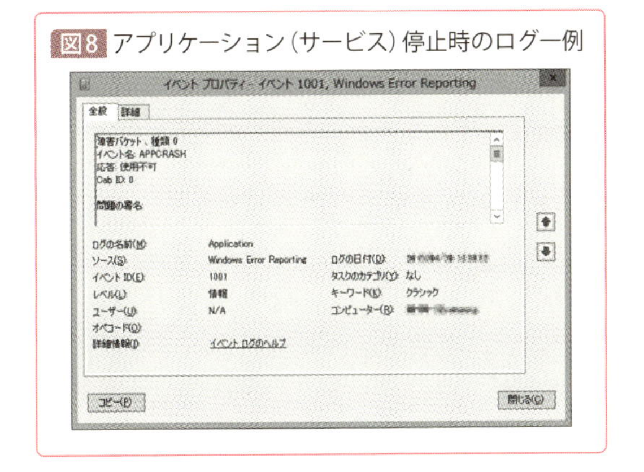


## ◇実際にログ管理でやること

どのようなログがあるかを把握できたところで、実際のログ管理業務としてやるべきことを考えてみましょう。

ログ管理は、簡単にいって次の3点に取り組むことになります。

**①ログを残す**
**②有事の際にログを解析・分析する**
**③ログの記録をもとに、現状把握や将来予測を行う**

サーバが動けばログが残りますが、そのサーバでログを永久保存することはほぼなく、定期的に古いものからログが削除されるのが一般的です。全てのログを永久保存していたら、それだけで容量が一杯になり、動作に支障をきたすからです。

ですから、管理者は一定期間のログを切り取り、別の方法で保存しなければなりません。具体的には、バックアップテープなどの専用メディアに記録して、別途保管することになります。

実際の現場でもログデータは「とりあえず保管」というケースが多いですが、いざというときにすぐ取り出せるよう、しっかりと管理しておかなければなりません。

P.283のリスト②に記したように、有事の際はログを解析・分析しなければなりませんし、正常なセキュリティログでも、PマークやISMSのようなセキュリティ認証資格取得時には適正な管理記録として必要になります。また何らかの不正アクセスがあった場合、どのシステムのどんなデータが被害にあったのかを証明する記録になりますし、内部統制のような組織内の業務の適正さを証明する記録として活用できることもあります。

また、多少話が似通ってしまいますが、P.283のリスト③に記したように、「ログの記録をもとに、現状把握や将来予測を行う」という効果も侮れないものがあります。例えばメールサーバを新しくする際、ログの記録を見れば、そのメールサーバが1日にどのくらいのメールを送受信しているかを算出できます。これにより、メールサーバにどれほどのスペックが必要かをあらかじめ把握することが可能になるはずです。

サーバ管理においてログ管理が重要なのは、「そのサーバを把握するための情報がログに記録されているから」です。つまり、ログの管理は、管理対象となるサーバを正しく理解することにつながるのです。

## ログの確認はできるだけ手軽に

ログの確認は、できるだけ簡易に行えるようにしておきたいものです。Linuxであれば、1日のログをまとめてメール送信するような設定を簡単に行えますので、毎日夜中に、ログの内容を管理者宛に送信するよう設定しておくことが多いです。

一方Windowsの場合は、利用しているWindowsのイベントビューアを起動し、その画面からリモートのサーバログを確認することが多いでしょう。イベントビューアから「別のコンピューターに接続」という項目を選択することで、適切にアクセス権が割り当てられているユーザーであれば、手軽に各サーバのログを確認することができます（図9）。

つまり、Linuxのログは毎朝メールで受け取り、Windowsのログは自分から取りに行くようなイメージですね。自分が管理しなければいけないサーバについては、このログを確認する動作をルーティン化しておくことで、サーバの異変にいち早く気づいたり、障害の兆候をキャッチして予防保守を計画したりすることが可能になります。

また、ログ管理で重要なのは、収集・保管したログについて、「何に使うのか」という点を意識しておくことです。例えばセキュリティの確保を目的としたログを「性能評価」のために利用するのは無理がありますし、システムが安定稼働していることをセキュリティログだけで判断することも困難です（断片的にわかることはありますが）。ログ収集の設定をする際は「このログは何に使うために収集するか」を考え、ログを保管する際は「保管したログはどんなときに提出する必要があるか」を考えておくことで、無駄な収集や無駄な保管コストを削減することにつながります。

図9 イベントビューアのネットワーク活用

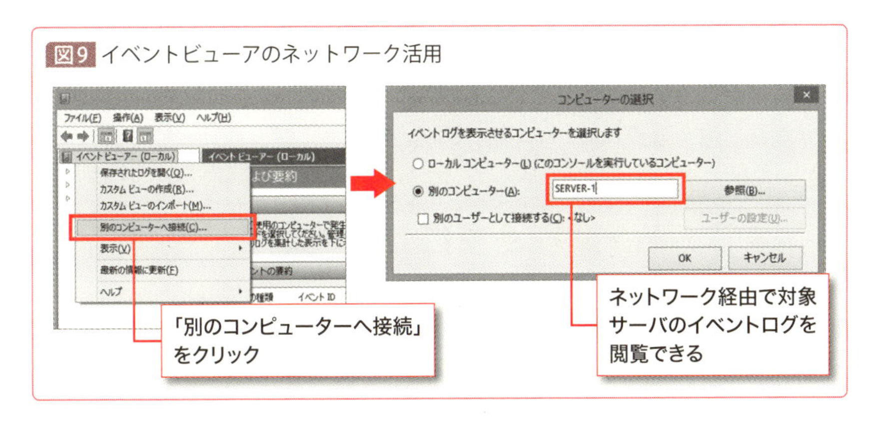

〔7-2-2〕

# コストとのバランスが重要な「サーバの監視」

## ◇性能監視と死活監視

サーバ運用の際に悩ましいのが「サーバの監視」です。

人間が張り付いて監視するわけにはいきませんから、どうにかして作業を効率化する必要があるのですが、実際にやってみると、なかなか効率化できないのが実情です。

そこで、まずは「監視とは何か」という点から押さえておきましょう。サーバ監視には様々な形態がありますが、大きく次の2つに分類できます。

**性能監視＝性能が不足していないかを監視する**
**死活監視＝サーバが動作しているかどうかを監視する**

性能監視は、「アクセスが速いか遅いか」「ディスク容量は足りているか」「メモリに余裕があるか」など、「ユーザーが快適に利用できるかどうか」という観点で監視することです。

一般に「サーバ監視」というと性能監視を指すことが多く、実際に様々な性能監視製品が世にあふれています。ただ、どの製品も高価であり、また監視対象も多岐にわたるぶん労力も必要となるため、これらの環境を用意できる企業は限られているのが実情です。

## ◇基本はping監視とプロセス監視

一方、死活監視は文字通り「サーバの生死（サーバが今動作しているかどうか）」を監視します。目的が単純なぶん作業しやすく、例えばWebサーバであればHTTPによる通信ができるか（応答が返ってくるか）を確認できれば、サーバが提供するサービスプログラムが正常に動作しているかどうかを判断することができます。このような容易さから、「最低限、死活監視だけはやっておこう」というケースも少なくありません。

死活監視の基本となるのはpingによる監視とプロセス監視です。pingは通信の可否を確認するコマンドで、コマンドプロンプトを起動して「ping IPアドレス」と入力すれば、指定したコンピュータが通信可能な状態であるかどうかを調べることができます（図10）。

一方「プロセス」とは、コンピュータで起動中の様々なプログラムのことを指します。「正常動作しているときのサーバには、どんなプロセスがどのくらい動いていますか?」と聞かれ、全てを答えられる管理者はあまり多くないでしょうが、プロセスを把握しておけば、障害発生時にどこに原因があるかを突き止めやすくなります。

実際のプロセスは、Windowsであれば冒頭の実習でも触れた「タスクマネージャー」で確認できます*3。

例えば、Windowsの様々な動作の基盤となっているサービスに「Remote Procedure Call (RPC)」がありますが、RPCのプロセスもタスクマネージャーで確認できます（図11）。また、より詳細な情報を知りたければ、コントロールパネルから「管理ツール」→「サービス」と選択するとサービ

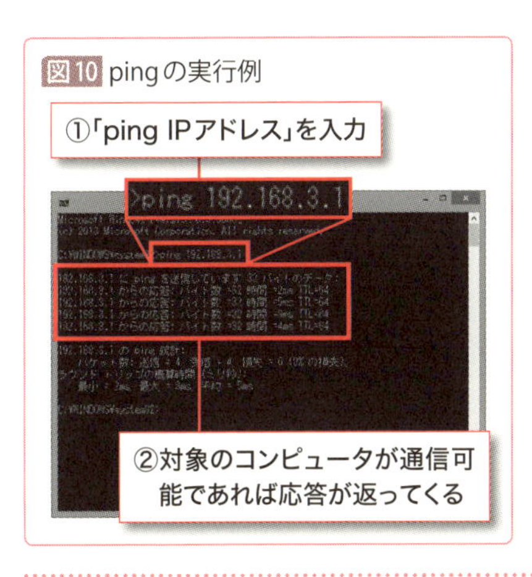


図10 pingの実行例

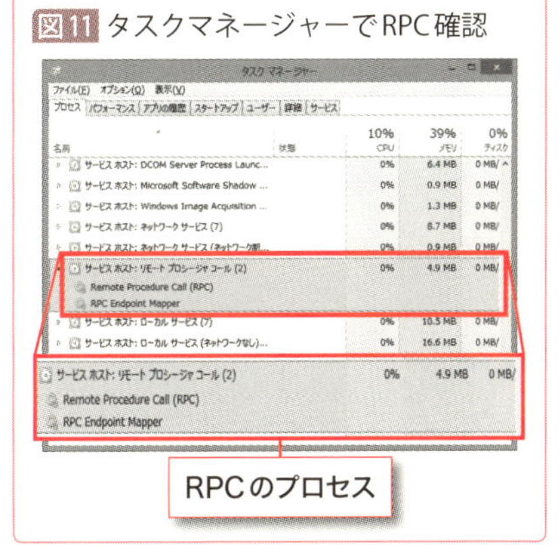


図11 タスクマネージャーでRPC確認

＊3 一方Linuxであれば、psコマンドを実行することで、現在稼働中のプログラム一覧を表示して、プログラムが動作していることを確認することができます。

図12 RPCのプロパティ

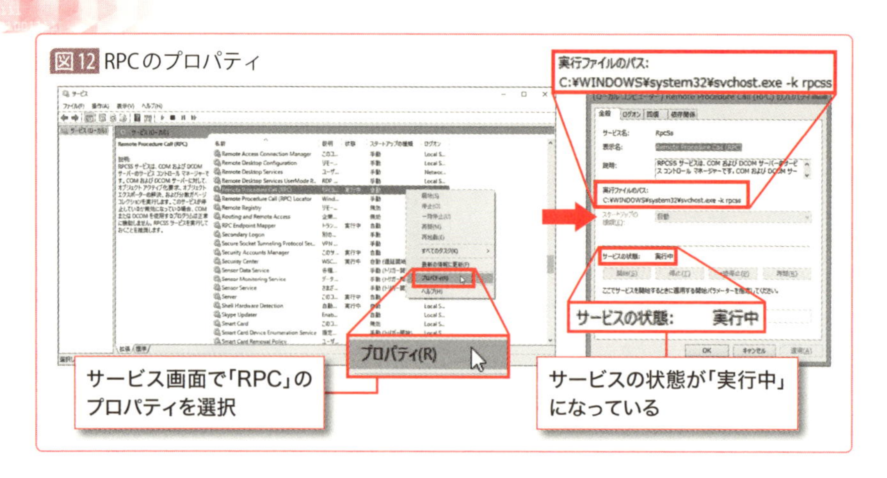


ス画面が起動します。その中に「Remote Procedure Call (RPC)」という項目がありますので、右クリックして「プロパティ」を選択し、プロパティ画面を開いてみてください。プロパティ画面を見ると、「サービスの状態：実行中」となっていることが確認できます。また「実行ファイルのパス：C:¥WINDOWS¥system32¥svchost.exe -k rpcss」と記載されており、svchost.exeが実際の実行ファイルであることも確認できます（図12）。

このようにWindowsのサービスプログラムは、実体としては単一あるいは複数の.exeファイルが実行されています。サーバがサーバとしての機能を提供するためのサービスプログラムも同様に、OS上では「プロセス」として認識されています。つまり、サーバのサービスを死活監視する際は、「サービスが動作しているか」あるいは「プロセスが動作しているかどうか」を確認することになります。

## Windowsサービスは自動起動をチェック

Windowsのサービスを監視する場合は、自動起動が設定されているサービスが正しく起動しているかどうかを確認するのが基本です。先ほどのサービス画面を見ると「スタートアップの種類」という列があり、「自動／手動／無効」の3種類があることが確認できます（図13）。

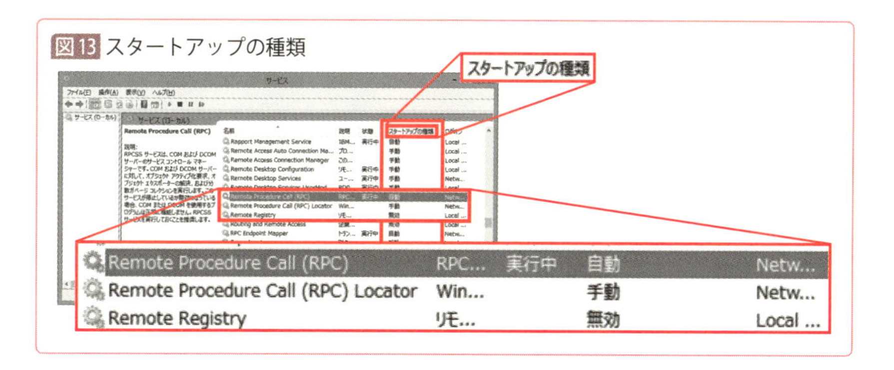


図13 スタートアップの種類

起動方法はプログラムのインストール時に自動設定されますが、サーバプログラムであれば概ね「自動」が割り当てられます。

よって、何らかのトラブルや動作不良が発生したときは、このサービス画面を見てみるのが1つの確認ポイントです。動作が不調なとき、サーバが機能を提供してくれないときに、「自動」が割り当てられているサービスプログラムが動作していないことが多いからです。

例えば「実行中」と記載されるべき状態欄が「空欄」になっているときは、何らかの問題が発生したことにより、自動起動すべきサービスが起動していないことが考えられます。「監視」の観点で考えると、この「起動しているべきサービス」を定期的に確認することで動作状況を把握でき、サーバの不調をいち早く知ることができるはずです。

## 2種類の監視方法

ところで、サーバの監視方法は、「①監視対象から報告させる監視」と「②監視対象を直接調べる監視」の2種類に大別できます。

一般的には、「監視するサーバ／監視されるサーバ」という2つのサーバで監視のシステムを構成していることが多いです。当然ながら、「監視されるサーバ」はWebサーバやメールサーバなどが該当します。

これら2種類の監視は、それぞれ監視の狙いが違うため、手法も異なります。①の「監視対象から報告させる監視」では、「監視されるサーバ」側にエージェントプログラムをインストールし、監視サーバに定期的に自身の稼働データを送信することで、監視サーバに情報を集めます（図14）。また、エージェントプログラムが問題を捕捉すると「問題が発生した」という情報が収集され、アラートメールが管理者に発行されるなどのアクションを実行することになります。こちらの手法は、主に「性能監視」に用いられます。

一方、②の「監視対象を直接調べる監視」は、監視サーバが単独で情報を収集します。例えば監視サーバが定期的にpingを実行し、実行結果によってサーバの稼働状況を判断して、問題があれば管理者にアラートを発行するという動作になります（図15）。こちらの手法の場合、監視されるサーバにエージェントプログラムをインストールする必要はなく、細かな設定も不要なことから、導入・運用がしやすいという利点があります。

ただし、監視されるサーバの性能を外部のコンピュータが単独で測定するのは技術的に難しいため、こちらの手法は死活監視の際に用いられることが多いです。

つまり、監視対象の正常動作を把握したり、サーバ停止をいち早く察知したりするための「死活監視」は監視対象を直接調べる手法を用い、監視対象サーバの詳細な稼働データを収集するための「性能監視」は、エージェントプログラムをインストールして各サーバに報告させる、という2種類の手法を使い分けるのが望ましいといえるでしょう。

このように「監視」という業務は、使う監視ツールによってできることが大きく変わってきます。そういう意味では「ツールが命」といえるのですが、便利なツールは高価であることが多い一方で、オープンソースなどのフリーソフトで入手できる監視ツールはセットアップや使いこなしの難度が高いという一長一短があり、悩ましいところです。

## ◇監視した結果をどう活かすか

監視という業務は、「監視するだけ」では片手落ちだということも見逃せないポイントです。監視した結果をどう評価し、問題があればどのような

**図14** 監視対象から報告させる監視（性能監視例）

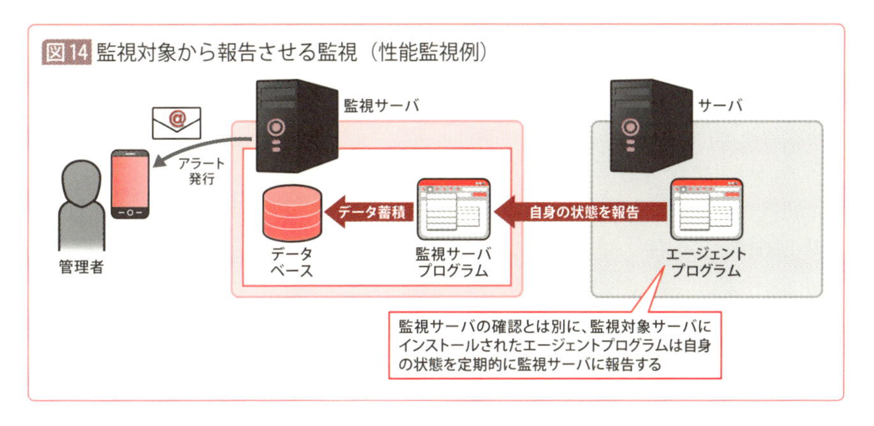


**図15** 監視対象を直接調べる監視（死活監視例）

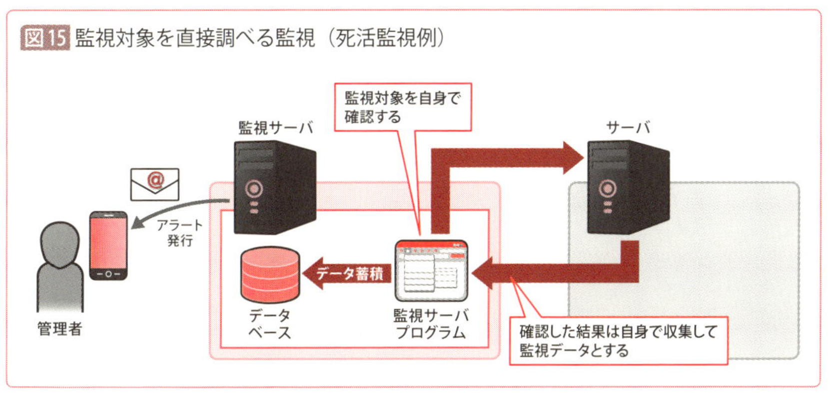


対策を講じる必要があるか、という点も考慮しなければなりません。

その際によく用いられる指標として、「RASIS（ラシス／レイシス）」が挙げられます。RASISは、サーバに限らず、コンピュータの機能や性能を測るために把握しておくべき項目の頭文字です。

**R（Reliability）＝信頼性**
**A（Availability）＝可用性**
**S（Serviceability）＝保守性**
**I（Integrity）＝保全性、完全性**
**S（Security）＝機密性、セキュリティ性能**

「信頼性」は、故障やエラーによってどれくらい障害が発生するかを評価し、「故障しやすい」「エラーが起きやすい」という点を可視化するための項目です。

「可用性」は信頼性と似ていますが、こちらは稼働率で評価することが多い項目です。サーバは24時間365日動作する前提で導入されています。その稼働時間に対して、障害における停止時間がどれくらい発生しているかを算出することで、稼働率を評価します。

「保守性」は、いざ障害が発生してしまってから、機能が元通り使えるよう復旧するまでの時間を算出することで、障害対処やメンテナンスにかかる時間や作業工数を可視化する項目です。

「保全性（完全性）」は、障害や障害1歩手前の高負荷な状態においてもサーバ内のデータが正しく処理され保存されるか、という点を評価する項目です。高負荷な状態で利用されるとデータがすぐに破損してしまうようなシステムだった場合、保全性が低いことになります。

最後の「セキュリティ」については第6章でも解説していますが、そのサーバが不正アクセスや攻撃から保護され、安全に稼働できているかを評価する指標です。

なお、保全性（完全性）とセキュリティは数値化するのが難しいため、数値化しやすい「信頼性（Reliability）、可用性（Availability）、保守性（Serviceability）」だけを切り出し、「RAS」で評価するケースも多いです。

こういった評価指標をうまく用いてサーバを評価したあとに、具体的にどのような対策を実行する必要があるかを検討していくのが正しいアプローチです。

つまり、監視によって収集した活動情報をRASやRASISで評価して分析した結果、「○○が悪いようだ」という課題が浮かび上がったら、その課題に対して何かしらの変更を実施します。もちろん変更をするときには、他所に影響が出ないかどうかも検証しなければなりません（この作業を「最適化」と呼びます）。

課題を解消する方法が検討され、他所に問題が出ないことも確認できたら、実際のサーバに変更点を反映させ、実装することになります。

# 〔7-3〕
# 管理用ドキュメントを作ってみよう

「ライセンス管理」も、サーバ管理に欠かせない業務です。ここでは目の前のPCのライセンス管理用ドキュメント（台帳）を作ってみましょう。

## Step1 ▷ PCで使っているソフトウェアを調べよう

**「ファイル名を指定して実行」から「appwiz.cpl」と入力し、「プログラムと機能」画面を開きます。PCにインストールされているソフトウェアを一通り確認できますので、表に書き出してみましょう。**

①「appwiz.cpl」と入力して「Enter」キーを押す

②「プログラムと機能」でインストール済みのソフトウェアを確認できる

**インストール台帳**

| ソフトウェアの名前 | 発行元 | インストール日 | バージョン |
|---|---|---|---|
| 例）Mozilla Firefox ESR | Mozilla | 2016/10/10 | 45.4.0 |
| | | | |
| | | | |
| | | | |
| | | | |

## Step2 ▷所有しているソフトウェアを棚卸ししてみよう

**次に所有しているソフトウェアのパッケージを探してみましょう。インストールに使うCDやプロダクトキーも同様に探してみてください。一通り探したら、同様に表に書き出します。その際、1行に1つのソフトウェアを記入するようにしてください。「識別番号」は、どのソフトウェアかがあとからわかるよう、連番で割り振っていきます。「ソフトウェアの名称」欄にはソフトウェア名称を、「メーカー名」欄にはソフトウェアの提供元を記入します。「購入日」欄は、レシートなどを参考にし、購入した日を記入してください（ここでは覚えている範囲で構いません）。「購入数」欄にはどれだけ購入したかの数量を記入しますが、近年では1パッケージ購入して2台や3台利用可能なソフトウェアもありますので、この場合には「○台利用可能」とされている○台の部分を記入します。プロダクトキーも重要な情報なので、漏らさず書き出してください。**

所有しているソフトウェア
パッケージを探す

**ソフトウェア台帳**

| 識別番号 | ソフトウェアの名前 | メーカー名 | 購入日 | バージョン | 購入数 | プロダクトキー | メモ（自由記入） |
|---|---|---|---|---|---|---|---|
| 0001 | 例）Office Home and Business | Microsoft | 2010/06/17 | 2010 (14.0) | 1 | 1A2B3C-XXXX | ― |
| 0002 | 例）Office Home and Business | Microsoft | 2012/06/17 | 2010 (14.0) | 1 | 4D5E6F-XXXX | PC-1付属 |
| 0003 | | | | | | | |
| 0004 | | | | | | | |
| 0005 | | | | | | | |

## Step3 ▷実際にインストールした数を調べてみよう

**最後に、購入したソフトウェア数と、実際にインストールしたソフトウェア数を対比する表を作成してみましょう。識別番号、ソフトウェアの名前、バージョン、プロダクトキーまでは、Step2で作成した表の内容をそのまま記入します。このソフトウェア情報に付加するのは「インストール数」と「利用中コンピュータ名」です。インストール数は実際にインストールした数で、そのインストールをどのコンピュータで実行したかを識別するためにコンピュータ名を記入します。この場合、「購入数＝インストール可能な上限数」となります。例えば1パッケージ購入し、3台利用可能なソフトウェアを3台にインストールしていれば、購入数は「3」、インストール数も「3」となり、利用中コンピュータは「PC-1/PC-2/PC-3」のようになります。**

**対比台帳**

| 識別番号 | ソフトウェアの名前 | バージョン | プロダクトキー | インストール数 | 利用中コンピュータ名 | 備考 |
|---|---|---|---|---|---|---|
| 0001 | 例）Office Home and Business | 2010 (14.0) | 1A2B3C-XXXX | 1 | PC-2 | |
| 0002 | 例）Office Home and Business | 2010 (14.0) | 4D5E6F-XXXX | 1 | PC-1 | PC限定 |
| 0003 | | | | | | |
| 0004 | | | | | | |
| 0005 | | | | | | |

〔7-3-1〕

# 手を抜くと大問題となる業務「ライセンス管理」

## ◇ライセンス管理の目的

ライセンス管理は、一言でいえば「著作権法を守ろう」ということです。このような法令順守のことを「コンプライアンス」と呼びます。

私たちが使っているソフトウェアは、そのソフトウェアの制作者または販売元の著作物として保護されており、それぞれ「使用許諾条件」が定められています。この使用許諾条件に外れた使い方をしていないかどうかを監視／管理するのがライセンス管理です。

もし仮に使用許諾条件から外れた使い方をしてしまうと「著作権侵害」ということになり、所属する組織が罰則や訴訟などのリスクを抱えることになりかねません。そのような「ライセンス違反による信用失墜」を防ぐのが、ライセンス管理の主な目的となります。

## ◇ライセンス管理のチェックポイント

特に押さえておきたいポイントは、次の5点です。

**①いつまで使えるか**
**②何台／何人で使えるか**
**③どんなコンピュータ環境で使えるか**
**④何に使えるか**
**⑤禁止事項は何か**

①の「いつまで使えるか」というのは、購入したソフトウェアのライセンスの「有効な期限がいつか」ということです。使う権利は永久に付与さ

れることもあれば、○年間と定義されていることもあります。また最近では「月額版」というケースも少なくありません（月額版であれば毎月費用を支払い、期間を更新することになります）。

②の「何台／何人で使えるか」というのは、ソフトウェアを使う「単位の制約」です。「1ライセンスにつき1台のコンピュータにインストールして使える」というケースが多いのですが、最近は「1人が○台にインストールして使える」という形態も増えてきています*4。

③の「どんなコンピュータ環境で使えるか」というのは少々わかりづらいかもしれません。例えば1台に複数のOSがインストールされている（デュアルブート環境）場合、コンピュータとしては1台です。しかしソフトウェアから見ると、OSが複数インストールされているコンピュータは1台とみなさないことが多く、「OSの数だけライセンスを購入する必要がある」と定められていることもあります。

また最近ではリモート接続でソフトウェアを利用する技術も進歩しており、リモート接続でソフトウェアを利用する場合のライセンスの数え方も変わってくるかもしれません。

④の「何に使えるか」というのは、ソフトウェアの利用方法というよりは「利用目的」というほうが近いでしょう。例えば商用利用禁止・営利目的の利用禁止というソフトウェアは多いですが、これも単純に「会社内で使ってはいけません」という場合もあれば、「このソフトウェアでお金儲けをしてはいけません」という場合もあります。また、顧客のシステムを請け負った場合、「自社で購入したソフトウェアを顧客に納品するシステムに含める」といったケースは多いですが、この場合もライセンスによる制約が加えられていることが少なくありません。

最後の「禁止事項」は、例えば「譲渡禁止」などをよく見かけます。他にも「外国で利用が禁止されている」というソフトウェアもあります。正確には「外国にそのソフトウェアをインストールしたコンピュータを持ち込めない」という制限なのですが、この制限があると、実質的に海外での利用が禁じられていることになります。

*4　セキュリティ対策ソフトなどは、1ライセンス購入すると3台程度インストールできることが多いです。

いったん購入したソフトウェアは、何となく「自分（自社）のもの」と考えがちですが、正確には「ソフトウェアを（定義された使用許諾条件に沿って）『使う権利』を購入した」と認識すると、ライセンス管理を理解しやすくなるでしょう。

## ◇サーバ管理者がライセンスを管理する理由

このようなライセンス管理をなぜ「サーバ管理者」がやらなければならないかというと、「サーバの管理者でなければ、ライセンスの使用許諾条件を順守させることができないから」です。

サーバで利用するソフトウェアは、サーバ1台にインストールして1ライセンス、PC1台にインストールして1ライセンスという形態で提供されることが多いです（この形態を一般に「デバイスライセンス」と呼びます*5）。

このサーバを管理する場合、当然ながらサーバ内にインストールされているソフトウェアも管理しなければなりません。つまり、ソフトウェアのライセンス管理も必然的に付随業務になるということです。

一方、ユーザーは「使う側」なので、そのサーバにどんなソフトウェアがインストールされており、使用許諾条件がどうなっているかなど知る由もありません。

つまり、サーバの管理者でなければライセンスの使用許諾条件を把握できず、当然ながらユーザーに順守させることもできないということです。

逆にいえば、サーバ管理者はソフトウェアがライセンスぶんだけ適正に使用されているかどうかを、正しく把握しておかなければなりません。実際、ソフトウェアの全体像を把握できていなければ、「何人が何台で利用するから何ライセンスを購入しなければならないのか」という購入計画も立てられないでしょう。サーバ管理者はこれらが理解できる立場ですから、自身で情報を集約して必要な購入数を算出し、必要なコストを試算できることを求められることになります。

＊5　他にも「CPUライセンス」「ユーザーライセンス」「サイトライセンス」「サーバライセンス」「同時使用ライセンス」など様々な利用単位があります。

## ◇実際にやらなければならない作業

ここまでライセンス管理の必要性を解説してきましたが、「実際に何をやるべきか」にも簡単に触れておきましょう*6。

### ソフトウェアの購入

実際に使いたい機能を満たしたソフトウェアを購入します。ここからライセンスの管理がスタートします。

### ライセンス管理台帳の作成

購入してきたソフトウェアをライセンス管理台帳に記入します。これにより、今保有しているソフトウェアを一覧で確認できるようになります。

### インストールの実行

ソフトウェアのインストールも実行しなければなりません。インストールしたら、どのPCに、いつ、どんなソフトウェアをインストールしたかをインストール管理台帳にまとめることになります。

ちなみに「いつ」を記入するのは、そのライセンスが使われたのがいつかをはっきりさせるためです。例えば、あるPCから別のPCへインストールしたソフトウェアを移動させる必要が出た場合、削除した日とインストールした日に重複期間があれば、厳密にはその期間はライセンス違反となってしまいます。

### インストール状況の定期調査

インストールされたPCを定期的に調査し、インストールしているソフトウェアの総数が購入しているライセンスの総数を上回っていないことを確認する必要もあります。

このとき、現状の環境とソフトウェア台帳上の比較も必要ですが、管理台帳同士の比較も重要です。インストール管理台帳に記録されたインス

＊6　ここでは一般的に最低限のライセンス管理として何をやらなければならないかということを解説しますが、具体的な業務の詳細は企業によって異なります。

トールの実行数と、ソフトウェア管理台帳で記録されているライセンスの利用総数が合致しなければ、ライセンス違反ということになりかねないからです。

また、管理者が許可していないはずの出所不明なソフトウェアが会社内のPCに存在することもありますので、その点に気づくためにも定期調査は大切です。

## ライセンス違反があったらどうなる？

実際にライセンス違反を放置し続けてしまうと、どんなことが起こるかも紹介しておきます（あくまで一例です）。

ライセンス違反直後に、すぐ何かが起きることは多くありません。しかしライセンス違反状態が長きにわたると、ある日突然FAXが届きます。

FAXの送信者は「ACCS（コンピュータソフトウェア著作権協会）」や「BSA（ビジネスソフトウェアアライアンス）」です。ACCSやBSAというのは、こういったライセンス違反を取り締まるための団体です*7（こういった団体の他、Microsoft社ではMicrosoft独自で顧客にライセンスの違反がないかを調査することもあります）。

届いたFAXには、「貴社はライセンス違反をしている疑いがあるため、ライセンス違反をしていないことの証明として、社内のライセンス管理をしている証跡類一式を提出するように」というような記載があります。

しかも、このとき提出期限として定められる期間は非常に短いのが通例です。というのも、「ライセンス管理は普段から実施しているのが当たり前だから」というのが先方の言い分です。

ライセンス管理情報は「ほぼリアルタイム」で整備されているのが望ましいとされているのですが、それはいざ訴訟リスクに直面した際、準備期間があまりに短いことも理由の1つです。つまり、普段からの蓄積が重要ということですね。

＊7　ACCS　http://www2.accsjp.or.jp/
　　BSA　http://bsa.or.jp/

〔7-3-2〕
# 自分にも他人にも役立つ「ドキュメントの保守」

## ドキュメント化したほうがよい情報

人間の記憶は、年月が経つにつれて薄れていくものです。ですから、サーバ管理者に限らず、システムに携わる人間は様々な情報をドキュメント化（文書化）する作業を日常的に実施しなければなりません。それが未来の自分を助けることになりますし、また後任の担当者や社内システムを請け負った外部のエンジニアを助けることにもつながります。

ここでは、サーバを管理するうえでドキュメント化したほうがよい情報を列挙していきます。

分量によっては1つのサーバで1つのドキュメントにまとめたり、1つのカテゴリで全サーバぶんをまとめたりしても構いません。自分、そして他人にとっての「わかりやすさ」を優先しましょう。

### ハードウェアの基本情報

ハードウェアに関して、そのサーバでどれくらいのスペックのどんな部品が搭載されているのかを一覧で用意しておきます。例えばサーバがハードウェア障害を起こしたとき、どの部品が障害なのかがわかるようにしておくと、メーカー保守とのやり取りに使える情報となります。

他にもメモリやハードディスクを増強する際も、「スロットが空いているか」「ハードディスクは現在どれくらいの容量が搭載されているか」といった情報を俯瞰的に見ることができれば、不足している性能を評価することもできるようになるでしょう。

また、サーバは資産管理の対象となることも多々ありますので、資産管理情報もハードウェア情報の1つとして管理できると、固定資産の棚卸作業の際に役立つかもしれません。

## OSの基本情報・基本設定資料

WindowsやLinuxなどのOS情報もドキュメント化しておきましょう。「あの設定はどうなっていた？」と思ったとき、さっとドキュメントで確認できると便利です。またテスト環境を構築する際も、本番サーバの基本設定がドキュメントにまとまっていると、本番サーバと同じ環境を作りやすくなります。さらに、サーバのOS情報だけではなく、クライアントPCの設定情報もまとまっていると、クライアント&サーバでテストをするような場合にも、スムーズに環境を作ることができるようになります。

## アカウント&アクセス権限設定

そのサーバに登録したユーザーIDと、そのユーザーIDに割り当てられたアクセス権限をドキュメント化しておくと、リソース管理に役立ちます。

例えばサードパーティ製の会計システムをインストールしたサーバがあったとします。このとき、利用する社員のユーザー情報、つまりアクセス元となるコンピュータ名やアクセスに使われるユーザーIDおよびアクセス権限をまとめておくと、「このユーザーIDは退職した社員のものだから削除しよう」という具合に整理しやすくなります。そうすれば、浮いたIDのぶんは別の社員に割り当てることができ、コストの削減にも寄与するでしょう。あるいは、そのシステムを別の部署で利用する場合にも、従来のアクセス権限一覧がまとまっていると、どの社員にどのようなアクセス権を与えるべきかを検討しやすくなるはずです。

なお、メールサーバならメールアカウント、ファイルサーバならログインユーザーIDといった具合に、どのサーバのアカウントを管理するかによって、ドキュメントの作り方は少々変わってくるでしょう。さらに、Active Directoryのような認証サーバで認証を統合しているときには、認証サーバを絡めた情報にする必要があるかもしれません。

## バックアップ情報

実際のバックアップ作業は、複数のツールを組み合わせてデータを収集し、最終的に保管することが多くなります。

そのため、最終的なバックアップデータが生成されるまでの仕組みをドキュメント化して可視化しておくと、システムの構成変更や入れ替えが実施される際に、バックアップの体制も再構築しやすくなります。

例えば、サーバ個別でローカルバックアップしたデータを、ネットワーク経由で1台のバックアップサーバに集約している場合は、2つのステップでバックアップデータを収集していることになります。

この場合、個別のサーバではどのような方法でどんなデータをバックアップしているかが一覧で欲しいところですし、「最終的にバックアップサーバはどんな方法で社内サーバのバックアップデータを集約しているか」「バックアップサーバが集約したデータはどんな記憶媒体に記憶させて保管しているか」といった情報が重要になります。

また、バックアップデータの取得だけでなく、そのサーバやデータに問題があったときに、どういうリストアを想定してそのバックアップを取得しているか、そのリストアの手順などもまとめておきたいところです。

有事の際にあれこれリストアのことを調べるより、事前にドキュメント化しておいたほうが、スムーズに復旧処理に取りかかれるはずです。

## サーバプログラム情報

そのサーバで動作しているサービスプログラム（サーバプログラム）についてもドキュメント化しましょう。

具体的には、「そのサーバがサーバとして機能を提供するために必要な情報」と「サーバとして機能を提供するために必要とされる設定」の2種類をドキュメント化しておくと便利です。ただ、このドキュメントは上記のような一言で片付くような分量にならないことが多いため、ドキュメント化に最も苦労するかもしれません。

例えばDNSサーバなら「名前解決」という機能を提供しますので、「どんなホスト名とどんなIPアドレスを紐付けて名前解決を提供しているか」を表のようなドキュメントにまとめることになりますし、DHCPサーバであれば、「どのコンピュータに対してどんなIP設定を自動化しているのか」をまとめることになります。この場合、社内のIPアドレス管理表のようなネットワーク管理資料とのリンクも必要になるかもしれません。

サーバはサービスプログラムをインストールすることで様々な機能と役割を割り当てることができるようになりますが、様々な機能と役割があるぶんだけ、ドキュメントの種類も豊富になります。

一概にここで指定することはできませんが、最低限押さえておきたいのは、「標準的なOSのインストールが完了したあとに、そのドキュメントを見れば同じサーバが構成できること」です。そのくらいの情報量は記しておきましょう。

## ◇ドキュメント作成のすすめ

いずれのドキュメントも、たとえ「自分が覚えられる分量」であっても、とにかく作成しておくことが大事です。

「自分はサーバにアクセスできるからサーバを確認すればよい」と考える人もいますが、例えばシステム発注の際に環境情報を提出するとき、パートナー企業に「サーバの設定は直接見ておいてください」というわけにはいきません。このとき、さっと整備したサーバのドキュメントが提出できたほうがスマートです。

またPマークやISMSといった認証資格の取得時や社内の内部統制の際も、これらのドキュメントが適切にメンテナンスされ、必要に応じて即座に提示できることが要求されます。

このように、ドキュメントが要求されたり、何かに役立ったりするケースは多々ありますので、担当を任された段階で存在しないドキュメントはコツコツ作成し、常に更新しておくことをおすすめします。

最初の段階でドキュメントを使うことはないかもしれませんが、ドキュメント作成のために調査したり、それを文書に落とし込む作業をしたりすることが、任されたサーバの理解を深めることにもつながるはずです。

## 第7章のまとめ

- 本章で取り上げた内容は、主にサーバ管理者が「能動的にやらなければならない業務」である
- サーバには常にリスクが伴うため、そのリスクを解消・低減することがサーバ管理に求められる。そのためにはユーザーに求められることだけでなく、能動的に業務を行う必要がある
- 「バックアップ」は、正常時の状態を収集しておくことで、障害時に備える業務である
- サーバのバックアップ対象は、大きく「OS環境」と「アプリケーション（OS管理外のデータ）」と「データ（ファイル）」の3つである
- 一般的には、収集するバックアップによってイメージバックアップとファイルバックアップを使い分けることが多い
- バックアップの種類には、「フルバックアップ」「差分バックアップ」「増分バックアップ」の3種類がある
- ログ管理では、「ログを残す」「有事の際にログを解析・分析する」「ログの記述をもとに、現状把握や将来予測を行う」という3点に取り組む必要がある
- サーバ監視は、大きく「性能監視」と「死活監視」に分かれ、それぞれ監視する個所が異なる
- 監視の手法には「監視対象から報告させる監視」と「監視対象を直接調べる監視」の2種類がある
- 性能監視では「監視対象から報告させる監視」、死活監視では「監視対象を直接調べる監視」が使われることが多い
- ライセンス管理は、使用許諾条件に沿ってソフトウェアが利用されていることを担保する業務である
- ライセンス管理を適切に実施することは、無駄なライセンスコストの削減や訴訟リスクの回避につながる
- サーバの構成情報をドキュメント化しておくことも業務の一環である
- ドキュメント類は社内で利用するだけでなく、外部企業に現在のサーバ環境を伝える目的で利用されることもある

# 練習問題

**次のバックアップ種類に関する解説のうち、正しいものを全て選びましょう。**

**A** 「フルバックアップ」は、選択した環境を全てバックアップし、指定した場所の完全なデータを収集する方法である

**B** 「差分バックアップ」は、前回のバックアップ以降に変更されたデータを対象としてバックアップを取得する。また、バックアップデータは累積しない

**C** 「増分バックアップ」は、前回のフルバックアップで取得されたデータをもとに、フルバックアップ以降に変更された全てのデータがバックアップ対象として選択される。また、バックアップは累積される

**D** 一般的な環境であれば、バックアップの取得時間とバックアップ取得容量は比例し、「フルバックアップ>差分バックアップ>増分バックアップ」となる

**次のうち、Windowsのイベントビューアによる閲覧対象ではないログはどれか選びましょう。**

**A** アプリケーションログ

**B** セキュリティログ

**C** システムログ

**D** Syslog（シスログ）

**次の監視に関わる説明のうち、正しいものを１つ選びましょう。**

**A** 一般的に「監視」とは、24時間365日ディスプレイを見続け、異常が起きるかどうかを見張ることを指す

**B** 「監視対象から報告させる監視」はエージェントプログラムをインストールする必要があるが、細かな情報収集が可能となる

**C** 「監視対象を直接調べる監視」は、ディスク残量やメモリ使用量など、様々な性能を調べるために多用されている

**D** RASISは故障を評価する指標なので、故障が発生しないのであれば監視対象の評価は必要ない

Q1. AとD　Q2. D　Q3. B

# サーバ環境のリプレース

## ～サーバの再構築と利便性向上～

最後に、サーバの入れ替え（リプレース）についても解説しておきましょう。サーバは永久に使えるものではありません。ハードウェアの故障や性能不足、ソフトウェアのサポート期限やメーカーとの保守契約期限など、様々な理由はあれど、数年の一度のリプレースは必須です。ここでは、リプレースの際の注意点をまとめておきます。

# 【8-1】リプレース作業を検討してみよう

古くなったサーバは入れ替え（リプレース）をしなければなりません。ここでは、自宅のPC環境を例に、リプレースを実際に検討してみましょう。

## Step 1 ▷問題点を洗い出し、性能アップを考えてみよう

**現在利用しているPCに問題がないかを考えてみましょう。過去に起きた不具合、現在不満に思っていることなどを思い返し、問題点を書き出してみてください。**

・
・
・
・
・
・
・
・
・
・
・

**問題点（例）** CPUの処理が遅い（処理が100%となる）、メモリ不足だが増設ができない、バッテリが寿命、OSがWindows Home Editionなのでリモート操作ができない、画面の表示が狭い（解像度が低い）、USBポートが旧規格、無線LANが利用できない、無線LANが安定しない、メーカー保証が切れていて修理できない、OSが古い、内蔵ハードディスク（SSD）の容量不足、キーボードが破損しているetc...

## Step2 ▷ どのような性能が必要になるかを考えてみよう

「実際にPCを買い替えるとしたら？」と仮定し、Step1で洗い出した問題点を解消するためにはどのような性能が必要となるかを書き出してください。まず「現在のスペック」列に今使っているPCの性能を書きます。次にStep1の問題点を踏まえ、「必要なスペック」列に「望ましい性能」を書いていきましょう*。

| 確認項目 | 現在のスペック | 必要なスペック |
|---|---|---|
| PCメーカー名 | | |
| PC型番 | | |
| 搭載CPU | | |
| 稼働中OS | | |
| 画面解像度・インチ数 | | |
| 搭載メモリ容量 | | |
| 内蔵ディスク（SSD）容量 | | |
| セキュリティチップ(TPM)有無 | | |
| バッテリ容量、バッテリ稼働可能時間 | | |
| 消費電力 | | |
| 有線LAN速度（1000Base-Tなど） | | |
| 無線LAN規格（802.11b/g/nなど） | | |
| Bluetooth有無 | | |
| メーカー保証の有無 | | |
| メーカー拡張保守（*）の有無 | | |
| Officeの有無とその製品名 | | |
| 光学ドライブ（CD/DVD）有無 | | |
| マイクロフォン/ヘッドフォンの有無 | | |
| 内蔵Webカメラの有無 | | |
| カードスロットの有無（SDカードなど） | | |
| 大きさ・重量 | | |

## Step3 ▷ 実際にPCを探してみよう

ここまでの情報をもとに、実際に自身の要求する性能を満たすPCを、各メーカーの製品サイトで探してみましょう。また、実際に必要とするスペックを満たすPCがどれくらいの価格になるか、予算に見合うかも合わせて確認してください。

＊ USB機器のように外付けで機能を賄っている場合、そのままUSB周辺機器を利用するのであれば本項目では除外して構いません。現在のPCに備わっている機能でも、不要であれば必要なスペック欄は不要です。

＊ **メーカー拡張保守** 通常のメーカー保証内容に加え、メーカー保証外の故障（火災、水濡れ、落下、天災など）であっても、保証内容を拡大して無償／安価に修理を請け負ってくれる保守サービスのことです。

# [8-1-1] サーバを新たに作り直すとき

## サーバとの別れ

サーバがいくら安定稼働しているとしても、数年に一度は新しいサーバを導入し、機能を新サーバに移行しなければなりません。

古くなって耐久年数が過ぎた（減価償却期間が満了した）サーバは陳腐化しており、メーカー保守も打ち切りが近づいてきます。メーカー保守が打ち切りになったサーバは保守契約が結べなくなるため、故障したとしてもサポートを受けることができず、部品交換も困難になります。

また、ハードウェアだけでなく、ソフトウェアにも耐久年数に似た「サポート終了日」が設定されていることが一般的です。有名なところでは、Windowsもサポート終了日が設定されています（図1）。

Windows Serverに限らず、Windows OSでは、リリースから5年間（または次バージョンリリースから2年）で、メインストリームサポート（機能拡張やバグ修正、セキュリティアップデートなど）が終了し、延長サポートに入ります。延長サポートに入るとセキュリティ以外のバグは修正されなくなりますが、この延長サポートもメインストリームサポートから5年（または次バージョンリリースから2年）で終了してしまいます。

特に企業内ではセキュリティアップデートを全く適用せずに利用し続けるという運用は大きなリスクになるため、よりシビアにリプレースの予算を取り、作業を遂行しなければなりません。

## サーバを「新しく入れ替える」ということ

サーバを新しくするにあたって最初に判断すべきは、「自分でやるか」「外部の専門業者に頼むか」という方針の決定です。ここは、主に「どれくらいのコストをかけられるのか」で判断することになります。

図1 Windows Serverのサポート終了日

| OS名称 | メインストリームサポート終了日 | 延長サポート終了日 |
|---|---|---|
| Windows Server 2003 | 2010年7月13日 | 2015年7月14日 |
| Windows Server 2008 | 2015年1月13日 | 2020年1月14日 |
| Windows Server 2008 R2 | 2015年1月13日 | 2020年1月14日 |
| Windows Server 2012 | 2018年1月9日 | 2023年1月10日 |
| Windows Server 2012 R2 | 2018年1月9日 | 2023年1月10日 |

外部の専門業者はサーバに関する知識・経験が豊富ですし、自分では解決できない技術的な問題も解決してくれます。リプレース作業も専門のエンジニアが行ってくれるので、管理者は進捗確認と社内の業務調整だけをしっかり行っていれば、新サーバに移行できることになります。ただし、当然ながら専門業者を使うとコストがかさみます。ハードウェアやソフトウェアを購入する金額に加えて、構築作業にかかる人件費を支払う必要があるため、サーバ導入費用が倍になってしまうことも珍しくありません。

コストが見合わなければ、「部分的に外部の専門業者に任せる」という手段も検討の余地があるでしょう。つまり、自分でできる基本的な部分は自分で行い、自分には難しい領域の作業だけ専門業者の力を借りるという方法です。この場合、責任分界点や作業の分類をしっかり行う必要がありますが、コストを抑えることが可能になります。

どのような分担で作業をやるかという方針が固まったら、サーバを入れ替えるための作業を計画しなければなりません。P.229で、サーバが稼働するには次の3ステップが必要だと紹介しました。

**①構築して使えるようにする（構築作業）**
**②構築を完了し、使えるようになる（テストからサービスイン）**
**③使っている中で必要な作業を行う（運用作業）**

前章までは主にこの③の部分について解説してきましたが、サーバを新たに作り直す場合は①と②の作業を行うことになります。

移行作業は、稼働しているサーバの数だけ存在します。実際の作業は環境に依存する部分があまりに多いため、ここからはリプレースにあたって検討すべき事項、考慮すべき事項を中心に解説していきます。

# 【8-1-2】
# 新サーバへの期待①
# 性能を買う「パワーアップ」

## ◇「性能不足」の解消

リプレースの動機として多いのが、「現行サーバの性能不足」です。CPUの処理性能やメモリ容量、ハードディスクの読み書き性能が不足すると、処理が遅くなってしまいます。また、ハードディスク容量が枯渇し、データが保存できなくなることもありえるかもしれません。

前章でサーバの「性能監視」について紹介しましたが、性能監視の結果として、サーバの性能不足が判明することもあります（図2）。

CPUの性能不足の場合にはCPUの使用量が100％近くなり、平常時のサーバ稼働であってもCPUの使用率が高いままです。この状態が恒常的に続くようであれば、より高性能なCPUを搭載した新サーバを導入する必要がある、ということになります。

同じように、メモリが不足しているのであれば、より多くのメモリを搭載したサーバに入れ替えなければなりません。ただCPUと違い、メモリが不足しているというだけならば、「現在のサーバにメモリ追加をする」という手もあるでしょう。CPUと違ってメモリの追加はそれほど困難な作業ではないため、一考の余地はあります。

あるいは、サーバ稼働中にずっとハードディスクの読み書きが実行されていて処理速度が低下しているようであれば、ハードディスクの性能不足がサーバの稼働に影響しているといえます。この場合には現在のハードディスクの性能を超える記憶媒体を検討する必要が出てきます。現在SATAディスクを利用しているのであれば、より高速なSASやSSDを検討する必要がありますし、単一のディスクで利用しているようであれば、RAID構成でアクセス速度を向上するという手もあるかもしれません。

「現時点で大きな問題はないが、保守期限の関係でリプレースが必要」

という場合であっても、この機会に現状のサーバを分析し、弱点となりそうな部分については性能を上げておきたいものです。

図2 性能監視による性能不足の発見

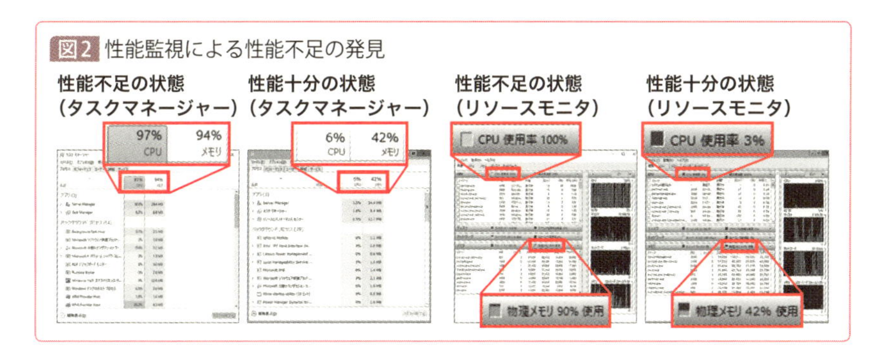


## どのくらい性能を上げればよいのか

「性能を上げる」といっても、「どのくらい上げれば十分なのか」という判断が難しいところです。使われない性能を上げても費用が無駄になってしまいますし、「どんな性能をどれくらい上げるか」は、新サーバを検討するにあたって慎重に検討しなければなりません。

主な検討事項を以下に挙げていきます。

### CPUの性能

CPUは、処理性能に直結する部品です。CPUの性能は、クロック数とコア数で評価します。例えばデータベース（RDBMS）が動作しているサーバは、CPUの性能が処理に大きく関わることになります。データベースの処理は大量の計算を一瞬で完了することが要求されることもあるため、現在稼働しているサーバの処理中のCPU稼働率を確認しておくことで、CPU強化にどれほどの費用をかけるべきかを判断することができます。

また、データベースの処理によっては直列処理（1つのコアに負荷がかかる処理）か並列処理（複数のコアで分散し、まんべんなく処理を実行する）かによって、CPUのクロック数向上を優先するべきか、コア数を増やすことを優先すべきかを判断しなければなりません。

ただ、データベース以外のサーバでは、CPUがボトルネックとなって処理速度が低下することは稀です。サーバの役目は「ネットワーク経由で受け付けるデータの出し入れ」がほとんどなので、CPUにそれほどの負荷がかかることはないためです。とはいえ、CPUの性能を後付けで向上させることはかなり困難なので、「必要最低限」ではなく、当初から必要十分な性能を見込んでおきましょう。

## メモリの性能

「メモリの性能」は、サーバの動作に大きく影響します。メモリの規格による速度の差もありますが、どちらかといえば搭載したメモリの容量が性能を大きく左右することが多いです。

ただ、サーバの動作画面を四六時中見ているわけではないため、「実際にメモリ容量が不足していて応答が遅くなっている」ということを知ることが難しい点には注意が必要です。

そうならないためにメモリ容量を増やしておく必要があるのですが、どれくらいのメモリ容量を必要とするかは、「サーバにどれくらいのプログラムが動作するか」「どれくらいのコンピュータ(ユーザー)が接続してサーバの機能を利用するか」を考慮しなければなりません。

サーバが機能を提供するためには、OS以外にもプログラムを動作させることになります。そのOS以外のプログラムにはどれくらいのメモリが消費されるかを計算する必要があります。これに加えて、1台のコンピュータ(1人のユーザー)がサーバに接続することで消費されるメモリ容量を計測し、社内のユーザー数で乗算しなければなりません。

例えば、あるサーバはOSで1GB消費、インストールしたサーバプログラムで1GB消費、1ユーザーの接続あたり50MBのメモリが消費されるとします。100ユーザー存在する場合、このサーバには「1GB＋1GB＋(50MB×100)」で、最低でも「7GB」のメモリが必要になります。普通に考えると4GB×2枚で8GBのメモリを搭載することになりますが、これでは全く余裕がないので、余裕を持たせるために4GB×3枚＝12GBや、8GB×2枚＝16GBのメモリを搭載させることも検討しましょう。

メモリ不足はサーバの性能不足でよくある話ですが、スロットが空いていれば後付けで容量を増やすことも可能です。CPUと違ってあとから手を入れることが容易ということも考慮し、メモリ容量を選択しましょう。

## ハードディスクの性能

コンピュータの動作が遅い原因は、ハードディスクの読み書き性能に起因することがほとんどです。ディスクそのものの性能もありますが、その前に「サーバ専用のハードディスクを利用しているかどうか」が大きく性能を左右します。前述したように、サーバの主な役割は「データの出し入れ」ですから、いかにサーバ内に保管されたデータを要求に応じて読み出し、受け入れたデータを内蔵ストレージに書き込むかがサーバ全体の速度を決定することになります。

サーバ用のハードディスクはとにかく高いので、どれを選べばよいかを「費用」で決定しがちです。ですが、いくら安価でも、安直にSATA規格のハードディスクを選定するのは考え物です。サーバ用のハードディスクはSAS規格が一般的です（前述の「サーバ専用のハードディスク」とはこのSAS規格のハードディスクを指しています）。SAS規格のハードディスクは、SATA規格のハードディスクに比べて価格は2倍なうえに容量は3分の1程度ですが、2倍～3倍の速度で動作することが可能です。

また、SASディスクはSATAディスクと違って全二重でのデータの読み書きを実行する規格であることも優位点の1つです（SATAは半二重でしか読み書きができません）。ネットワークの用語を借りると、これは「ハーフデュプレックスとフルデュプレックス」の違いです。

ハーフデュプレックスではデータの入り口兼出口が1つしか用意されていませんが、フルデュプレックスでは専用の入り口と専用の出口の2つが用意されています。つまり全二重ではハードディスクから入るデータと出るデータが同時に読み書きできますが、半二重では入るデータが流れている間は出るデータは通信切り替え待ちとなるわけです。

サーバは複数のユーザーから参照され利用される性質があるため、ある人がデータを読み込み、ある人がデータを書き込むことになります。

よって、複数の読み書き処理が同時進行で実行できるSAS規格のディスクは、SATA規格のディスクよりもサーバに最適化されているディスクといえます*1。

## ◇情報収集が大切

これまでで、サーバの性能を左右する主要な部品、「CPU」「メモリ」「ハードディスク」について解説しました。新しく購入するサーバは、現在稼働しているサーバよりも新しい部品が使われていることが多いため、単純な評価がしづらいこともあります。例えば規格そのものが変わってしまって、表示されている数字を単純に比較できなくなることもあるでしょう。

このような場合でも、どうにかして要求されるサーバの性能を数値化し、必要十分な性能を確保することが、サーバリプレース作業では要求されます。ですから、現在稼働中のサーバでよく情報収集し、更改後のサーバで性能低下が起こらないよう、注意深く選定を実行する必要があります。

### CoffeeBreak　SSDの普及

近年は「SSD (Solid State Drive)」という新しい内蔵ストレージの普及により、速度の問題はかなり改善されてきています。

特にPCでは廉価なSSDが普及しており、近年ではOSをインストールするような内蔵ストレージはSSD、データ保管用はハードディスクと使い分けるケースが増えてきています。一方、サーバ用にもSSDは提供されていますが、サーバ用のSSDはかなり高価であり、容量もハードディスクに比較して低容量であることから、あまり積極的に採用できる状況ではありません。ただ、現在は普及の過渡期にあると見られるSSDですが、PCで爆発的に普及したように、サーバでもSSD利用が一般的になることが予想されます。今後の技術革新が注目されます。

＊1　SATAディスクは24時間365日稼働するサーバには非推奨であることも多いです。ではサーバ用SATAディスクはどこに利用されているかといえば、性能がそれほど要求されない小規模なサーバや、バックアップサーバのデータディスクのように24時間動作する必要がないサーバに活用されています。

〔8-1-3〕
# 新サーバへの期待②
# 安心を買う「可用性」

## ◇可用性とは？

サーバを新しくする際は、性能以外に「可用性」も注目したいポイントです。可用性とは、動作しているサーバが停止することなく稼働し続けるための能力のことです。たとえ障害が発生しても、その障害がサーバの停止に直結せず、継続してシステムが稼働するように構成されていることを「可用性が高い」と表現します。

故障しやすい部品として真っ先に思いつくのがハードディスクです。

ハードディスクの故障に備えるには、P.109で解説したRAIDを用いるのが一般的です。RAIDを用いれば、複数台のハードディスクをあたかも1台のように利用することで、1台が故障してもサーバを稼働させ続けることができます。また、サーバに搭載されたRAIDカードもよりますが、ホットスペア用のハードディスクをスタンバイディスクとして用意しておくことで、RAID内のハードディスクが1台故障したとしても、自動的にホットスペアに切り替わるように構成することも可能です（ただしホットスペアに切り替わる際に、冗長化として保存されたデータを既存のハードディスクからホットスペア用のディスクに書き込むという動作が発生するため、その間はサーバに負荷がかかり速度低下が発生することもあります）。

もし旧サーバが、RAID構成ではない、あるいはホットスペアが搭載されていない状況であれば、リプレースの際にRAID構成やホットスペアを採用することで、サーバの可用性を高められるかもしれません。

## ◇ハードディスク以外の可用性

サーバの内部に搭載された部品そのものを冗長化することで、可用性を高めることができます。

例えばサーバ専用のコンピュータは、電源ユニットを2つ搭載できる機種が少なくありません。実際に電源ユニットを2つ搭載しておくと、片方の電源ユニットに故障が発生しても、もう片方のユニットで給電し続けることができます。電源ユニットに限らず、サーバに搭載する様々な部品を冗長化しておけば、何らかの故障が発生しても「即サーバ停止」という事態を避けられます。

故障発生後に速やかに部品交換を実施し、サーバの連続稼働を保証できる状態になっていること、つまり「可用性をより向上させた環境」の構築は、規模の大小を問わず、リプレース時に検討してほしいものです。

## サーバそのものの冗長化

サーバの部品だけでなく、サーバそのものも冗長化させることが可能です。同じ構成のサーバを2台用意して全く同じ機能を持たせておけば、1台が故障しても残るもう1台で連続稼働を引き受けることができます。このような構成を「クラスタリング（クラスタ構成）」と呼びます（図3）。

クラスタ構成にはサーバが2台必要となるため、当然ながら費用がかさみます。しかし、クラスタ構成には大きなメリットがあります。それは「縮退運転時の性能低下を防げること」「故障が故障を呼ぶというリスクを減らせること」です。

RAID構成でハードウェアを冗長化したり、電源ユニットを2つ搭載していた場合、片方に故障が発生しても連続稼働は行えます。ただ、1台のハードディスクが故障すればアクセスは遅くなりますし、1つの電源ユニットが故障すれば給電量は半分になってしまいます。つまり、故障が発生すれば、そのぶんサーバの性能が低下することになるのです。これを「縮退運転（フォールバック）」といいます。

この場合、故障対処が完了するまで性能が低下した状態でサーバを稼働させることになりますが、故障対処に数日あるいは数週間かかる場合、正常なほうの部品（ハードウェアや給電ユニット）は過負荷の状態が続きま

図3 クラスタリング（クラスタ構成）

すから、それが新たな故障や障害につながることもありえます。

一方、サーバそのものを冗長化していれば、故障が発生してももう1台のサーバに処理を引き継げますから性能は低下しませんし、縮退運転することもないので、故障が故障を呼ぶこともありません。

故障した部品を交換するために時間がかかるとしても、その期間は元気なサーバが処理を受け持ってくれれば、サーバの機能としては100％の性能を発揮し続けられることになります。

## サーバ機能に依存する可用性

可用性を検討するには、「そのサーバがどれくらい連続稼働を保証しなければならないか」「その連続稼働にどれくらいの費用を投じることができるか」のバランスをうまく取ることが大事です。

予算が無尽蔵であれば、最大限に可用性を高めることもできますが、実際には限られた予算の中でやりくりしなければなりません。ですから、サーバリプレース時には、そのサーバは「もっと安全に稼働させたい」のか、「それなりに稼働すればよい」レベルなのかを見極め、「ユーザーに影響が出ないこと」を念頭に可用性確保に努めてください。

# [8-1-4] 新サーバへの期待③ 運用管理作業の効率化

## ◇管理者自身の利便性を高めるために

せっかくサーバをリプレースするのですから、そのサーバを管理する管理者自身の利便性も高めたいものです。ここまでは主にユーザーに直接関係するポイントを主に見てきましたが、ここでは「サーバ管理者にとっての利便性」という側面も考えてみましょう。

### リモート管理の有無

サーバのリモート管理機能については、P.131でも解説しました。せっかく新しくサーバを導入するのであれば、このリモート管理機能があるかないか、という点は注目したいポイントです。

リモート管理機能があれば、日々のサーバ動作を確認する際にわざわざサーバの前まで出向く必要はなく、目の前のPCでサーバの稼働状態を確認できます。さらに、サーバにアラートメールを設定しておけば、異変が起こった際にはメールで知らせてくれますし、たとえOSの動作が阻害されるほどの故障が発生したとしても、多くの場合リモート操作でサーバ状態を閲覧し、故障したハードウェアについてのログを収集できます。

修理を依頼する際なども、リモート管理機能から収集したログをメーカーに提出すれば、故障個所を正確に割り出せるようになります。複数の故障個所がある場合などは、1回の訪問で一気に交換&修理を完了させられるますから、余計な手間やコストを省けるでしょう。

OSだけをリモート管理するのであれば、Windowsならリモートデスクトップ、Linuxなら SSHを利用すればほとんどの作業は可能になりますが、ハードウェアに起因する問題があれば、ハードウェア上で動作するOSが正常に動作する保証はありません。そういった有事に備え、リプレース時には普段から利用できるリモート管理機能が備わっているかどうかを確認しましょう。それにより、導入後の運用管理作業が変わってくるはずです。

## RAIDツールの有無

RAIDツールの有無も考えておきたいものです。RAIDは、本書で何度も登場しました。RAIDによって複数のハードディスクを組み合わせ、1つの領域を作り出すことで、OSをインストールしたりデータを保管したりすることが可能になります。

このRAIDですが、当然のことながらOSをインストールしたりデータを保管したりする前にRAID構成を決定し、設定を行わなくてはなりません。またRAID構成は、OSインストール前の状態では（当然ですが）インストールするOSに依存しない形で設定作業を実施します。具体的にはサーバ本体のBIOS（UEFI）起動後に、搭載されたRAIDカード内からRAIDコントローラ設定用の構成ユーティリティを起動することになります。

一方、OSのインストール後であれば、OSにインストールするアプリケーションの1つとして、RAID構成ユーティリティが提供されている場合がほとんどです。

つまりRAID構成の情報を収集したり、構成を変更したりするための機能は、「OS起動前」と「OS起動後」で別々の道具が用意されており、状況によって使い分ける必要があるということです（図4）。

ともあれ、こうしてRAIDにて構成された領域にOSインストールを実施し、サーバとして動作させることになるのですが、サーバの稼働後にハードディスクが故障した場合、故障したハードディスクを交換後にRAID構成をリビルドして、元通り復旧させなければなりません。

RAIDのリビルド中は、各RAIDレベルで補完されている冗長化データを交換した新しいハードディスクに書き込む処理が必要となるため、データの読み書きが遅くなることがあります。また、リビルド中に通常のサーバ利用を再開してしまうと、ハードディスクが負荷に耐えられず、新たな故障が起こる可能性も否定できません。

そのため、たとえOSを起動させサーバ復旧を優先させたとしても、

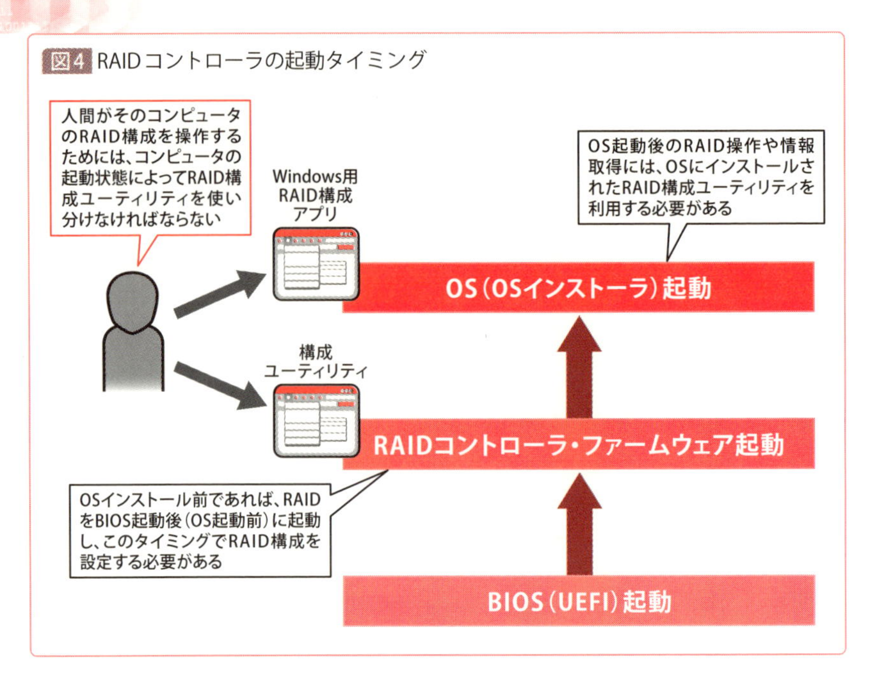


図4 RAIDコントローラの起動タイミング

RAIDのリビルドがどのような状態なのか、その進捗状況を数時間おきにでも（定期的に）確認したいものです。ただ、これを実施するためには、インストールしたOS上からRAIDの管理が実行できるようなツールをサーバメーカーが提供してくれている必要があります。例えばIBM（Lenovo）SystemXシリーズのサーバであれば「ServeRAIDマネージャー」あるいは「MegaRAIDストレージ・マネージャー（MSM）」という2種類のソフトウェアを提供しており、RAIDの構成管理を実行できます。

一方、そのようなツールがない場合は、OS起動前に動作する構成ユーティリティからリビルドの進捗状況を確認する以外の方法がありません。

当然ですが、この場合はOS起動前でなければ状況を確認できないので、Windows/Linuxといったを起動させることができません。つまり、リビルドが完了するまではサーバ画面の前から離れられないことになります。ですから、できればOSが起動している状態でのRAID情報収集が可能なモデルのほうが望ましいといえます。

## 安価なサーバを選ぶと……

結論からいってしまえば、安価なサーバにはこれまで紹介したような便利な管理機能はありません。見方を変えれば、安価なサーバはこういった管理機能を省いているからこそ安価なわけで、管理機能も性能も「ほどほど」であることがほとんどです。

管理機能や性能については「使ってみて初めて実感できる」という側面があるので、費用との適切なバランスを導き出すのは難しいのですが、「足りない」よりは「余っている」ほうが望ましいのは間違いありません。

## サポートに力が入っているか

「メーカーサポートの充実具合」も製品選択のポイントです。サーバについて何か知りたいことがあれば、まずはメーカーのWebサイトにアクセスして情報を探すのが一般的です。しかし、メーカーによっては、知りたい情報がWebサイトに掲載されていないことも珍しくありません。

あるいは、サーバにデバイスドライバやファームウェア上の問題があったとして、部品メーカーからはアップデートパッチがリリースされているにもかかわらず、肝心のサーバ本体のサポートサイトではアップデートパッチを提供していないというケースもあります。

総じて、これらはメーカーが自社製品の「サポートにどれくらい力をかけているか」に左右される部分です。サポートに力が注げないメーカーの場合、部品メーカーからのアップデートを自社サーバ製品のアップデートとして提供できなかったり、各種サポート情報もユーザー向けの掲示板をナレッジベースとして公開する程度（つまり公式の情報とはいえない）にとどまっていたりします。

こういった重要な情報がサーバメーカーのサポートサイトで非常に探しにくかったり、そもそも提供されてなかったりする場合、より情報の入手が容易なメーカーのサーバを選択するという考え方も、運用管理を助けるうえで重要となります。

## [8-1-5]
# しっかり見ておきたい保守契約

## ◇オンサイト保守かオフサイト保守か

サーバをリプレースするときに、新しく導入するサーバハードウェア本体の保守契約も、しっかりと確認しておかなければなりません。

ここでは、主にサーバのハードウェア保守を中心に、押さえておきたい2つのポイントを紹介します。

1つ目のポイントは、「オンサイト保守かオフサイト保守か」という点です。オンサイト保守は、故障が起きた際にメーカーの技術員がサーバ本体が設置されている場所に来訪し、修理・部品交換を実施してくれるサポート方式のことです。オンサイト保守では、多くの場合「提供される時間帯」によって費用に差が出ます。一般にサービス提供時間帯は「時間×日」で表記され、例えば「12×6」と表記されていれば、契約で指定された6日間の日中、12時間のどこかで対処を実行してくれるということです。具体的には、月曜から土曜の6日間の中で、朝8時から夜20時までの12時間の間に作業員が来訪し修理作業を実施してくれる、といった具合です。

ですから、特に平日深夜帯や休日対応が必要なサーバについては、「24×7」のメニューを選択して「24時間365日」の対処を依頼できるよう、契約時に必要な保守メニューを購入しておく必要があります。

一方のオフサイト保守は、別名「センドバック保守」とも呼ばれ、故障した製品や部品を自分で取り外してメーカーに発送し、メーカーからは修理完了品もしくは代替品が手元に配送されてくるというサポート形式です。故障品を自分の手で交換し、修理を完了させる必要がある点がオンサイト保守との大きな違いとなります。

またセンドバック保守は「先に代替品が手元に送られてきて、交換完了後に故障品を送り返す先出しセンドバック」と、「故障した部品・製品をメーカーに送り、その間は故障部品や故障サーバなしでどうにかしなければいけないセンドバック」の2種類があります。

後者のように一時的にでも機器／製品が手元になくなってしまう形式の場合は、当然ながらあらかじめ代替となる方法を用意しておかなければなりません（交換用ハードウェアや代替サーバを用意しておくなど）。

## どちらの保守を選ぶか

「どちらの保守を選ぶべきか」は、通り一遍にいえば「状況次第」ということになるのですが、よく選択されるいくつかの考え方はあります。

結論からいってしまえば、企業内でそれなりの稼働率が要求される業務に利用されるサーバは、原則として「オンサイト保守」を契約し、常に故障に備える体制を整えておくことが要求されます。つまり、業務用のサーバはオンサイト保守をサーバ購入と同時に契約するものと考えて差し支えありません。仮に社内のスタッフが充実していて、自社での保守対応ができそうなケースであっても、「あと少し性能を削ればオンサイト保守契約の費用を捻出できる」という状況なら、契約しておいたほうが安定的なサーバ運用に寄与するのは間違いありません。

ただし、この原則から外れる「例外」も存在しています。例外の1つは、「ハードウェアを購入するための金額によって選択する」という考え方です。安価な機器であれば、思い切って手元に予備機を購入しておくという方法もあるでしょう。例えば、よく故障するハードディスクや電源ユニットは余分に購入しておき、センドバック保守で修理している間は買い置きの保守部品を交換して故障に対処する、という具合です。この場合、センドバック保守で戻ってきた修理完了品・代替品は、次の故障に備えて予備として持っておくことになるでしょう（もちろん、部品が高価であれば買い置きは難しいですし、オンサイト保守を契約してしまったほうが結果的に安く済むケースもあるので一概にはいえませんが）。

あるいは、「そのサーバが長期にわたって利用できないときの影響度」も、1つの指標として検討の余地があります。例えば「局所的に数人程度が利用しているサーバ」であれば、多少利用できない期間が長引いたとしても融通がきくかもしれませんし、テスト環境や検証環境用のような、障害そのものが業務に直結しないサーバもあります。こういったサーバであれば、余剰部品を用意したセンドバック保守でも十分かもしれません。

## ◈EOL（保守廃止日）とEOS（販売終了日）

サーバリプレースの観点では、たとえ性能に不満がなくても、保守廃止日を迎えるサーバはリプレースしなければなりません。そこで押さえておきたい2つ目のポイントはEOL（保守廃止日）とEOS（販売終了日）です。

EOLは「End of Life」の略で、保守サービスにおけるEOLはその日以降の修理ができないことを意味しています。

EOLはサーバメーカーが決定しています。EOLは実際にサーバが販売されている期間に発表されることはないため、有償の保守サポートサービスを契約している間は、メーカーが発表するEOL情報を入手できるように普段からアンテナを広げておく必要があります。

なおEOLは、実際には「保守部品の在庫状況」に左右されるため、EOLを待たずして修理が不可能になるケースもあれば、EOLを経過したあとも保守部品の在庫があって修理可能なケースもあります。ただEOL後は不安定な状況に置かれることは間違いないため、EOLを迎える前に新しいサーバを用意してリプレースしなければなりません。

一方の「EOS」は「End of Sales」の略で、指定日以降の製品の出荷・販売といった営業活動を終了することを指します。平たくいえば、販売が終了し、それ以降同一の製品が入手できなくなるということです。

メーカーは大体の部品に保証期間を設けているため、販売終了が即製品の寿命となるわけではありませんが、EOS後の製品は徐々に流通在庫が少なくなっていきます。つまり、サーバ保守を契約していない場合、部品調達に影響が出てくることが予想されるということです。移ろいやすいITの世界では、たった数年で状況が変わりますから、最悪の場合は部品が枯渇し修理ができない状況に陥ることも考えられます。そのタイミングで運悪くサーバが故障してしまったらと考えると、やはりEOLによってはっきりと「サーバが使える期間」が可視化された契約をしておきたいところです。

# [8-1-6] 新サーバの選択肢①
# アプライアンスサーバ

## ◇メリットが多いアプライアンスサーバ

サーバのリプレース時に検討の余地があるのが「アプライアンスサーバ」と呼ばれるサーバ製品です。アプライアンスサーバとは、単機能に絞った「サーバの専用機」です。

わかりやすくいえば、近年はPCやスマートフォンでもテレビ番組を視聴できますが、昔ながらのテレビも世の中では多く利用されていますよね。通常のテレビ、これがアプライアンスです。スマートフォンやPCは便利ですが、テレビ番組を見るだけなら通常のテレビで十分ですよね。

この差が、そのままアプライアンスでサーバを用意するメリットにつながります。一番のメリットは、通常のサーバのように「サーバ本体を購入してOSを購入＆インストールして各種アプリケーションを導入して……」という作業が、「アプライアンスを購入する」というだけで完了してしまう手軽さです。つまりリプレース対象がメールサーバであれば、メールサーバアプライアンスを購入し、自社の環境を設定するだけでメールサーバが用意できます。

次のメリットとして、アプライアンスサーバは一般の汎用サーバより費用が安価で済む点が挙げられます。先のメールサーバの例でいえば、前述のようにメールサーバアプライアンスにはメールサーバに必要な機能が作り込まれて大量生産されているので、通常のメールサーバのように「あれも買ってこれも買って」ということがなくなるからです。

さらに、アプライアンスサーバは、設定作業だけでなく、導入後の運用管理が簡素化できる点も見逃せません。例えばWindows Serverで動作するアプリケーションでサーバを実現していれば、Windowsの動作確認や監視にはイベントログを、Windows上で動作するサーバ機能はアプリケーションが生成するログを監視・管理する必要があり、二重の手間が必要です。いざトラブルが発生した場合も、Windows Serverとアプリケーションのどちらに問題があるのかを切り分けて精査しなければならず、非常に手間がかかります。これがアプライアンスであれば、「アプライアンスが生成するログ」だけを確認すれば済むことになります。

各種アップデートも同様で、汎用サーバであればハードウェアメーカー、OS、各種アプリケーション個々の更新プログラムをそれぞれ適用する必要があり、サーバの種類が増えれば増えるほど負担が増すことになります。

一方アプライアンスであれば、アプライアンスメーカーが提供するアップデートだけを適用すればよいことになります。

## アプライアンスの弱点は？

このようにアプライアンスはいいことずくめのように思えますが、当然弱点もあります。最大の弱点は、拡張や性能アップができないことです。

例えば小規模向けのアプライアンスを利用していた企業に、社員数や業務の拡大があったとします。この場合、アプライアンスに要求される性能も規模に応じて上がりますが、アプライアンスは「購入時の状態」で利用されることが前提ですので、メモリやハードディスクを増やす、ということができません。つまり、その場合はアプライアンスの買い直しが必要になるということです。加えて、汎用サーバのように「環境に応じて構築し直す」というような柔軟性もありませんから、劇的に成長している（またはそれが見込まれる）企業であれば、拡張性や柔軟性において汎用サーバに一定のアドバンテージがあるといえます。

ただし、汎用サーバであってもEOLによる寿命があり、保守廃止日前には買い替えが必要ですから、アプライアンスか汎用サーバかを選ぶ際は、「利用する環境の成長性」と「その機能を利用する期間」の2つの条件をより満たせるのはどちらか、という視点で比較することが大事です。

ただ、弱点を差し引いたとしても、アプライアンスの扱いやすさは検討の余地があります。サーバリプレースを行う場合は、「欲しい機能を提供してくれるアプライアンス製品がないか」という視点で探してみると、管理者の運用管理を助ける有意義な製品に出会えるかもしれません。

# 〔8-1-7〕
## 新サーバの選択肢②
# サーバの仮想化

## ◇サーバ仮想化のメリット

「サーバの仮想化」も、リプレース時に検討しておきたい選択肢の1つです。サーバの仮想化といっても、アプライアンスのように、物理的に「仮想サーバ」というハードウェアを購入するわけではありません。

仮想サーバについてはP.66でも解説しましたが、仮想化したプラットフォーム上に、リプレース対象のサーバ機能を作ることを検討する、ということになります。

仮想化すると、1つのハードウェアで複数のサーバ機能を稼働させることができます。仮にハードウェアのEOLを迎えてサーバをリプレースしなければならない場合も、リプレース時に旧サーバの機能を仮想サーバ上に構築しておけば、旧サーバの機能は保持したまま、「保守」という保険がなくなったハードウェアを廃棄することができます（図5）。

図5 仮想化による集約

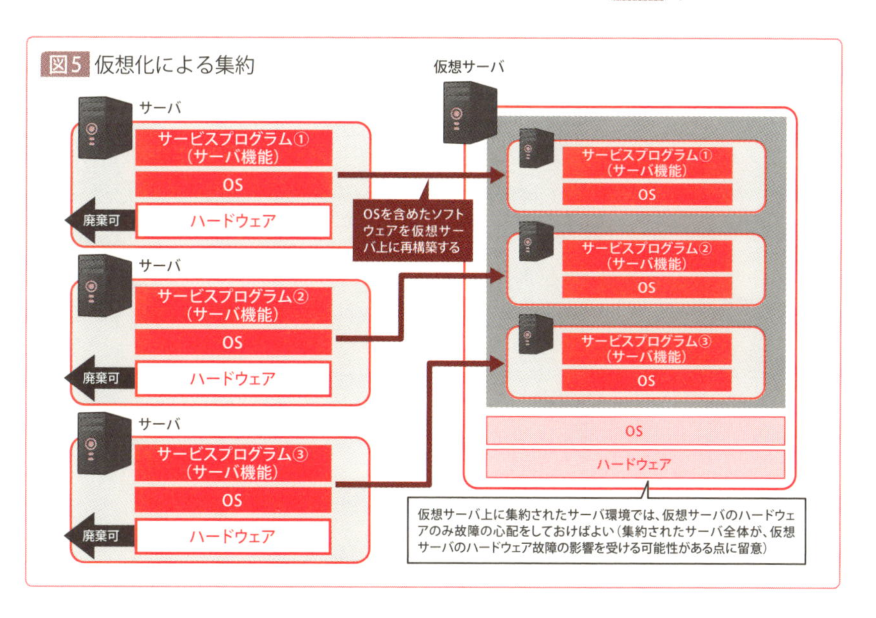

また、仮想環境で稼働させるならば、高性能なサーバ用コンピュータを1台購入して用意すればよいことになります。個々のハードウェアにサーバ機能を持たせる場合、サーバの負荷や動作環境によって「最適なハードウェア」を選定する手間がありますが、仮想化すれば機能を1台のハードウェアに集約できるため、このような手間を省くことができるのです。

すでに複数のサーバを有しており、「EOLが近いから対策を講じたい」「ハードウェアの保守を減らしたい」という希望があるならば、1台のリプレース案件であっても、将来仮想サーバに機能を集約することも考慮し、高性能なサーバを導入するというのは一考の価値があるでしょう。

## ◇仮想化は「可用性」にも寄与する

サーバの仮想化とは、つまり「1台のハードウェアに、複数のOSを含むソフトウェアを集約する」ということですが、これは可用性の向上にも寄与します。

具体的には、ハードウェアの制約から逃れられることで、「故障とサーバの稼働が直結しなくなる」という点が大きなメリットです。例えば全く同じバージョンの仮想サーバ2台ある環境で、1台のサーバのハードウェアが故障したとします。

仮想サーバで故障が発生した場合、仮想サーバ自体の動作が阻害されるだけで、ソフトウェアとして内部で稼働している「仮想化されたサーバ」はハードウェアと結び付いていません。よって、簡単に内部データをエクスポートすることができます。エクスポートしたデータをもう1台の仮想サーバにインポートすれば、もう1台の仮想サーバが動作を引き継がせることができます（図6）。

これの意味するところは、「OSの再インストールを必要とするくらいのハードウェア故障が発生したとしてもサーバ継続稼働でき、ユーザーへの影響を最小限に留められる」ということです[*2]。

＊2　ただし「どんなハードウェア故障でも大丈夫」というわけではありません。

図6 仮想サーバの故障時

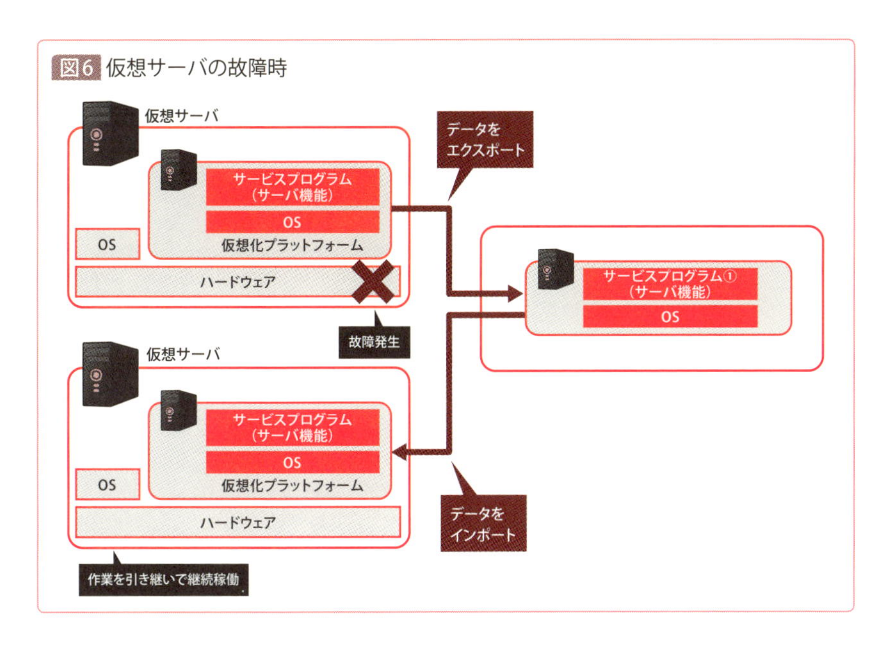


## CoffeeBreak　もう1歩踏み込んだ仮想化

もう1歩踏み込んだ仮想化としてWindowsの機能「RemoteApp」も紹介しておきます。RemoteAppは、実際にアプリケーションが実行されているサーバとアプリケーションの画面を分離し、使う人の目の前のPC画面にネットワーク経由でアプリケーション画面を転送する技術です。Windowsの「リモートデスクトップ」ではデスクトップ全体の画面を別のコンピュータに転送するのに対し、RemoteAppでは、起動するアプリケーション画面だけを転送します。

このRemoteAppはそれほど大規模な環境でなくても用意でき、実際にアプリケーションが稼働するコンピュータを1つに集約できるため、クライアントPC1台1台にアプリケーションをインストールしたり環境整備を実施したりする必要がなくなります。例えば「遠隔地の地方拠点で、インストール作業が困難なPCにアプリケーションを使わせたい場合」「同一プログラムの異なるバージョンを併用する必要があるが、複数のバージョンをインストールすると競合などのエラーが発生する場合」などに、RemoteAppは重宝するでしょう。

学ぼう!

# [8-1-8] 新サーバの選択肢③ クラウドサービスの活用

## ◇クラウドサーバという選択肢

近年はサーバのリプレース時に、「クラウドサービスの活用」が検討されるケースが多いです。

サーバリプレースに際し、選択肢として避けては通れない「クラウド」についても、ここで解説しておきましょう。

「クラウド」は、近年では、インターネット経由で利用するサービスの総称として使われており、「クラウドサービス」「クラウドコンピューティング」などと呼称されます。簡単な捉え方として、インターネットの向こう側でサービスだけ提供してくれるサーバを「クラウド/クラウドコンピュータ」と認識しておいて問題ありません。

クラウドサービスを利用する場合、社内LANを経由してインターネットに接続し、インターネットからクラウド上のサーバにアクセスすることになります(図7)。

なお、一言で「クラウド」といっても、提供される機能・性能によっていくつかの種類があります。代表的なものを紹介しておきましょう。

図7 クラウドサーバと社内LAN

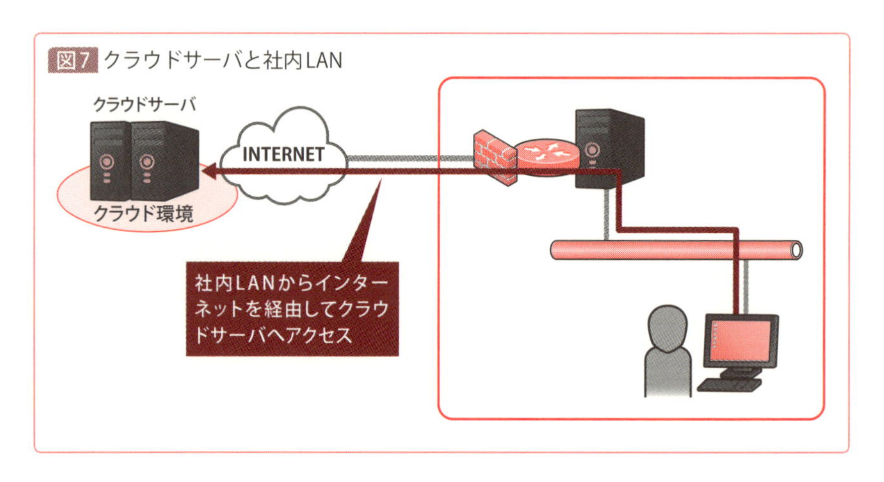

## SaaS（Software as a Service）

1つ目はSaaS（サーズ）です。SaaSは、ソフトウェアをサービスとして提供する形態です。

例えば、「テレビ会議システムを使いたい」という場合、本来はテレビ会議システムに耐えうるネットワーク機器を導入し、テレビ会議を制御するサーバを構築し……という設備投資が必要です。これをSaaSで実現すると、設備投資・環境整備をスキップし、サービス提供者と契約をするだけでテレビ会議システムを利用できるようになります。

## PaaS（Platform as a Service）

続いてPaaS（パーズ）です。PaaSは、ミドルウェアをサービスとして提供する形態です。例えば、近年は便利なブログソフトウェア「WordPress」を組み込んだサービスが多数提供されていますが、これらはPaaSで提供されているケースが多いです。PaaSで提供されているWordPressを利用する場合、本来必要なOSのインストール、WordPress動作に必要となるミドルウェア（MySQLなど）のインストール、WordPress自体のインストールなど、必要となる準備を全てスキップし、WordPressを使い始めるところからスタートすることができます。

このように、周辺の技術を知らなくてもその製品だけを使い始めることができるよう提供されたサービスが、PaaSに分類されます。

## IaaS（Infrastructure as a Service）

3つ目が「IaaS（イアース）」です。IaaSは、システムが動作するために必要になる、サーバ、ネットワークなどのインフラを、サービスとして提供する形態です。例えば、「Web＆メールの機能を提供するサーバを用意しよう」「Webサーバで動画を提供するので、入り口の通信帯域は100Mbps出せるようにしておこう」「Webサイトにアクセスしてくるユーザーはこれくらいを見込んでいるから、メモリ容量はこれくらいにしておこう」などなど、こういった構成を契約者が自由に決め、提供してもらえる自由度の高いクラウドサービスとなっています。

## ◈クラウド化された範囲と自由度の関係

これらのクラウドサービスを比較すると、一番ユーザーの自由度が高いのがIaaS、一番機能を絞り込んだのがSaaSといえますが、クラウド化している範囲でいえば、SaaSが一番広範囲なのに対し、IaaSはクラウド化している範囲がOSまでにとどまっています。PaaSはこの中間です。このことから「クラウド化されている範囲」と「実際に契約する我々の自由度」は反比例することがわかります（図8）。

つまり、SaaSで提供されている機能で事足りるのであればSaaSを契約すればよいことになりますし、SaaSで提供されていない機能なら、機能の動作要件を満たすPaaSで構築する、PaaSで満たせない機能要件があれば、IaaSでゼロから作り込んで使いたい機能をクラウド上に用意するという、「自社の要件に合わせた選択ができる」ことを意味します。

図8 クラウドの種類とクラウド化範囲

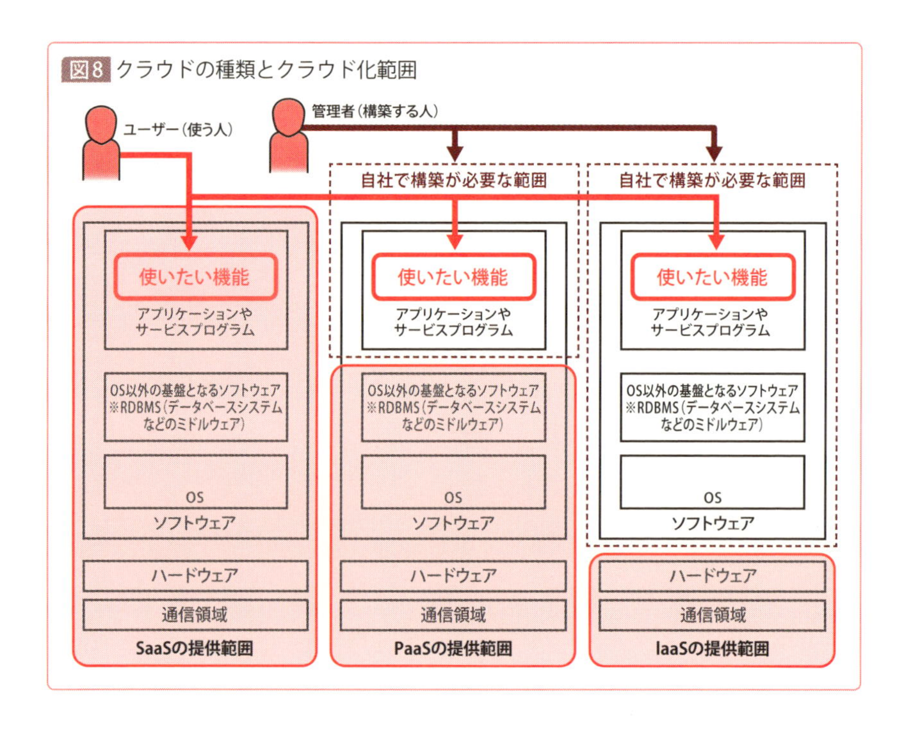

## ◇クラウドの強み

ここまでの解説を踏まえてリプレースの話に戻ると、クラウドの強みは「ハードウェアを持たない」ことです。つまり、サーバ本体を購入して難しい構成をあれこれ考える作業から解放されます。SaaSを選択できるのであれば、ソフトウェアすら所有する必要がありません。

ソフトウェアすら所有しないということは、サーバへのインストール作業も不要ということです。サーバ監視も自社内設置のサーバほど重要ではなくなりますし、サーバ管理作業も大きく省力化されることになります。

自社で担当しない部分をクラウドサービス事業者が実施してくれるというのは、大きなメリットです。だからこそクラウド化が大きな流行を見せ、これだけの市場規模に拡大したといえるでしょう。

## ◇クラウドの弱み

いいことずくめのように見えるクラウドですが、欠点もあります。

まず考慮したいのは「通信速度」です。一般に社内LAN内はインターネットよりも通信速度が速く、また速度が足りなければネットワーク機器の性能を上げることで、速度向上を見込めます。つまり、通信速度を自社の都合に合わせて設定できます。一方クラウドへのアクセスはインターネットを経由するため、自身で対策を講じることができません。社員に「サーバが遅いので何とかなりませんか」と相談された際、通信が原因であれば、従来は設備投資によって速度を向上させればよかったのですが、クラウドにしてしまうとこの対処が難しくなってしまうわけです。

次に、クラウド環境のバックアップが容易ではない点も挙げられます。社内のサーバであれば、高速なネットワークを活用して日々のバックアップを取得できますが、インターネットの向こう側にあるクラウドコンピュータのデータを自社内でバックアップするのは容易ではありません。これは前述の「通信速度が遅い」という点もさることながら、自社で利用しているバックアップツールがそのまま利用できないことも関係しています。

またバックアップについては、「使う側となる契約者が主体的にバックアップを取得しなければならないか」、あるいは「サービスを提供側でバックアップを取得しているか」は、地味ですが重要なポイントとして考慮すべきです。「クラウドはクラウド事業者が管理している」、これはその通りかもしれませんが、自社の大切なデータについては、やはり自社が責任を持って管轄すべきです。クラウドサービス業者も万全ではなく、みなさんも「サーバ障害によってデータが消失／流出した」というようなニュースを実際に耳にしたことがあるのではないでしょうか。

クラウドはあくまで「環境」をメンテナンスフリーにする手段であって、「自社の大切なデータ」をメンテナンスフリーにするわけではない、という点は認識しておくべきでしょう。

## 本当にクラウドでよいか吟味を

さらに、「クラウド事業者の都合に左右されるサーバでよいのか」という視点も必要です。

クラウド事業者が提供するサービスを利用する以上、その事業者が「このサービスを辞める」と決定した時点で、サービス終了日には使えなくなってしまいます。サービスを終了しないまでも、サービス内容が変更になることも珍しくありません。自社にとって使いづらいサービスになってしまったり、便利に使ってきた機能が使えなくなってしまったり、ということは、決してありえない話ではないでしょう。このように、「自社の都合でサービスを更改できない」という点も、クラウドの大きな弱みです。

また、サービスレベルの幅がない（少ない）点も挙げられるかもしれません。小規模な環境では便利に使えるサービスも、規模が拡大するにつれて「遅い」「安定しない」という様々な不満が出てくるかもしれません。自社内のサーバなら不足している性能を拡張すればよいですが、クラウドサービスは必ずしもこの拡張性を保証しているサービスばかりではありません。自社サーバのように、必ずしも自社の規模の拡大に合わせて順次スケールアップができるわけではないという点も考慮しておきましょう。

## ◇クラウド化してもサーバ知識が必要になる理由

最後に、ぜひ覚えておいてほしいのは、「たとえクラウド化しても、サーバの知識は必要」ということです。

「クラウド化したら、サーバの実体が自社内に存在しなくなるのだから、サーバの知識はいらないのではないか」と考える人もいるかもしれません。

しかし、クラウド化してサーバが自社内に存在しなくなったからといって、サーバを全く知らなくても運用ができるわけではないということは、肝に銘じておくべきです。

なぜなら、「たとえクラウド化しても、サーバはサーバだから」です。

クラウド化して実際のハードウェアを利用しなくなったとはいえ、サーバが動作するために必要なCPU、メモリ、ディスク容量はどれくらい必要か、という知識は必要ですし、どのような動作をするとどのような問題が起きるか、という点も、クラウド化するかどうかにかかわらず知識としては必要になります。

設置場所が異なるだけで、サーバである以上、同じ機能です。つまり、道具としての「サーバ」という役割に差異があるわけではないのです。

むしろ、実際のサーバを目の当たりにして動作を確認することができないぶんだけ、クラウド化したほうが難しくなることもありえるでしょう。

また、「クラウド」という言葉の登場した当初は、何でもクラウド環境に移動させようという動きが多かったのですが、近年のクラウド環境は、自社内に設置されたサーバと連動し、必要に応じて便利な機能を提供するというサービスが増えてきています。つまり、インターネットの向こう側に存在するというクラウドコンピュータの弱点を補うため、クラウド環境の動作を補助する機能は社内サーバとして設置しましょう、という動きが主流となっているのです。

ですから、無理に全てをクラウド化するのではなく、適材適所で有効にクラウド環境に機能を配置し、ユーザーにとっても管理者にとっても便利なコンピュータ環境を実現する、という考え方が大変重要になります。

## 【8-1-9】
# サーバとの別れ「廃棄&除却」

### ◇サーバ廃棄の登場人物

リプレースが完了したら、今までお世話になったサーバ本体とお別れすることになります。実際にサーバを廃棄する作業に登場するのは、主体的にサーバの廃棄を進める管理者以外に、二者存在します。「産業廃棄物処理業者」と「社内の会計担当部署の社員」です。

サーバ管理者は、この二者の間に立って廃棄作業を進めていくことになります。細かな内容は企業によって異なりますが、概ね共通する部分だけでも解説しておきましょう。

まず留意すべきは、サーバ内のデータ削除です。長年稼働したサーバには大量のデータが書き込まれており、いわば情報の宝庫です。ですから、データ抹消ツールなどを用いて、ハードディスク内のデータを削除したうえで廃棄しなければなりません。

もしデータの抹消が事情によってできない場合（そもそもハードウェアが故障しており、データ抹消ツールを起動できないなど）、産業廃棄物処理業者に依頼しましょう。サーバに搭載されたハードディスクやメモリなどの記憶装置を、一切合切粉砕して復旧を不可能にするプランを提供してくれる廃棄業者がありますから、そういった業者に業務を依頼するとよいでしょう。また、そういった業者は、機密データを確実に抹消した旨を「証明書」にして報告してくれることがほとんどですから、こういった証明書を社内のエビデンスとして保管しておくとよいでしょう。

データ消去の証明書に限らず、廃棄物の引き渡し時には廃棄する全ての機器をリスト化して提出＋マニフェストという伝票を発行してくれる業者を選定することが望ましいです。こういった証明書類を、適切に自社の要望に沿って提示してくれる業者を選定することがポイントです。

また、産業廃棄物処理業者が「情報セキュリティを重視した業務を行っているか」という点を審査するのも重要です。例えばISMSに準拠しているかどうかは、情報セキュリティマネジメントシステムISO 27001を取得しているかを見ればよく、ホームページの会社概要から確認できます。

なお、サーバは多くの企業で「固定資産」とされています。よって、サーバを廃棄するときには漏れなく「固定資産としてのサーバを除却ないし廃棄」するための手続きが必要です。すなわち、会計処理を担当する部署で、固定資産の台帳に存在するサーバを除却あるいは廃棄してもらわなければなりません。ちなみに、サーバ本体は「有形固定資産」、高額なソフトウェアを利用しているのであれば「無形固定資産」として固定資産の台帳に登録されていることが一般的です。

手続きは会社によって様々ですが、概ね固定資産を管理している部署に廃棄証明書やマニフェスト、および廃棄した機器リストを添付して申請をすることになります。実体となるサーバを廃棄物処理業者に引き渡し、会計処理から固定資産であるサーバが社内からなくなったことを反映すれば、サーバの廃棄処理は完了です。新しいサーバを導入し稼働開始後、古いサーバの廃棄処理が完了すればサーバリプレースは完了となります。

## 第8章のまとめ

- サーバが古くなって安定稼働に対するリスクが大きくなったり、メーカー保守の期限が迫っているサーバはリプレースする必要がある
- リプレース時には「性能」「可用性」「管理者の利便性」などの向上を考慮するとよい
- リプレース時は、新しいサーバの保守サポートもしっかり確認する
- アプライアンスサーバを導入すれば、運用管理を省力化できる
- 現在サーバ環境を見渡してみて、サーバを仮想化する余地があるかどうかも検討するとよい
- クラウドサービスの導入も検討の余地があるが、「全てをクラウド化しよう」と安易に考えず、クラウド化のメリット・デメリットを考慮する
- サーバのリプレースが完了したら、定められた手続きに従ってサーバを廃棄する

## 練習問題

**Q1** **次のサーバリプレース要因の中で、「性能不足」に該当しないものを選びましょう。**

A CPUの処理能力の不足で処理が遅い
B メモリの容量が少ないために処理が遅い
C サーバのEOLによって保守サービスが締結できなくなる
D ディスク容量が枯渇してしまい、データが記憶できなくなる

**Q2** **次の説明の中で「クラスタリング」を正しく説明しているものを選びましょう。**

A ハードディスクの冗長化技術であり、1台の故障をホットスペアで代替する
B サーバの消費電力の需要に合わせて1台余分に電源ユニットを用意しておくことで、故障によるサーバ停止を防ぐ
C 同一構成のサーバそのものを2台用意することで、1台のサーバが停止しても、自動的にもう片方のサーバが処理を引き継ぐように構成する
D 2台でミラーリングしているハードディスクのうち、1台が故障してもサーバを停止させずに連続稼働を保証する

**Q3** **特定の機能・用途を単機能で実現する専用機器のことを何と呼ぶか、次の選択肢から選びましょう。**

A ロードバランサ　B アプライアンス
C 仮想サーバ　D RAIDコントローラ

**Q4** **仮想サーバ導入のメリット「ではないもの」を選びましょう。**

A サーバハードウェア1台で複数のサーバを同時に稼働させることができるので、監視・管理するハードウェア台数が少なくて済む
B RemoteAppという技術を使えばアプリケーションを仮想化でき、PCにアプリケーションをインストールせずにユーザー展開ができる
C 仮想サーバが複数台あれば、仮想化された「仮想サーバ」は仮想サーバ間で移動して継続稼働することができるようになるので、障害対策としても有効
D 仮想サーバはインターネット経由でサーバを利用する技術なので、ハードウェアを購入することなく利用可能になる。よってサーバ費用は不要

**Q5** **次のクラウドサービスのうち、「ソフトウェアをサービスとして提供する形態」でサービスを利用するのはどれでしょう。**

A SaaS　B PaaS
C IaaS　D HaaS

Q1. C　Q2. C　Q3. B　Q4. D　Q5 A

# INDEX

# INDEX

著者プロフィール

**木下 肇**（きのした はじめ）

株式会社VSN（アデコグループ）に第一期新入社員として入社。入社時に社内ネットワーク・サーバの管理担当の社内公募に応募し、社内システム管理者の道に入る。新入社員のころはサーバ5台/PC数十台規模のネットワーク＆サーバを管理していたが、会社の拡大や上場を経て、最終的にサーバ100台/PC数百台規模もの管理を担うことになる。小規模から大規模、その過渡期のいずれにも社内システムに携わっていたため、その企業に最適なシステムにこだわりを持つ。また、システム担当として個人情報保護法、Pマーク認証取得や内部統制プロジェクトに参加していたことから、技術に偏らず業務視点でシステムを日々考えるようになる。2013年にフリーランスとして独立開業、現在は大企業から中小企業まで、顧客のインフラ関連業務を業務委託でこなす傍ら、テクニカルライターとしても活動中。

# おうちで学べる サーバのきほん

2017年　1月13日　初版第1刷発行
2022年　12月15日　初版第4刷発行

著　者　　木下 肇
発行人　　佐々木 幹夫
発行所　　株式会社 翔泳社（https://www.shoeisha.co.jp）
印刷・製本　株式会社ワコープラネット



装丁・デザイン　小島 トシノブ（NONdesign）
DTP　佐々木 大介
吉野 敦史（株式会社アイズファクトリー）



ISBN978-4-7981-4938-7 Printed in Japan